烯硫醚动态共价键及其化学生物学应用

高巍 著

XILIUMI DONGTAI GONGJIAJIAN
JIQI HUAXUE SHENGWUXUE
YINGYONG

化学工业出版社
·北京·

内容简介

《烯硫醚动态共价键及其化学生物学应用》全书共 5 章，主要内容包括：绪论（第 1 章）、烯硫醚动态共价键氧化还原响应性能研究及调控（第 2 章）、烯硫醚动态共价键在蛋白质标记中的应用（第 3 章）、烯硫醚动态共价键在药物递送领域的应用探究（第 4 章）、烯硫醚动态共价键在多肽环化领域的应用探究（第 5 章）。全书详细且创新性地阐述了烯硫醚动态共价键的特点以及化学活性的调控策略，分别探讨了该类动态共价键在化学生物学、药物化学以及生物医学领域的应用潜力。

《烯硫醚动态共价键及其化学生物学应用》可为化学生物学、药物化学等专业本科生及研究生提供学习材料，亦可为化学生物学方向研究人员提供参考。

图书在版编目（CIP）数据

烯硫醚动态共价键及其化学生物学应用 / 高巍著
. —北京：化学工业出版社，2024.6
ISBN 978-7-122-45473-7

Ⅰ. ①烯… Ⅱ. ①高… Ⅲ. ①硫醚-共价键-研究②硫醚-生物化学-研究 Ⅳ. ①O623.82

中国国家版本馆 CIP 数据核字（2024）第 080534 号

责任编辑：褚红喜　　文字编辑：杨凤轩　师明远
责任校对：宋　玮　　装帧设计：刘丽华

出版发行：化学工业出版社
（北京市东城区青年湖南街 13 号　邮政编码 100011）
印　　装：北京盛通数码印刷有限公司
787mm×1092mm　1/16　印张 10½　字数 237 千字
2024 年 6 月北京第 1 版第 1 次印刷

购书咨询：010-64518888　　售后服务：010-64518899
网　　址：http://www.cip.com.cn
凡购买本书，如有缺损质量问题，本社销售中心负责调换。

定　　价：88.00 元

前言

随着基础科学研究的逐渐深入，关于生命机制的探索、新药的开发及前药控释体系的构建等诸多领域的发展遇到了许多瓶颈问题。而动态共价键，既可以像共价键一样稳定，又可以像非共价键一样解离，作为一种特殊的连接键，目前已经在生命机制传感、药物递送以及分子间组装等方面发挥了极为重要的作用，表现出巨大的潜能和应用价值。

目前动态共价键的多样性远远不能满足越来越高的应用要求，并且近些年来，很少有新的动态共价键体系被提出并进行系统研究。在这样的背景之下，我们构建了一种新型动态共价键——烯硫醚动态共价键，系统考察了该类化学键的氧化还原动力学及热力学性质。在此基础上，初步探索了其在复杂生命机制传感、药物递送和多肽探针及多肽药物开发方面的应用，以期将其作为一种新型、活性可调的动态共价键，为解决传统动态共价键体系在这些领域中的瓶颈问题提供经验和指导，为化学生物学及材料科学的发展提供帮助。

本书是笔者多年来对烯硫醚动态共价键开发和研究的总结，重点关注烯硫醚动态共价键作为氧化还原敏感新型动态共价键的活性调控及其在生命分析、多肽环化以及药物递送等领域的应用。本书在编写过程中参阅了国内外众多学者在动态共价键应用研究中的卓越工作，在此谨对他们表示衷心的感谢。书中关于烯硫醚动态共价键体系构建的研究工作得到了博士生导师吴川六教授和赵一兵教授的悉心指导，在此对两位导师致以诚挚的谢意。对硕士生张士龙，博士生路帅敏、刘俊杰为本书内容做出的贡献表示感谢。同时，对王志军、吴林韬等老师为本书的成文做出的贡献表示感谢。此外，本书的研究工作先后获得了山西省“1331”工程、山西省自然科学基金（20210302123079）、山西省高等学校教学改革项目（J20221092）等项目的资助，特此致谢!

由于笔者学识有限，本书在内容和取材上难免存在不妥之处，恳请读者提出宝贵的意见和建议。

高巍

2023 年 12 月

目录

第1章 绪论 /001

第2章 烯硫醚动态共价键氧化还原响应性能研究及调控 /024

第3章 烯硫醚动态共价键在蛋白质标记中的应用 /038

第 5 章　烯硫醚动态共价键在多肽环化领域的应用探究　/132

第1章 绪论

1.1 引言

动态共价键，是一类可逆的共价键，在特定环境条件刺激下能够打开并建立起产物分子和原料之间的热力学平衡反应。这种平衡反应是组分可控的可逆平衡，平衡体系的各组分之间可以实现交换和重组，从而形成新的共价键。动态共价键既可以像共价键一样稳定，又可以像非共价键一样解离。动态共价键参与的反应具有温度、pH、氧化还原环境等刺激响应性能，以及条件的可逆性和产物热力学可控性等特点。作为连接键，动态共价键目前已经在超分子组装构筑功能材料分子[1-5]、生物活性物质控制与释放[6-8]、自愈性水凝胶[9-14]等诸多领域发挥了重要的作用，同时也是研究系统化学的有效工具。近些年来，许多课题组将这些动态共价键引入到多肽药物环化和分子间组装[15-16]、细胞膜受体介导药物递送[17-19]等领域中，酰腙键、硼酸酯、二硫键等[20-22]一些动态共价键已经不再局限于作为连接键实现特定条件下的解离和形成，而是逐渐展现出了更多的功能性应用。虽然动态共价反应的拓展范围越来越广，但是能够应用于动态共价化学[23]较好实现功能性应用的动态共价键体系仍然有限。

因此，发现和发展新型可逆共价键、阐明动态共价可逆性能及调控机制、开发新型动态共价键的应用领域、构建传统动态共价键所不能及的体系、探索新型机制具有极为重要的科学意义和广阔的应用前景。

1.2 动态组合化学

1.2.1 超分子化学

2016年诺贝尔化学奖颁发给了美国西北大学（Northwestern University）的 Sir J. Fraser

Stoddart、荷兰格罗宁根大学（University of Groningen）的 Bernard L. Feringa、法国斯特拉斯堡大学（University of Strasbourg）的 Jean-Pierre Sauvage，以表彰他们在设计和合成分子机器（molecular machine）领域的贡献，这是超分子化学领域第二次获得诺贝尔奖，该领域也再次引起科研工作者的关注。

超分子化学的概念最初由 Jean-Marie Lehn 提出，并将其定义为“超越分子层次的化学”，是研究两个及以上的分子之间通过氢键、疏水相互作用、π-π 相互作用、静电作用、离子-π 相互作用、配位键等非共价相互作用而有规则组合成聚集体的行为。1987 年 D. J. Cram、C. J. Pedersen 和 J. M. Lehn 因对“主-客体化学”开创性的研究而共同获得了诺贝尔化学奖，从此，超分子化学作为一个全新的学科蓬勃发展起来。

超分子化学将由共价键结合的单元分子通过分子间弱相互作用缔合到一起，新形成的超分子聚集体因为高度复杂又有规律的组装且具有特定空间构型而具有超出单体的特殊性质，由于基于弱相互作用，超分子聚集体的形成受热力学控制，是组分可控的自组织网络，因此具有“误差检验”的性质[24-26]。这些性质对于分子识别、调控模拟生物过程中酶与底物的结合、生物活性物质的细胞递送体系构建、药物相互作用等领域有着极为重要的作用。

1.2.2 动态共价化学

超分子化学的单体之间是通过非共价相互作用结合在一起的，然而这种弱相互作用非常微弱，在溶液特别是生理环境下不是特别稳定，很容易被扰乱而难以进行深入研究，超分子化学是在分子识别引导下，基于分子之间通过弱相互作用将多个单位单体联合在一起的化学。动态共价化学是在超分子化学基础上发展起来的新兴领域，其核心是可逆动态共价键，兼具了共价化学的稳定性和超分子化学热力学控制下的动态组合多样性和“误差检验”的特点。动态共价化学的单体通过共价键连接，实际上是通过分子内不同单位单体连接键的可逆断裂和组装来实现动态转化的。动态共价化学能够通过可逆动态共价键将单位单体在热力学平衡控制下可逆聚合和解聚，这种组合方式既能维持一个相对稳定的状态便于研究和应用，又同时对于内部或外部环境的刺激能够表现出相应的响应能力，使其组分和比例发生变化，因此通常表现为具有新特性的适应性材料，比如具有刺激响应性、自愈性、可调谐的机械和光学活性等特点[27-29]。因此，动态共价化学被广泛应用于生物活性物质筛选、分子识别驱动的受体或底物开发、可降解生物材料制备等诸多领域[30-36]。同时，由于其具有特定条件下可逆断裂和交换组装的性质，动态共价化学在生物传感、药物控制与释放领域以及多肽装订及分子间组装领域也有广阔的应用前景[37-42]。

1.2.3 动态共价键

动态共价键是一类可逆的共价键，是动态共价化学的核心。它们能在一定的环境条件（如温度、光照、pH 值或化学刺激）下断裂并建立起原料与产物分子间的新的热力学平衡反应。通过此热力学平衡反应，产物分子的不同组分之间可以交换和重组，从而形成新的共价键。动态共价键在一定条件下既可以像非共价键一样形成和断裂，又能在另一些条件下像共价键一样持久而稳定。比如酰腙键在中性和碱性条件下稳定，但在酸性条件下容易水解，并在醛、酮或者酰肼的存在下发生交换反应[43]。二硫键在还原和酸性环境中很稳定，但在碱性条件且有巯基负离子存在时或者其他二硫键存在时能快速发生交换反应从而形成新的混合型二硫键。硼酸酯[44-45]则很容易水解并在邻二醇和儿茶酚存在下发生交换反应。动态共价键具有共价键的稳定性从而有利于形成稳定的平衡，同时又具备非共价键的动态组装能力，在特定条件下解离和组合形成新的平衡体系，因而它在很多领域都有广阔的应用前景。近些年最常用的动态共价键有二硫键、硼酸酯、亚胺/酰胺/酰腙键等。

1.2.3.1 pH 敏感的动态共价键

可逆亚胺键是由醛或者酮与氨基化合物经脱水缩合反应生成的可逆动态共价键（如图 1-1 所示），生成的氧化态亚胺复合物称为席夫碱，是应用最为广泛的一类动态共价键。同时已经生成的氧化态亚胺键可以在其他氨基存在下发生交换反应从而形成新的席夫碱。两个氧化态的亚胺键还能在一定条件下发生置换反应从而交换 C=N 双键两端的部件形成新的亚胺动态共价键。所有这些反应都是可逆的，交换过程受热力学控制，最后的平衡取决于各组分之间的热力学稳定性。这些动态交换性质决定了其在动态共价组合库、超分子组装等方面有广阔的应用前景。当氨基化合物为酰肼时，反应生成的化学键即为酰腙键，酰腙键与亚胺键有相似的化学性质，两者都对 pH 值敏感，酸性条件下极易水解成原来的醛酮和氨基化合物原料。因此，酰腙键和亚胺键通常通过两个以上的协同效应增加连接键的稳定性，在化学生物学领域通常与二硫键结合使用实现可控条件下的解离和形成。

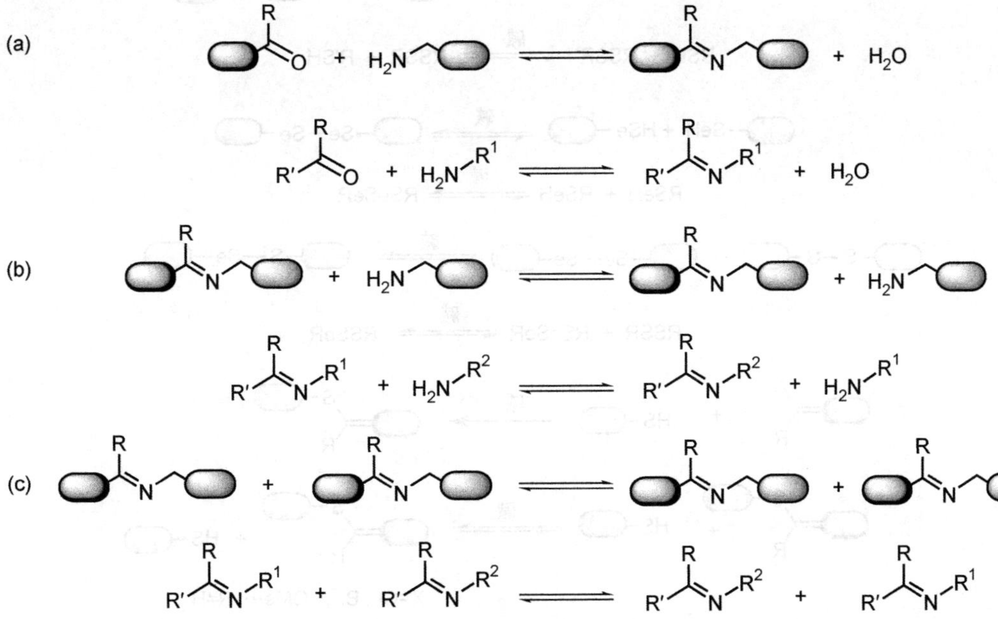

图 1-1　亚胺键的反应性能

除了一系列的基于C═N键的pH敏感的动态共价键外，应用较为广泛的还有基于B—O的硼酯动态共价键。该类动态共价键由硼酸和邻二醇之间通过酯化反应形成，在酸性条件下它们很容易水解并在碱性条件下重组，形成新的硼酸酯化合物。当体系中有邻二醇或者儿茶酚存在时能够与之发生交换反应，通过控制环境的条件，能够调控硼酸酯动态共价键的断裂和重组。基于这些动态共价性质，可以通过分子水平上的拓扑结构演变实现高分子材料的再加工和修复，也可以应用到有机合成体系以实现化学反应的选择性和高效性，同时，基于生命体系化学生物学性质，该类动态共价键还可用于药物的递送与控释。

1.2.3.2 氧化还原敏感的动态共价键

具有氧化还原敏感的动态共价键包括二硫键、二硒键以及本书将重点介绍的烯硫醚动态共价键，如图1-2所示。其中，二硫键是最早用于动态组合化学的一类动态共价键，同时由于其在生命体系中参与细胞氧化还原环境调节、蛋白质二级结构的稳定及通过蛋白质二硫键断裂、重组调控蛋白质功能等至关重要的生命进程，一直以来得到了最为广泛的关注。

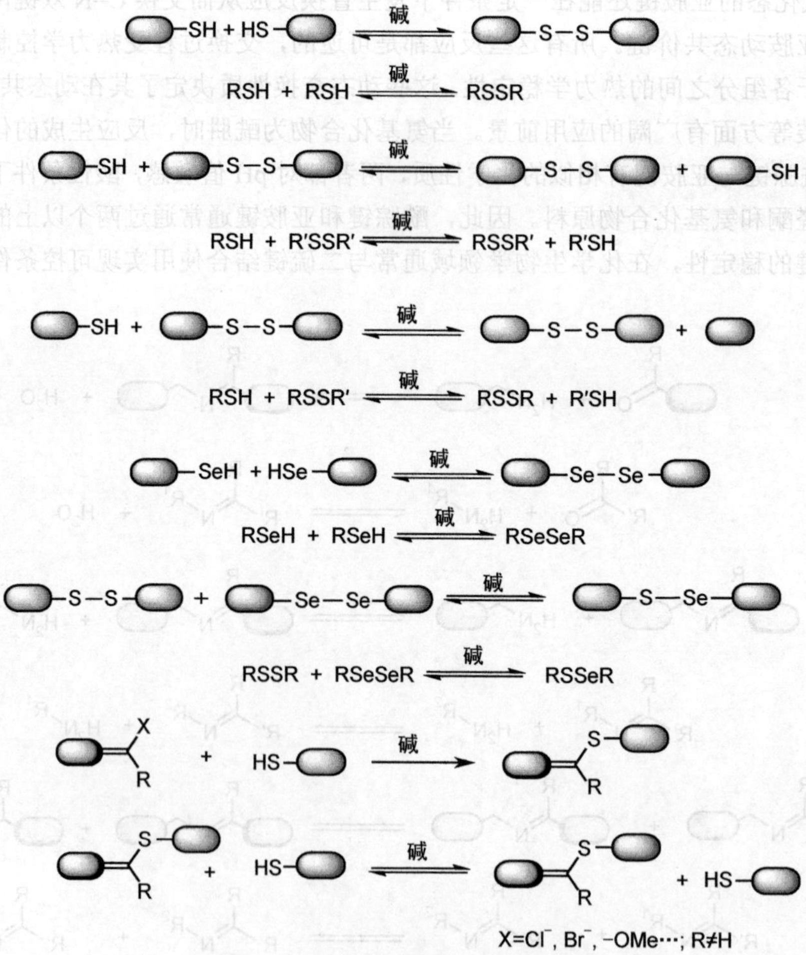

图1-2 氧化还原敏感的动态共价键

还原态的巯基在碱性溶液中能够缓慢氧化为二硫键，二硫键在酸性或者氧化性条件下以共价键形式而稳定存在，在中性或碱性条件下，在水溶液中便能与其他还原态巯基发生快速的交换反应从而形成新的混合型二硫键。巯基-二硫键交换反应在本质上是亲核取代反应，交换反应的快慢取决于巯基的亲核能力、空间位阻以及溶液 pH 值。首先，由于硫负离子才是交换反应的活性亲核试剂，只有巯基脱去质子变为硫负离子后才能发生相应的亲核取代反应，因此 pH 在极大程度上能够影响交换反应的速率，微弱的酸（低于巯基 pK_a）便能猝灭巯基-二硫键交换反应[46]。其次，空间效应也是影响交换反应速率的主要因素。空间位阻会大大减慢交换反应速率，比如相同条件下青霉胺（Pen）两个甲基的引入使得其与 Pen-GSH 混合型二硫键的交换反应速率比和 GS-SG 反应时慢很多[47]。

烯硫醚动态共价键与二硫键、二硒键一样是对氧化还原敏感的一类动态共价键。不同于传统仅受动力学控制的巯基-烯烃点击反应，该类动态共价键具有“交换可逆”性质。在氧化条件下，巯基与烯烃形成烯硫醚动态共价键，而在还原条件下，可以与体系中其他的还原性巯基重组形成新的烯硫醚动态共价键。其交换反应速率及热力学性质受底物浓度、溶液 pH 值、烯烃电子云密度以及空间位阻等因素调控。其与二硫键的不同主要体现在还原态巯基与烯硫醚动态共价键的交换反应是基于巯基-烯烃的亲核取代反应而进行的，因此，相较于传统的二硫键体系，烯硫醚-巯基动态交换反应是具有方向性的。基于这样的特点，烯硫醚动态共价键能够在生物机制传感、跨膜递送、分子自组装等多个方面实现二硫键较难实现的应用。

1.2.3.3 其他类型的动态共价键

除了常见的酰腙键、亚胺键、二硫键、二硒键等不同的环境响应性动态共价键之外，还有肟、半缩醛、缩醛以及基于迪尔斯阿尔德反应的各类动态共价体系。虽然动态共价键在高分子自修复材料、化学回收、传感及生物机制研究、多肽装订与分子间自组装以及药物递送等诸多领域已经得到了广泛的应用，但是动态共价键的种类多样性仍远远不能满足广泛的应用需求。越来越多的新型动态共价键被不断发现和开发出来。如清华大学化学系许华平副教授和张希教授等发现硒-氮共价键具有动态响应的特征[48]，这种硒-氮共价键由苯基卤化硒和吡啶类化合物在超声波搅拌下形成，可以在酸性或碱性条件下快速可逆地形成或断裂，此外，可以通过加热或用更强的给电子吡啶衍生物处理而动态断裂。Se-N 键对外部刺激的多重反应丰富了现有的动态共价键的多样性。它可以用于可控和可逆的自组装和拆卸，这可能会在包括自修复材料和响应组件在内的许多领域找到潜在的应用。

1.3 动态共价键的应用

1.3.1 动态共价键在生物活性物质及生命机制传感方面的应用

由上述的几种动态共价键的特点可以发现，动态共价键最重要的特质就是刺激响应性，特定条件下能够维持可逆的解离和生成的平衡。这种条件响应性为以动态共价键作为连接键或者响应部件对特定环境或物质传感和研究提供了可能，因此动态共价键在生物活性物质传感领域得到了广泛的应用。生物传感特别是活细胞传感最困难的问题是外源性探针分子的进入往往会不可逆破坏原有的细胞内环境，消耗分析目标，扰乱固有的生命机制，特别是当探针浓度大于分析物浓度时更是如此，很难反馈出生命过程中原有的情况，因此实时、原位和动态传感成为必须要解决的问题。这就要求探针体系除了要有合适的靶向部件和维持一定的稳定性之外，与靶标分子的结合也必须是可逆的，可以与细胞的调节机制建立动态平衡从而反馈出细胞真实的应激状态。由于肿瘤细胞和组织自身的生物化学性质，如较低的 pH 值，相对氧化的外环境和还原的内环境等环境因素，亚胺、酰胺及酰腙键等基于 pH 响应的动态共价键以及二硫键等基于氧化还原反应的动态共价键备受青睐，逐渐成为重要的研究工具。

1.3.1.1 基于二硫键的生物活性巯基传感

Jong Seung Kim 课题组[49]报道了一种基于巯基-二硫键交换反应的内生性硫醇探针，该探针由靶向配体和荧光报告基团通过二硫键动态共价键连接。通过生物素配体特异性靶向 A549 炎症细胞，并在受体介导作用下通过内吞途径进入细胞，进而发生内源性巯基与二硫键的交换反应从而将二硫键切开。还原态的硫负离子能进一步和碳酸酯发生亲核取代反应从而消除形成的稳定的硫酯五元环，香豆素荧光得以恢复从而产生荧光信号。通过该动态共价探针体系实现内源性巯基的监测，见图 1-3。

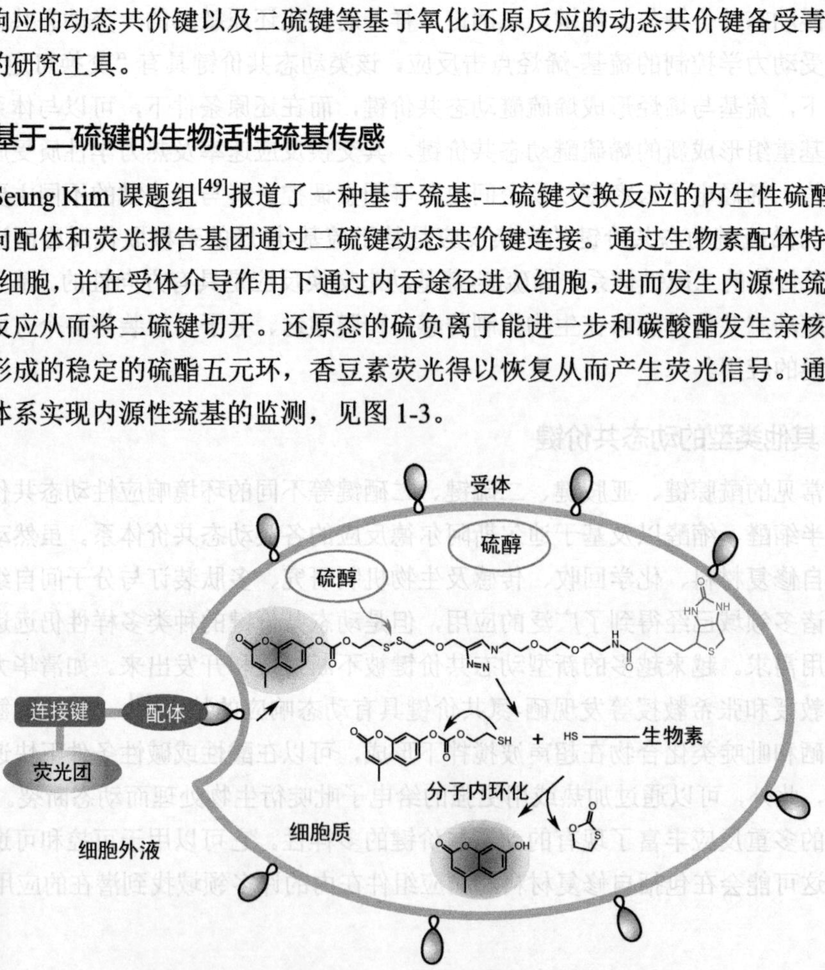

图 1-3 基于二硫键的内源性巯基探针响应机理图[49]

基于相似的原理，2015 年，一种基于二硫键动态共价键的细胞内巯基示踪探针被报道[50]，利用分子内消除反应，在萘酰亚胺分子基础上设计合成了一种能够响应生物硫醇的探针 Naph-T，该探针分子将两个功能部件（荧光基团萘酰亚胺和生物正交基团环辛炔靶向基团）通过动态共价的二硫键连接，经正交反应偶联到预修饰有叠氮化唾液酸的活细胞上，由于唾液酸内化需经历较长时间，因此可以实现细胞内巯基化合物的长程监测，见图 1-4。

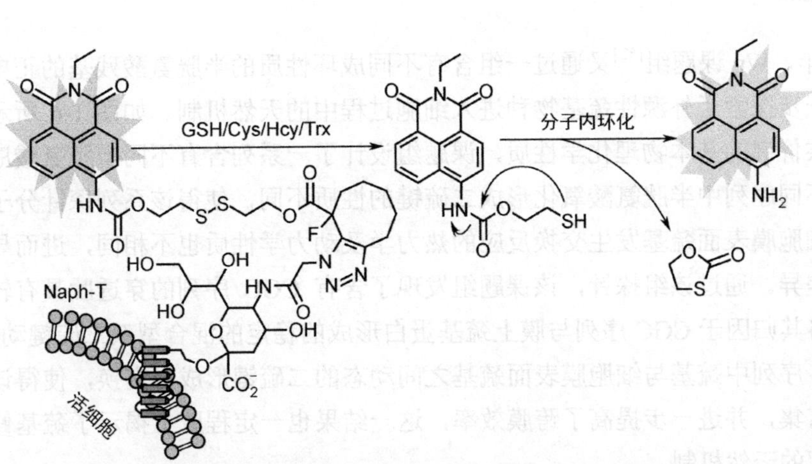

图 1-4　唾液酸受体靶向的萘基分子内生物硫醇探针响应机制[50]

相较于传统探针体系来检测生物活性物质的简单工作，通过动态共价键研究复杂的细胞生物化学机制更具有挑战性和实际意义。由于巯基的化学及细胞生物学性质，很多基于细胞膜表面巯基-二硫键交换反应介导提高细胞内药物递送效率的递送体系被不断开发并构建出来。但外源性二硫键物质进入细胞过程中的生物还原情况由于涉及细胞内化过程的天然机制以及复杂的多级交换平衡尚未能探明其详细机制。Wu 课题组[51]2016 年报道了一组基于二硫键动态共价键的非内化疏水性药物跨膜运输过程中二硫键生物还原的探针体系，模拟追踪该类型药物跨膜递送的生物还原过程，通过该组探针初步探明此类型的二硫键递送体系在跨膜过程中首先经历了与细胞膜表面巯基的交换反应，从而使得疏水性药物脱落进而扩散进入细胞，见图 1-5。

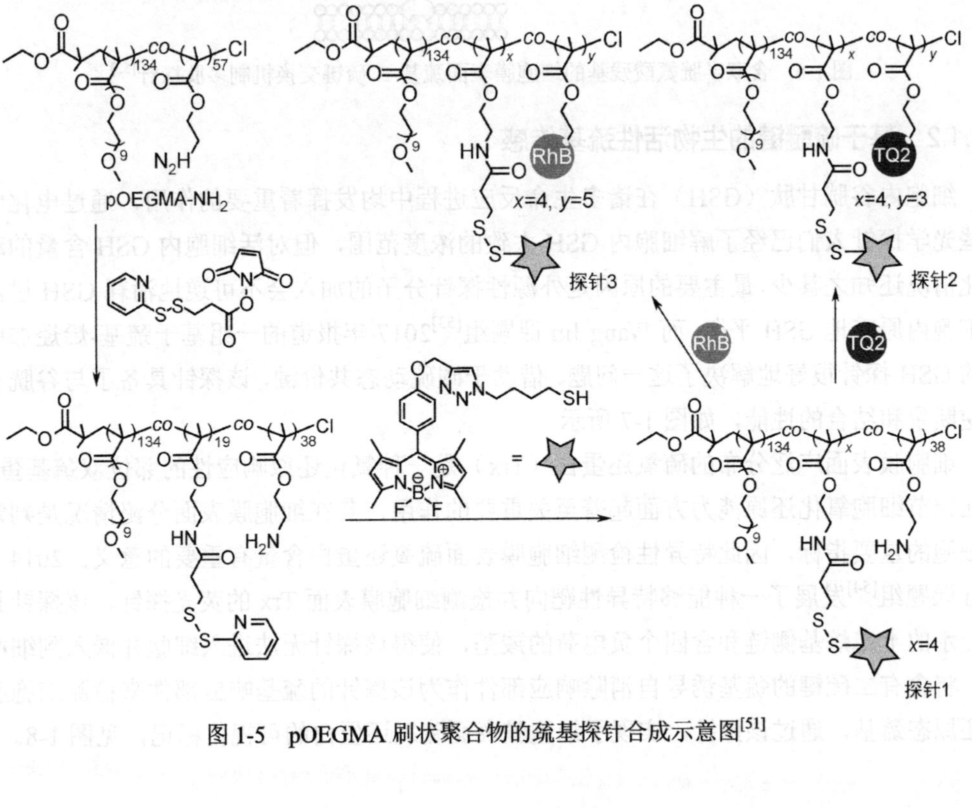

图 1-5　pOEGMA 刷状聚合物的巯基探针合成示意图[51]

2017 年，Wu 课题组[52]又通过一组含有不同成环性质的半胱氨酸残基的正电性穿透肽探针，进一步探索了外源性巯基物种进入细胞过程中的天然机制。如图 1-6 所示，利用二硫键动态共价键的基本物理化学性质，课题组设计了一系列含有不同半胱氨酸序列的穿透肽探针，不同序列中半胱氨酸氧化形成二硫键的性质不同，使得该系列探针分子进入细胞过程中与细胞膜表面巯基发生交换反应的热力学及动力学性质也不相同，进而导致进入细胞效率的差异。通过该组探针，该课题组发现了含有 CGC 序列的穿透肽具有较强的透膜能力，并将其归因于 CGC 序列与膜上巯基蛋白形成的稳定的混合型双二硫键动态共价键。这种 CGC 序列中巯基与细胞膜表面巯基之间动态的二硫键形成与交换，使得该序列在细胞膜周围富集，并进一步提高了跨膜效率，这一结果也一定程度上揭示了巯基修饰递送体系跨膜过程的天然机制。

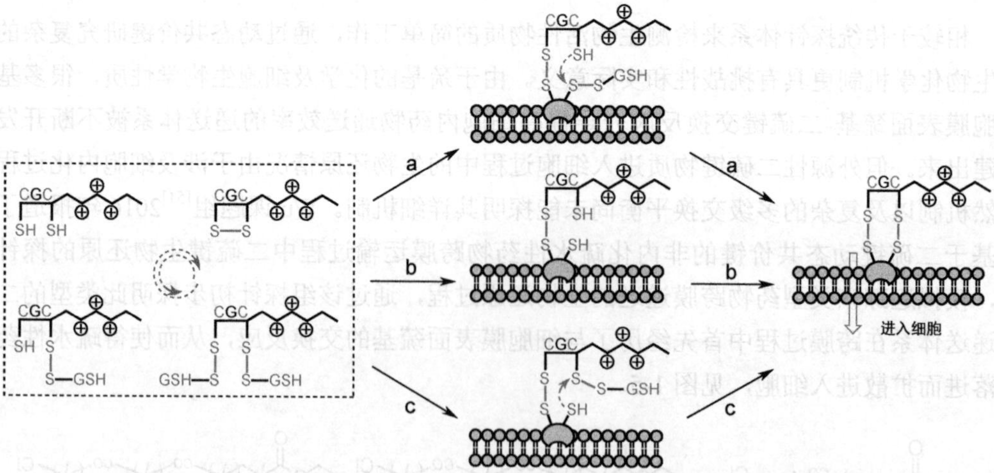

图 1-6 含双半胱氨酸残基的细胞膜表面巯基-二硫键交换机制多肽探针[52]

1.3.1.2 基于硫醚键的生物活性巯基传感

细胞内谷胱甘肽（GSH）在诸多生命反应进程中均发挥着重要的作用，通过电化学及一些光学探针人们已经了解细胞内 GSH 大致的浓度范围，但对活细胞内 GSH 含量的动态变化情况还知之甚少，最主要的原因是外源性探针分子的加入会不可逆地消耗 GSH 进而破坏细胞内原有地 GSH 平衡。而 Wang Jin 课题组[53]2017 年报道的一组基于巯基-烯烃加成反应的 GSH 探针很好地解决了这一问题，借助于碳硫动态共价键，该探针具备了与谷胱甘肽可逆断裂和结合的性能，如图 1-7 所示。

细胞膜表面广泛分布的硫氧还蛋白（Trx）是一种氧化还原响应性的邻位双巯基蛋白，其在调节细胞氧化还原能力方面起着至关重要的作用，其在细胞膜表面分泌情况是判定炎症细胞的重要指标，因此特异性检测细胞膜表面硫氧还蛋白含量有重要的意义。2014 年，Kim 课题组[54]发展了一种能够特异性靶向并检测细胞膜表面 Trx 的荧光探针，该探针具有超疏水的十二烷基侧链和含四个负电荷的羧基，使得该探针无法进入细胞并嵌入到细胞膜中，将含有二硫键的巯基诱导自消除响应部件作为该探针的巯基响应部件来检测细胞膜表面还原态巯基，通过该探针，实现了细胞膜表面硫氧还蛋白的可视化标记，见图 1-8。

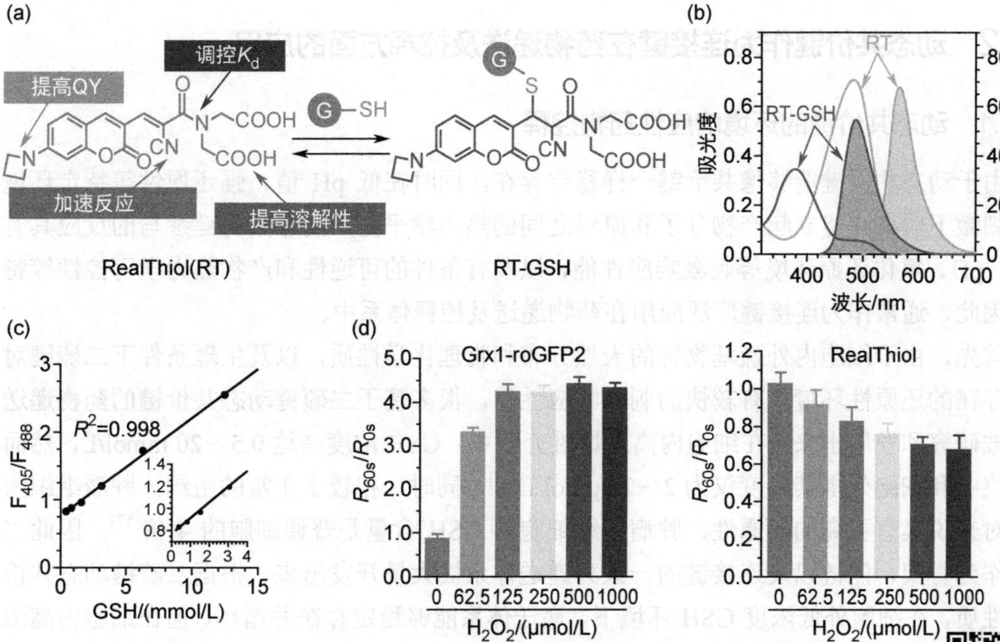

图 1-7 基于麦克尔加成反应的内源性 GSH 可逆探针[53]

RealThiol：非字面含义，文章中该结构的探针命名为 RealThiol，简写为 RT

Wu 课题组[55]报道了一种基于烯硫醚动态共价键探索外源性巯基物种跨膜进入细胞过程中经历的巯基交换反应机制的全新策略。如图 1-9 所示，利用巯基与烯硫醚动态共价键反应的单向性大大简化了二硫键探针所经历的复杂的多极交换平衡。结合高效液相色谱、质谱及流式细胞分析技术，该课题组提出生物硫醇介导跨膜运输的作用界面就在细胞膜表面，并首次报道了溢出的小分子硫醇 GSH 广泛参与到巯基活性物质的跨膜过程。

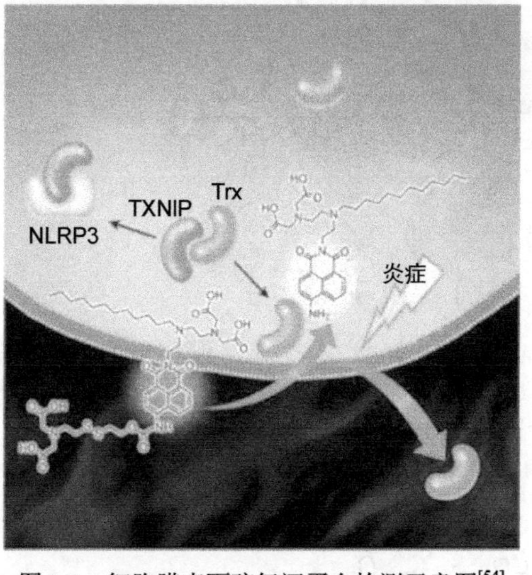

图 1-8 细胞膜表面硫氧还蛋白检测示意图[54]

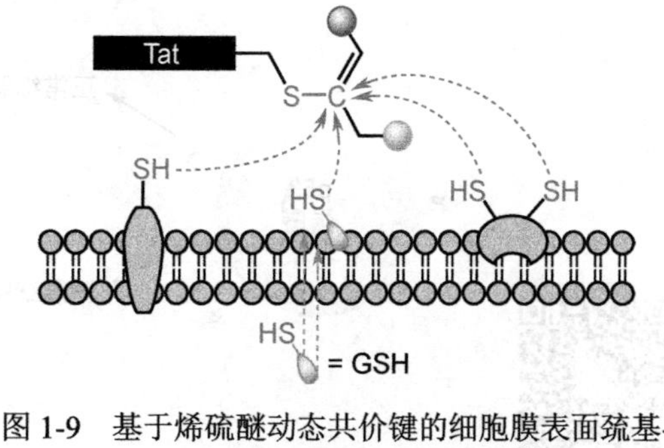

图 1-9 基于烯硫醚动态共价键的细胞膜表面巯基-二硫键交换机制传感示意图[55]

1.3.2 动态共价键作为连接键在药物递送及控释方面的应用

1.3.2.1 动态共价键的环境响应性药物控释

由于动态共价键能够像共价键一样稳定存在，同时在低 pH 值、强还原性等特定环境条件刺激下解离并建立起产物分子和原料之间的热力学平衡，动态共价键参与的反应具有温度、pH、氧化还原环境等刺激响应性能，以及有条件的可逆性和产物热力学可控性等特点。因此，通常作为连接键广泛应用在药物递送及控释体系中。

首先，由于细胞内外巯基物种的天然分布和物理化学性质，以及生理条件下二硫键对巯基存在的还原性环境具有较快的刺激响应性能，很多基于二硫键动态共价键的药物递送体系被研究和发展出来。在细胞内高还原性介质中，GSH 浓度高达 0.5～20 mmol/L，然而在血浆中和细胞外围其浓度仅为 2～20 μmol/L[56]，同时，相较于正常的组织，肿瘤组织附近相对来说具有更高的还原性，肿瘤组织细胞内 GSH 含量是普通细胞的 4 倍[57]，因此二硫键作为骨架、侧链以及连接键的一系列递送体系被大量开发出来。根据二硫键动态共价键的性质，在细胞外低浓度 GSH 环境下，递送体系能够稳定存在并循环，但在细胞内高浓度 GSH 条件下递送体系又能很快发生巯基-二硫键交换反应进而断裂释放出前药，从而发挥药效。

Tang[58]课题组开发了一种肿瘤靶向的氧化还原响应性蛋白纳米胶囊递送体系，用来靶向递送重组 p53 蛋白，该纳米胶囊递送体系通过共价结合肿瘤靶向配体，到达肿瘤组织后可以特异性地在肿瘤细胞中蓄积，并在胞内高浓度 GSH 还原下发生巯基-二硫键交换反应，从而切断二硫键动态共价键，并进一步诱导 p53 介导的细胞凋亡过程来杀死肿瘤细胞（图 1-10）。

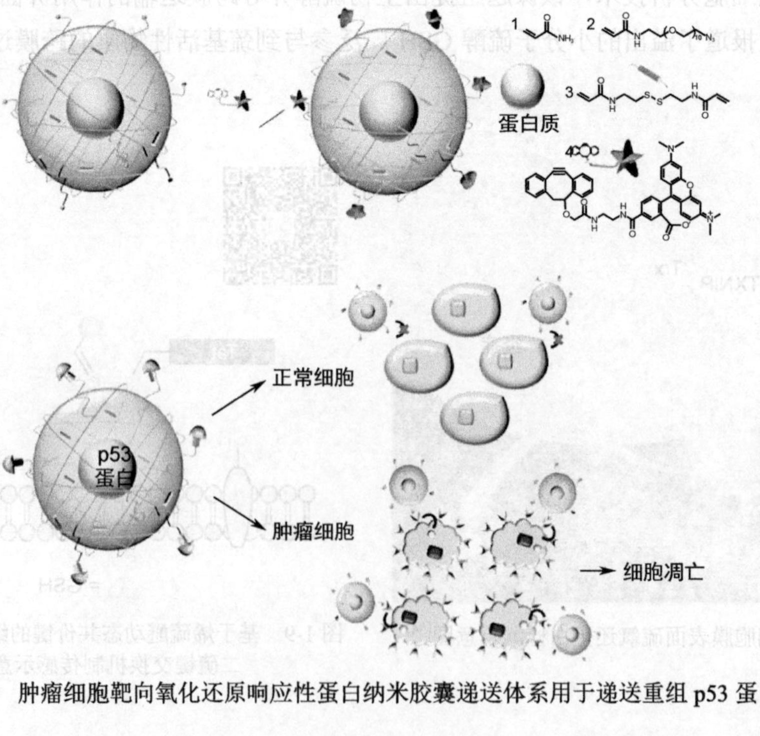

图 1-10 肿瘤细胞靶向氧化还原响应性蛋白纳米胶囊递送体系用于递送重组 p53 蛋白[58]

2018 年，Ni 课题组[59]为了提高体内治疗效果和循环稳定性，通过 Michael 加成聚合和酯化的组合反应合成了一种基于二硫键内核的聚磷酸酯的新型药物载体。如图 1-11 所示，该递送体系可以自组装成核壳结构的水溶性纳米颗粒（NP），并通过硫辛酰基交联形成可逆核心。在 pH 7.4 的条件下，该体系装载的阿霉素（DOX）在 72 h 内维持稳定，仅观察到少量的 DOX 释放（约 15%）。然而，在还原性条件（含有 10 mmol/L GSH 的体系，pH 为 7.4）下，二硫键交联的核将被破坏并导致 90%的 DOX 在相同的孵育期释放。该体系基于二硫键动态共价键，利用细胞内外 GSH 浓度的巨大差异实现了细胞内药物分子的可控释放，极大地减少了在到达作用靶点前的血液循环过程中的药物分子“泄漏”问题。

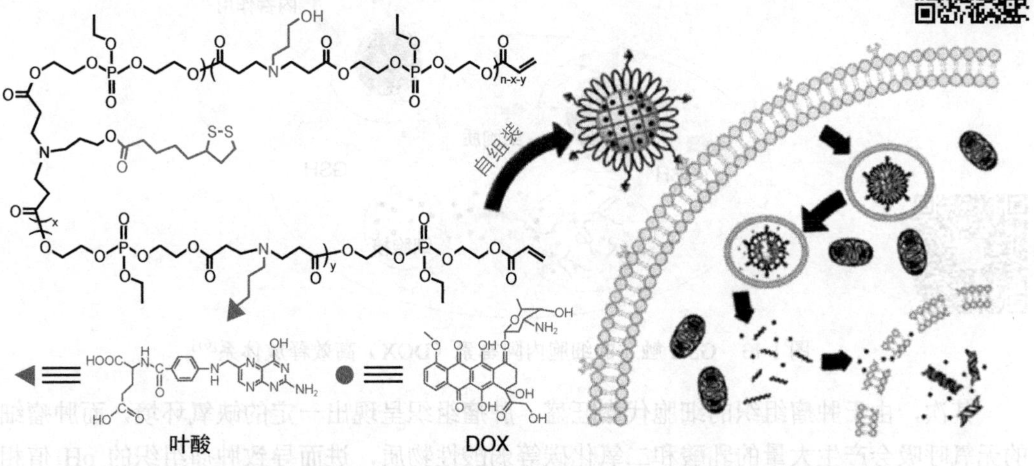

图 1-11　叶酸共价偶联的基于二硫键内核的氧化还原应激型药物递送体系[59]

Shen 课题组[60]利用主客体识别化学，并基于二硫键动态共价键，开发出一种氧化还原应激的嵌段共聚胶束递送体系（图 1-12），并以 DOX 为模型药物考察了其作为药物载体的递送情况。氧化性条件下该递送体系以二硫键动态共价键为核心通过主客体识别化学将 DOX 包裹在两亲性胶束中，但在细胞内高浓度 GSH 作用下很快将核心连接键二硫键切断从而释放出 DOX 药物分子。

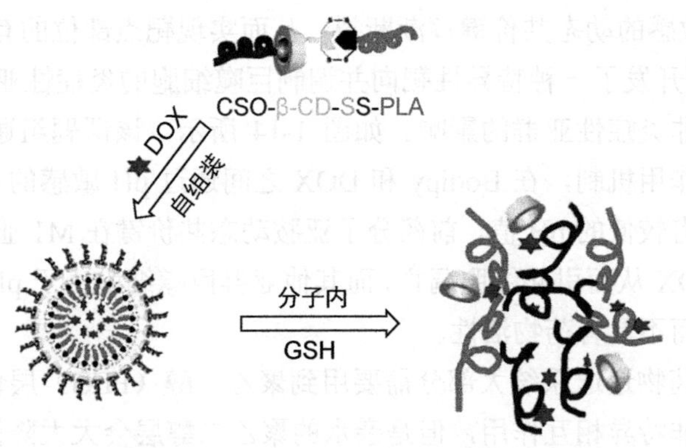

图 1-12　基于二硫键动态共价键的嵌段共聚胶束药物控释递送体系[60]

Huang 课题组[61]将亲水性的PEG链和疏水性的烷基长链分别修饰巯基官能团，在水溶液中通过二硫键动态共价键的形成和亲/疏水相互作用自组装形成两亲性的聚合物胶束，并将疏水性抗癌药物 DOX 包裹在胶束内部，从而形成稳定的聚合物药物递送体系，当该体系通过网格蛋白介导的内化过程进入细胞内部后，细胞质中高浓度的GSH将二硫键还原切断从而释放出药物分子并扩散进细胞从而产生相应的细胞毒性，见图 1-13。

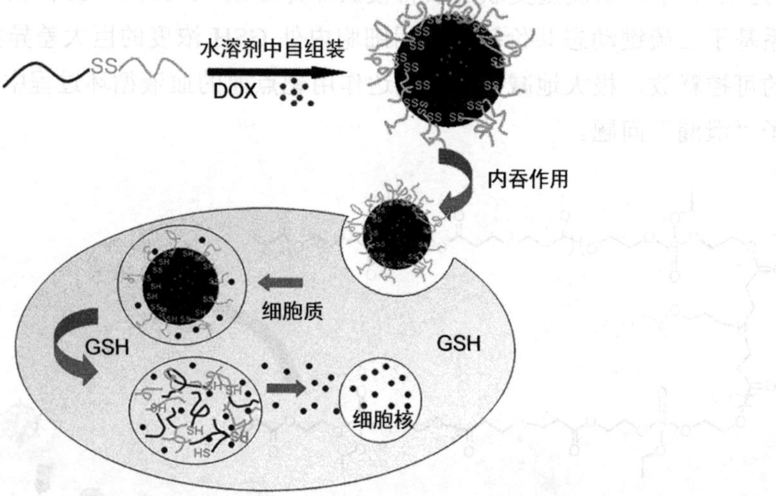

图 1-13 GSH 触发的细胞内阿霉素（DOX）高效释放体系[61]

其次，由于肿瘤组织的细胞代谢旺盛，肿瘤组织呈现出一定的缺氧环境，而肿瘤细胞的无氧呼吸会产生大量的乳酸和二氧化碳等弱酸性物质，进而导致肿瘤组织的 pH 值相较于正常组织更低[62]。在血液循环系统和正常的组织中，细胞外基本上维持在 pH 值为 7.4，细胞内的 pH 值约为 7.2 左右，然而肿瘤细胞外的 pH 值却小于胞内，同时约有 80%的实体瘤细胞外 pH 值小于正常组织细胞内的 pH 值，而在肿瘤细胞中，内涵体 pH 值大约为 5.0～5.5，溶酶体则具有更低的 pH 值（4.0～5.0）[63-64]。利用肿瘤组织和细胞的生理特点，诸多pH 敏感的药物递送和释放系统被开发出来。这些递送系统大部分是基于聚合物基材料或者纳米微球通过对药物的包裹埋藏或者表面修饰而构建的。这些递送系统在到达病灶部位前的循环过程中能够维持稳定从而防止药物在血液循环过程中“泄漏”，到达肿瘤组织后因处于微酸环境其 pH 敏感的动态共价键逐渐断裂，从而实现靶点部位的有效释放。

Marc 课题组[65]开发了一种特异性靶向并调制巨噬细胞的炎症性亚群 M1 的策略，该策略能够避免对其它非炎症性亚群的影响。如图 1-14 所示，该课题组通过荧光染料 Bodipy 模拟了前药体系的作用机制，在 Bodipy 和 DOX 之间通过 pH 敏感的亚胺键连接，由于炎症性亚群巨噬细胞有较低的 pH 值，前药分子亚胺动态共价键在 M1 亚群巨噬细胞内断开，释放出活性药物 DOX 从而引起细胞凋亡，而其他亚群巨噬细胞由于 pH 值较高不能引起亚胺动态共价键断裂而不具有药物活性。

基于聚合物的药物递送系统大部分需要用到聚乙二醇（PEG）层包裹以减少其在循环过程中和血清等的非特异相互作用，但是亲水的聚乙二醇层会大大降低递送系统在肿瘤部位细胞摄取效率，Wang 及其合作者开发了一种 PEG 层可脱落的三元纳米粒子（NP），用于肿瘤 pH 靶向递送 siRNA [66]。如图 1-15（a）所示，可脱落的肿瘤酸响应性聚乙二醇化阴离子聚合物（PPC-DA）通过静电作用包被到带正电荷的聚阳离子 $ssPEI_{800}$/siRNA 复合物表面，在 pH 7.4 的血液循环途径中，该递送体系能够稳定存在，并且聚乙二醇层的保护减少了与血清成分的非特异性疏水相互作用，更容易到达靶标部位。当通过循环在肿瘤组织富集后，在肿瘤细胞的轻度酸性细胞外环境中，在中性时稳定的酰胺键经历快速水解以暴露内层聚乙二醇化的阳离子氨基群，促进了 siRNA 的细胞吸收并增强了抗肿瘤活性。

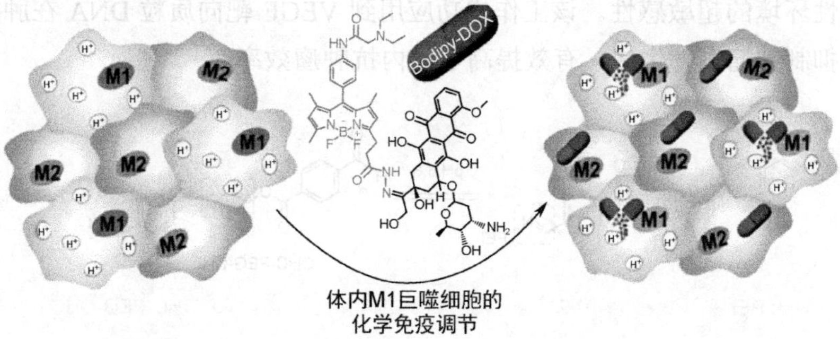

图 1-14　特异性调制巨噬细胞炎症性亚群前药分子调节机制[65]

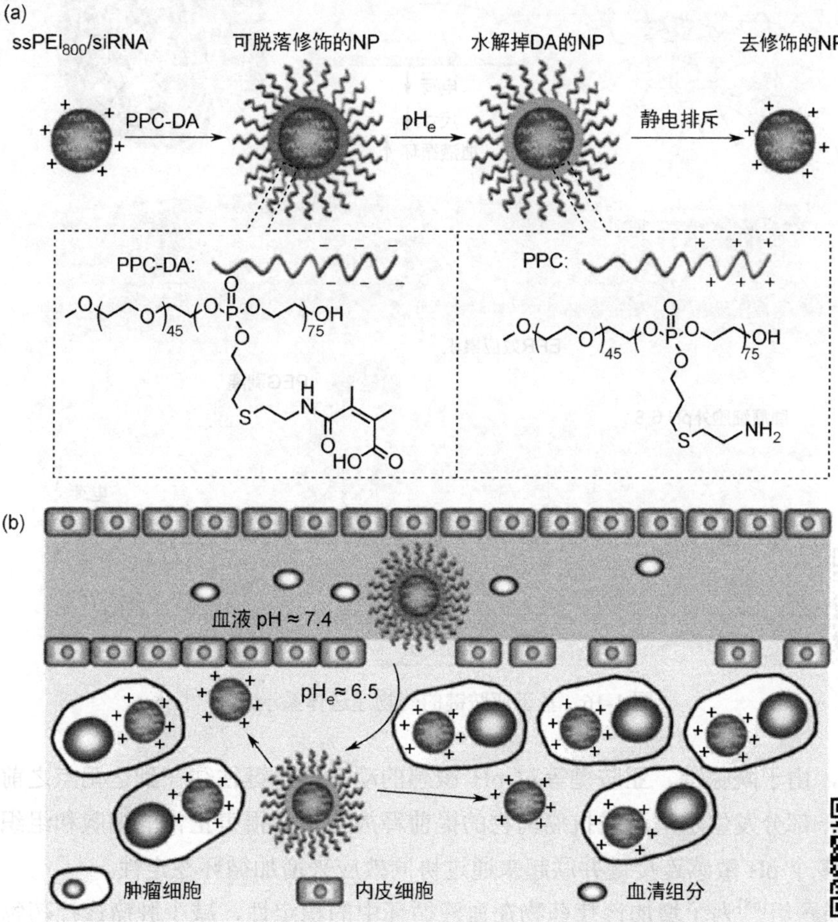

图 1-15　pH 响应的 PEG 可脱落型 siRNAs 三元纳米递送系统[66]

Guan等设计了一种超灵敏的pH响应基因传递系统，该系统由聚谷氨酸（PLG）和聚乙烯亚胺（PEI）组成，然后与醛修饰的PEG通过亚胺动态共价键（图1-16）交联[67]。DNA通过静电相互作用被装载在载体分子的核心。交联聚乙二醇（PEG）不仅通过屏蔽正电荷提高了稳定性，而且延长了聚合物纳米载体（NP）的循环时间。当NP进入肿瘤（酸性肿瘤微环境）时，通过亚胺键的水解，PEG冠被迅速剥离，通过扩大NP的大小/电荷来提高肿瘤的摄取效率。在pH值为6.8时，药物载体的电荷、尺寸和跨膜效率均发生变化，并且表现出对酸性环境的超敏感性。该工作成功应用到VEGF靶向质粒DNA在肿瘤细胞中的富集，进而抑制肿瘤血管生成，有效提高了体内抗肿瘤效率。

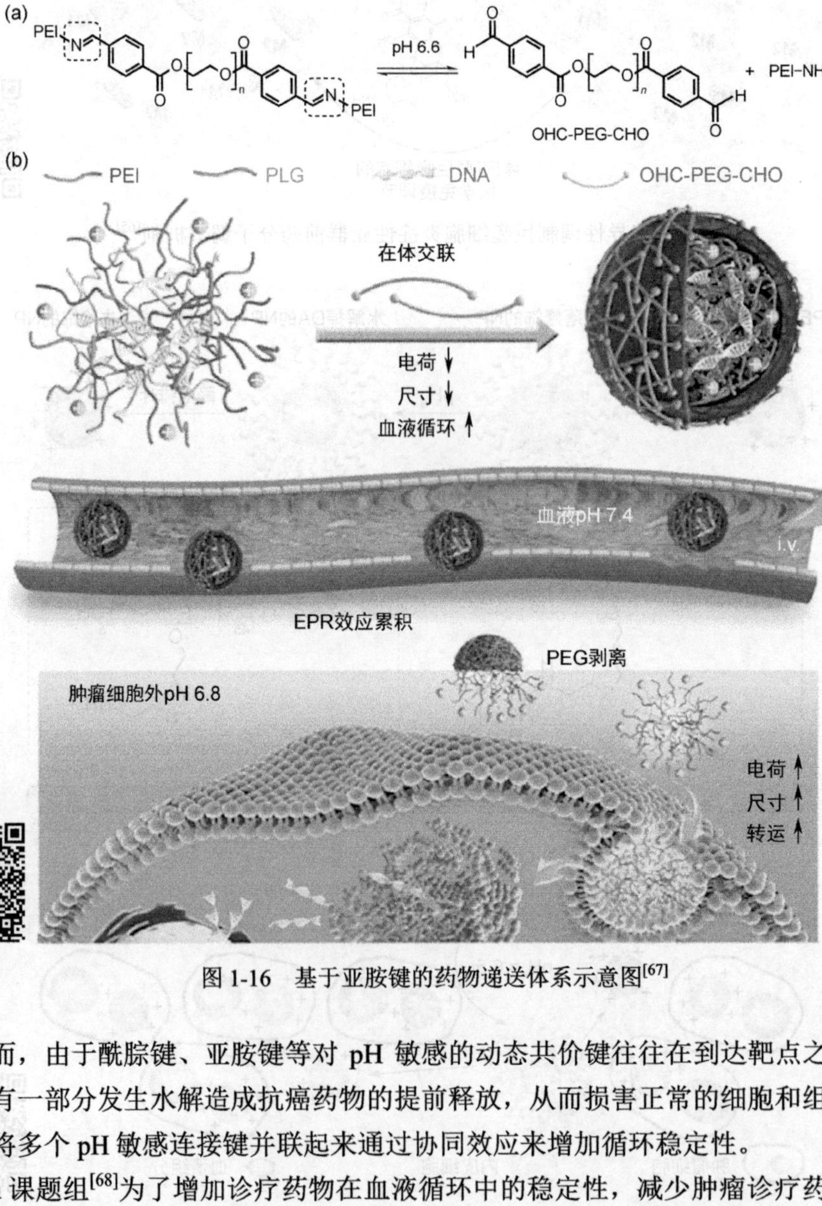

图1-16 基于亚胺键的药物递送体系示意图[67]

然而，由于酰腙键、亚胺键等对pH敏感的动态共价键往往在到达靶点之前的循环过程中就有一部分发生水解造成抗癌药物的提前释放，从而损害正常的细胞和组织，一些课题组就将多个pH敏感连接键并联起来通过协同效应来增加循环稳定性。

Wu课题组[68]为了增加诊疗药物在血液循环中的稳定性，减少肿瘤诊疗药物到达肿瘤细胞前的“泄漏”，降低对正常细胞的影响，将两个pH敏感的酰腙键偶联到一起构建了一种全新的双酰腙键药物递送体系。通过一个可酶解多肽桥连的双酰腙连接键（PTA linker），由于分子内协同效应，无论是在酸性还是中性条件下，双酰腙键均表现出强的稳定性，在生理 pH（pH=7.4）及 pH=4.8 的酸性条件下，20 h 内双酰腙连接键几乎没有断裂，表现出较好的循环稳定性，当到达靶点细胞内时，双酰腙连接键之间桥连的多肽被细胞内酶切断开，二者之间不再有协同效应，使得酰腙键很快水解从而释放出肿瘤细胞诊疗试剂 MMAE，从而达到药效，如图 1-17 所示。

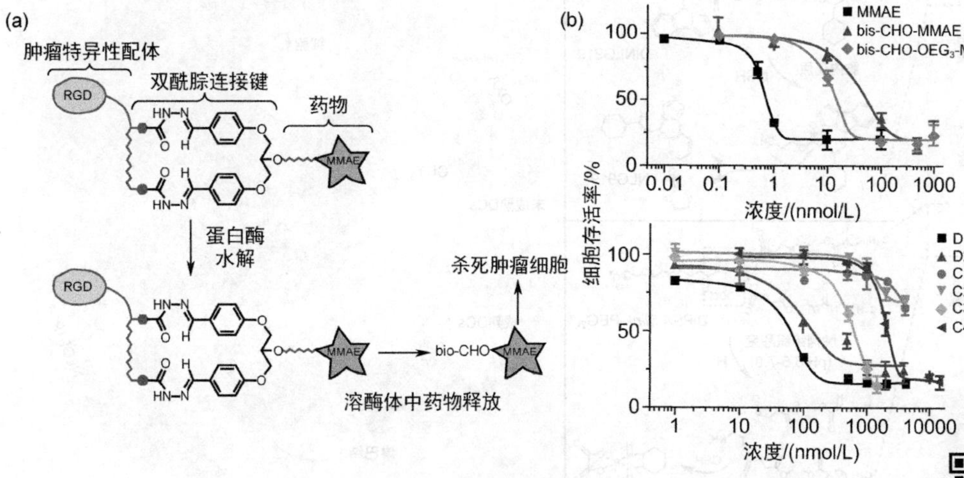

图 1-17 双酰腙连接键修饰药物分子及递送示意图[68]

由于 pH 敏感连接键作为药物载体连接键的递送体系药物释放是通过酰胺、酰腙键及亚胺键等 pH 敏感连接键的酸性条件下的水解，虽然可以通过多个连接键分子内协同来提高到达靶点之前的循环过程中的稳定性，但是相矛盾的是，更高的稳定性意味着更慢的水解速度，这一类型的递送体系很难实现靶标细胞内的快速释放，同时水解之后产物含有醛基，药物分子很难通过消除反应完全脱离，很小的修饰基团都会对药物的诊疗效果造成影响，而二硫键由于细胞内外巨大的 GSH 含量差异能够实现细胞内的快速释放，并且可以通过消除反应将前药分子完全转化为药物母体分子，因此很多课题组将 pH 敏感连接键和二硫键结合起来构建药物递送体系。

Li 课题组[69]展示了一种肿瘤微环境可激活的二元协同前体药物纳米递送系统（BCPN），该系统由 PEG 修饰的奥沙利铂（OXA）前体药物和还原激活的 NLG919 同源二聚体组成（图 1-18），其中 PEG 通过酸激活的酰胺与 OXA 连接，而核心 NP 由 NLG919 二聚体与二硫键连接形成。在肿瘤微环境中，肿瘤酸性触发的聚乙二醇壳裂解后，NP 显示出负电荷到正电荷的转换，以增强肿瘤的聚集和深入渗透。然后，OXA 和 NLG919 通过谷胱甘肽介导的还原在肿瘤细胞中被激活。OXA 和 NLG919 通过调节免疫抑制性肿瘤微环境发挥协同作用，提高抗肿瘤效率，进而有效地抑制乳腺癌和结直肠癌小鼠模型的肿瘤生长和转移。

Zhao 课题组[70]设计了一种由亲水性的 PEG 5000 作为两端侧链同时包含 pH 敏感的酰胺键以及氧化还原敏感的二硫键的疏水核心所组成的脂质体，将抗癌药物 DOX 包裹到脂质体中心，在到达靶点之前药物分子无法逃逸出脂质体，当靶向富集到肿瘤细胞后，在较低的 pH 值和高的还原性环境同时存在时，酰胺键和二硫键能够分别在双重环境刺激下断裂从而释放出药物分子，见图 1-19。由此可见，通过两种环境敏感型动态共价键的组合大大提高了药物释放靶向选择性，这一策略为低 pH 值和高 GSH 浓度条件下药物选择性高效释放提供了新的思路。

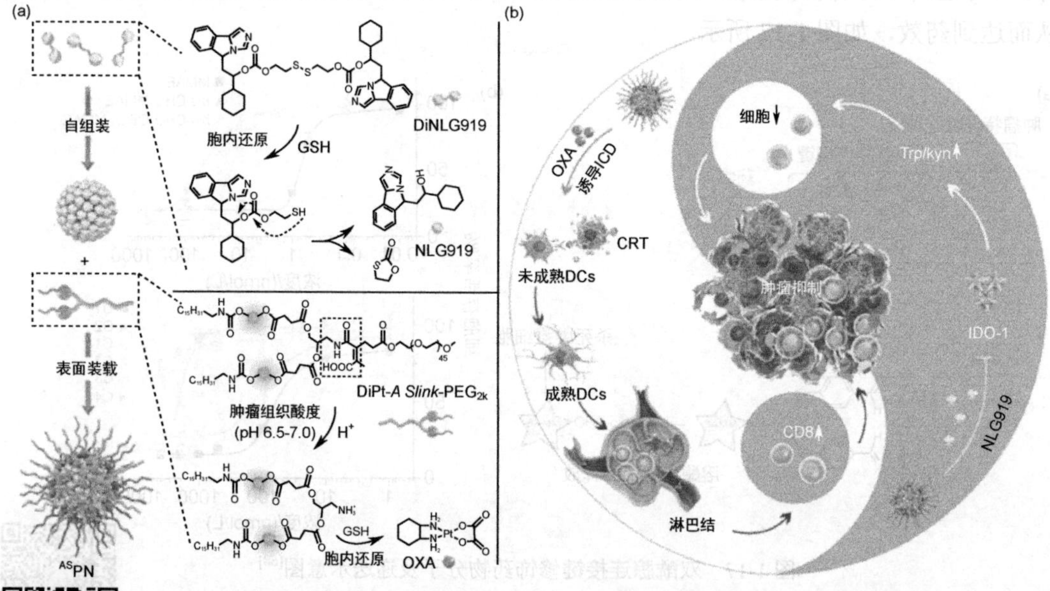

图 1-18 两亲聚合物 PMCPT 合成及递送和药物释放机理图[69]

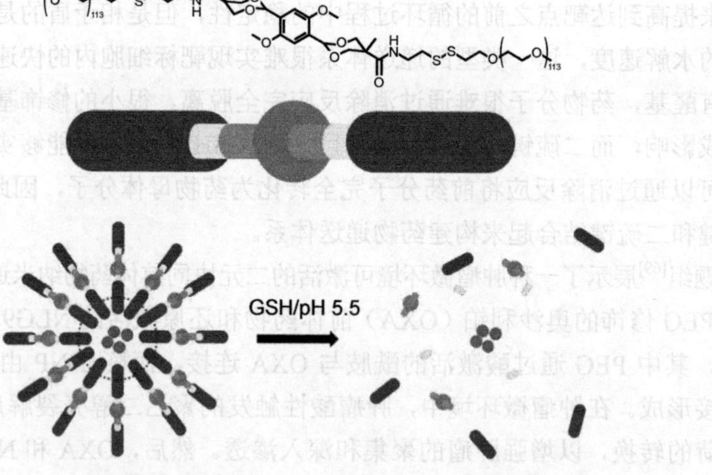

图 1-19 双响应脂质体 DOX 释放原理图[70]

1.3.2.2 基于细胞膜表面巯基蛋白介导的巯基活性物质跨膜研究

由于细胞膜表面分布着大量含巯基的蛋白质，如硫氧还蛋白（Trx）、谷氧还蛋白（Grx）、蛋白质异构化酶（PDI）等，近些年来，基于细胞膜表面巯基参与的介导反应构建高效的细胞内药物递送体系逐渐成为该领域研究的热点。

Gait 课题组[71]在 2012 年首先提出利用细胞膜表面巯基物种的天然机制提高含巯基的外源性巯基活性物种跨膜进入细胞效率的概念，并分析了外源性巯基活性物质通过细胞膜表面巯基介导进入细胞的可能的三种模式（如图 1-20 所示）：a. 氧化态的外源性巯基与还原态的膜巯基反应，从而偶联到细胞膜上进而介导进入细胞；b. 还原态硫负离子与细胞膜表面氧化态巯基蛋白发生交换反应，从而偶联到细胞膜上进而介导进入细胞；c. 还原态硫负离子被细胞膜表面还原态巯基蛋白氧化形成二硫键，从而偶联到细胞膜上进而介导进入细胞。无论哪种模式，均是外源性巯基物种和细胞膜表面巯基蛋白形成混合型二硫键来实现提高跨膜效率的目标，这一研究成果的发表为后续一系列的基于细胞膜表面巯基介导的外源性巯基活性物质跨膜递送体系构建提供了理论基础。

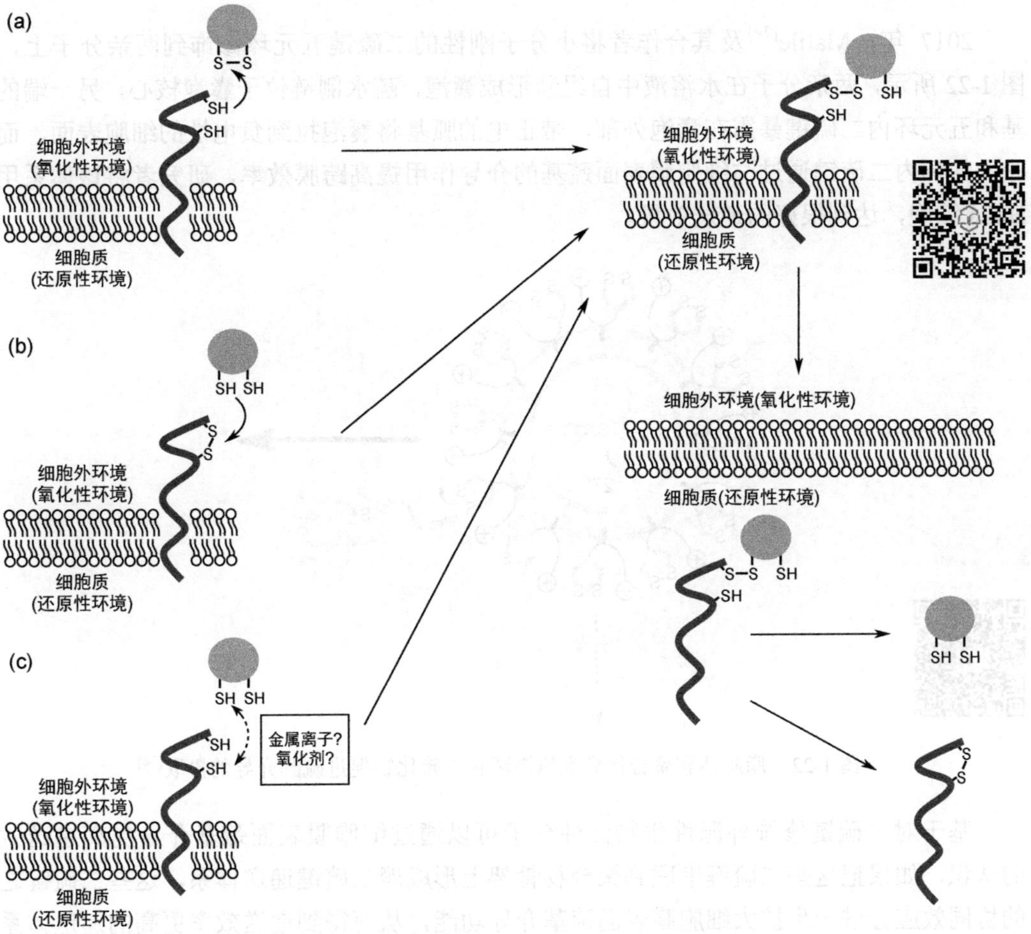

图 1-20　可能的细胞膜表面巯基介导递送生物硫醇机制[71]

Matile 和他的合作者对基于细胞膜表面巯基介导的递送体系进行了系统的研究，通过一系列工作[72-74]发现基于细胞膜表面巯基介导的递送体系与外源性巯基二硫键的二面角有直接的关系，如图 1-21 所示。对于该课题组开发的一系列分子内二硫键递送体系，随着二硫键环张力的增大，即 CSSC 二面角的减小，递送效率逐渐提高。这主要是因为小的二面角更利于其与细胞膜表面巯基蛋白上的巯基反应形成新的混合型二硫键[74-76]，进而介导外源性生物活性物质进入细胞。

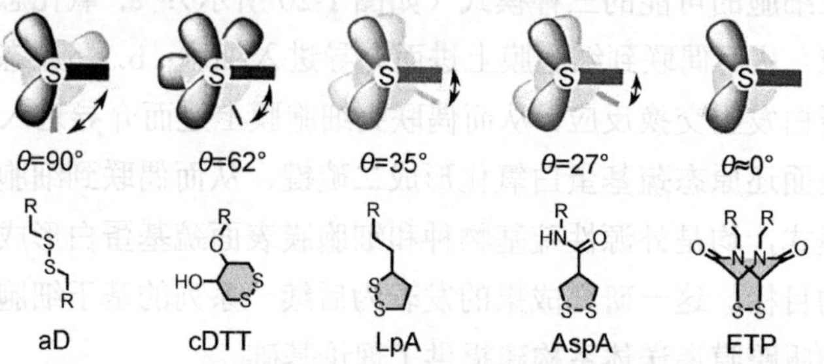

图 1-21　具有不同环张力的分子内二硫连接键[72-74]

2017 年，Matile[74]及其合作者将小分子刚性的二硫键五元环修饰到两亲分子上，如图 1-22 所示，两亲分子在水溶液中自组装形成囊泡，疏水侧链位于囊泡核心，另一端的胍基和五元环内二硫键暴露在囊泡外部，带正电的胍基将囊泡拉到负电性的细胞表面，而高张力的环内二硫键通过与细胞膜表面巯基的介导作用提高跨膜效率，研究者将该体系用于 HeLa 细胞，达到很好的递送效果。

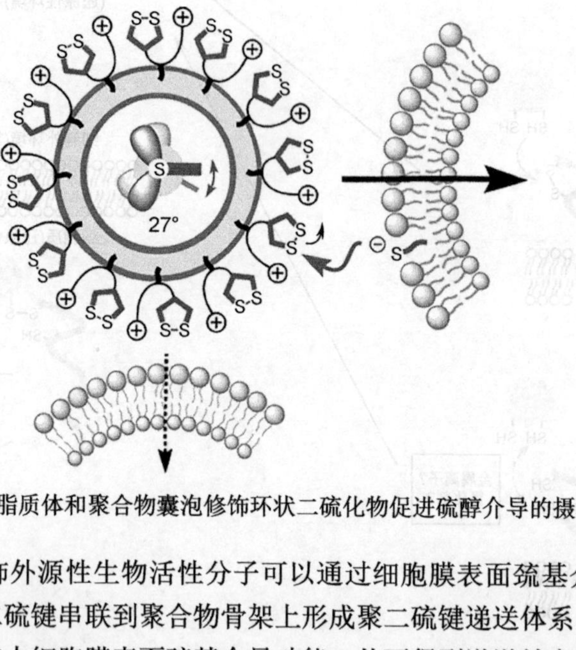

图 1-22　脂质体和聚合物囊泡修饰环状二硫化物促进硫醇介导的摄取[74]

基于对二硫键修饰外源性生物活性分子可以通过细胞膜表面巯基介导提高递送效率的认识，如果把这些二硫键串联到聚合物骨架上形成聚二硫键递送体系，这些二硫键之间的协同效应会进一步扩大细胞膜表面巯基介导功能，从而得到递送效率更高的递送体系。一系列基于聚二硫键与细胞膜表面巯基提高递送效率的工作先后被报道出来[77-84]，其中 Matile 在聚二硫键介导细胞递送方面做了大量且很有价值的工作。2013 年，该课题组[84]发展了一种自组装形成聚二硫键聚合物从而携带外源性物质进入细胞的策略（图 1-23），在该策略中，将胍基修饰到含二硫键的五元环上构成聚合物单体，由于较大的环张力，在温和的条件下，环内二硫键很容易被打开，如果在体系中加入少量还原态巯基物种作为引发剂，会诱导一系列开环的交换反应从而形成聚二硫键聚合物，此时加入一定量含碘乙酰胺的终止剂，就可以得到最终的稳定的聚二硫键聚合物。这一过程在 5 min 之内便可以完成。如果将终止剂或者引发剂换作要递送的探针或者药物分子，就能通过与细胞膜表面巯基的介导反应携带这些分子进入细胞并在还原性条件下解聚降解，释放出药物或者探针分子。

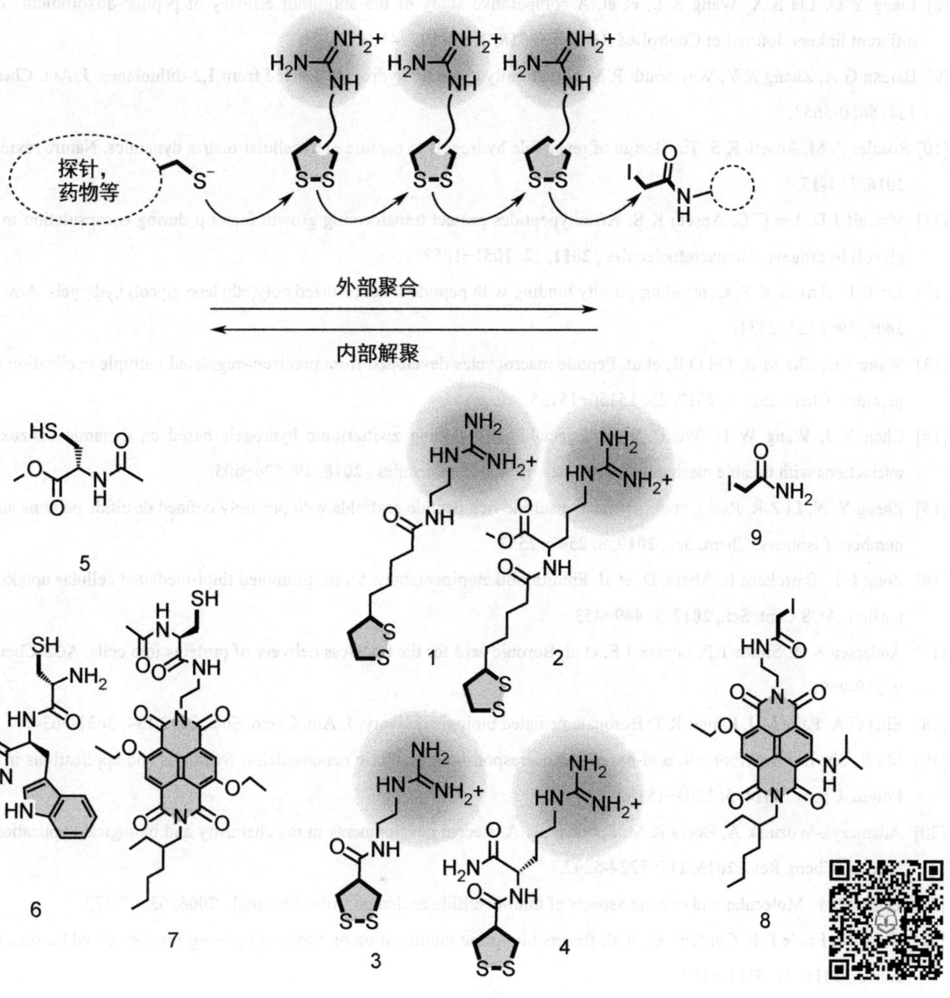

图 1-23　胍基修饰的聚二硫键共价递送体系构建[84]

参考文献

[1] Sforazzini G, Sakai N, Orentas E, et al. Toward oriented surface architectures with three Co-axial charge-transporting pathways. J. Am. Chem. Soc., **2013**, 135: 12082-12090.

[2] Sakai N, Matile S. Stack exchange strategies for the synthesis of covalent double-channel photosystems by self-organizing surface-initiated polymerization. J. Am. Chem. Soc., **2011**, 133: 18542−18545.

[3] Vura-Weis J, Ratner M A, Wasielewski M R. Geometry and electronic coupling in perylenediimide stacks: mapping structure-charge transport relationships. J. Am. Chem. Soc., **2010**, 132: 1738-1739.

[4] Areephong J, Orentas E, Sakai N, et al. Directional stack exchange along oriented oligothiophene stacks. Chem.Commun., **2012**, 48:

10618−10620.

[5] Luh T Y. Ladderphanes: A new type of duplex polymers. Acc. Chem. Res., **2013**, 46: 378−389.

[6] Lv Y, Yang B, Li Y M, et al. Folate-conjugated amphiphilic block copolymer micelle for targeted and redox-responsive delivery of doxorubicin. Journal of Biomaterials science, Polymer edition., **2018**, 29: 92-106.

[7] Zhang L P, Wu L Y, Shi G, et al. Studies on the preparation and controlled release of redox/pH-responsive zwitterionic nanoparticles based on poly-L-glutamic acid and cystamine. Journal of Biomaterials science, Polymer edition., **2018**, 29: 646-662.

[8] Liang Y Q, Lia S X, Wang X L, et al. A comparative study of the antitumor efficacy of peptide-doxorubicin conjugates with different linkers. Journal of Controlled Release., **2018**, 275: 129−141.

[9] Barcan G A, Zhang X Y, Waymouth R M. Structurally dynamic hydrogels derived from 1,2-dithiolanes. J. Am. Chem. Soc., **2015**, 137: 5650-5653.

[10] Rosales A M, Anseth K S. The design of reversible hydrogels to capture extracellular matrix dynamics. Nature reviews, materials., **2016**, 1: 1-15.

[11] McCall J D, Lin C C, Anseth K S. Affinitypeptides protect transforming growth factor β during encapsulation in poly(ethylene glycol) hydrogels. Biomacromolecules., **2011**, 12: 1051−1057.

[12] Lin C C, Anseth K S. Controlling affinity binding with peptide-functionalized poly(ethylene glycol) hydrogels. Adv. Funct. Mater., **2009**, 19: 2325−2331.

[13] Wang J H, Zha M R, Fei Q R, et al. Peptide macrocycles developed from precisely-regulated multiple cyclization of unprotected peptides. Chem. Eur. J., **2017**, 23: 15150−15155.

[14] Chen Y J, Wang W D, Wu D, et al. Injectable self-healing zwitterionic hydrogels based on dynamic benzoxaborole−sugar interactions with tunable mechanical properties. Biomacromolecules., **2018**, 19: 596−605.

[15] Zheng Y W, Li Z R, Ren J, et al. Artificial disulfide-rich peptide scaffolds with precisely defined disulfide patterns and a minimized number of isomers. Chem. Sci., **2017**, 8: 2547−2552.

[16] Zong L L, Bartolami E, Abegg D, et al. Epidithiodiketopiperazines: Strain-promoted thiol-mediated cellular uptake at the highest tension. ACS Cent. Sci., **2017**, 3: 449−453.

[17] Andersen K A, Smith T P, Lomax J E, et al. Boronic acid for the traceless delivery of proteins into cells. ACS Chem. Biol., **2016**, 9: 319-969.

[18] Ellis G A, Palte M J, Raines R T. Boronatemediated biologic delivery. J. Am. Chem. Soc., 2012,134: 3631-3634.

[19] Ma R, Shi L. Phenylboronic acid-based glucoseresponsive polymeric nanoparticles: Synthesis and applications in drug delivery. Polym. Chem., **2014**, 5: 1503−1518.

[20] Adamczyk-Wozniak A, Borys K M, Sporzyn ski A. Recent developments in the chemistry and biological applications of benzoxaboroles. Chem. Rev., **2015**, 115: 5224-5247.

[21] Gilbert H F. Molecular and cellular aspects of thiol-disulfide exchange. Adv. Enzymol., **2006**, 63: 69-172.

[22] Cal P M, Frade R F, Cordeiro C, et al. Reversible lysine modification on proteins by using functionalized boronic acids. Chem. - Eur. J., **2015**, 21: 8182-8187.

[23] Rowan S J, Cantrill, S J, Cousins G R L, et al. Dynamic covalent chemistry. Angew. Chem. Int. Ed., **2002**, 41: 898−952.

[24] Lehn J M. Dynamic combinatorial chemistry and virtual combinatorial libraries. Chem. Eur. J., **1999**, 5: 2455.

[25] Greig L M, Philp D. ChemInform abstract: Applying biological principles to the assembly and selection of synthetic superstructures. Cheminform., **2001** , 32 (48): 287-302.

[26] Lehn J M. From supramolecular chemistry towards constitutional dynamic chemistry and adaptive chemistry. Chem. Soc. Rev., **2007**, 36: 151.

[27] Lehn J M. Dynamers: Dynamic molecular and supramolecular polymers. Aust. J. Chem., **2010**, 63: 611-623.

[28] Ghoussoub A, Lehn J-M. Dynamic sol-gel interconversion by reversible cation binding and release in G-quartet-based supramolecular polymers. Chem. Commun., **2005**, 8: 5763-5765.

[29] Buhler E, Sreenivasachary N, Candau S-J, et al. Modulation of the supramolecular structure of G-quartet assemblies by dynamic covalent decoration. J. Am. Chem. Soc., **2007**, 129: 10058-10059.

[30] Roy N, Bruchmann B, Lehn J-M. Dynamers: Dynamic polymers as self-healing materials. Chem. Soc. Rev., **2015**, 44: 3786-3807.

[31] Schnepp Z. Biopolymers as a flexible resource for nanochemistry. Angew. Chem., Int. Ed., **2013**, 52: 1096-1108.

[32] Kolomiets E, Lehn J-M. Double dynamers: Molecular and supramolecular double dynamic polymers. Chem. Commun., **2005**: 1519-1521.

[33] Barluenga S, Winssinger N. PNA as a biosupramolecular tag for programmable assemblies and reactions. Acc. Chem. Res., **2015**, 48: 1319-1331.

[34] Vilaivan, T. Pyrrolidinyl PNA with α/β-dipeptide backbone: from development to applications. Acc. Chem. Res., **2015**, 48: 1645-1656.

[35] Dube D H, Bertozzi C R. Glycans in cancer and inflammation potential for therapeutics and diagnostics. Nat.Rev. Drug Discovery., **2005**, 4: 477-488.

[36] Varki A. Glycan-based interactions involving vertebrate sialic acid-recognizing proteins. Nature, **2007**, 446: 1023-1029.

[37] Bartolami E, Bessin Y, Bettache N, et al. Multivalent DNA recognition by self-assembled clusters: deciphering structural effects by fragments screening and evaluation as siRNA vectors. Org. Biomol. Chem., **2015**, 13: 9427−9438.

[38] Aubry S, Burlina F, Dupont E, et al. Cell-surface thiols affect cell entry of disulfide-conjugated peptides. FASEB J., **2009**, 23: 2956−2967.

[39] Gasparini G, Bang E K, Montenegro J, et al. ChemInform abstract: cellular uptake: lessons from supramolecular organic chemistry. Chem. Commun., **2015**, 51: 10389−10402.

[40] Mendez J, Monteagudo A, Griebenow K. Stimulus-responsive controlled release system by covalent immobilization of an enzyme into mesoporous silica nanoparticles. Bioconjugate Chem., **2012**, 23, 698−704.

[41] Andreana P R, Xie W, Cheng H N, et al. In situ preparation of β-D-1-O-hydroxylamino carbohydrate polymers mediated by galactose oxidase. Org. Lett., **2002**, 4: 1863-1866.

[42] Ulrich S, Boturyn D, Marra A, et al. Oxime ligation: A chemoselective click-type reaction for accessing multifunctional biomolecular constructs. Chem. - Eur. J., **2014**, 20: 34-41.

[43] Belowich M E, Stoddart J F. Dynamic imine chemistry. Chem. Soc. Rev., **2012**, 41: 2003-2024.

[44] Nishiyabu R, Kubo Y, James T D, et al. Boronic acid building blocks: tools for self assembly. Chem. Commun., **2011**, 47: 1124-1150.

[45] Fujita N, Shinkai S, James T D. Boronic acids in molecular self-assembly. Chem. Asian. J., **2008**, 3: 1076−1091.

[46] Sijbren O, Ricardo L E, Jeremy K M. Dynamic combinatorial chemistry. Combinatorial chemistry., **2002**, 7: 117-125.

[47] Cavalli R, Bisazza A, Sessa R, et al. Amphoteric agmatine containing polyamidoamines as carriers for plasmid DNA in vitro and in vivo delivery. Biomacromolecules., **2010**, 11: 2667−2674.

[48] Yi Y, Xu H, Wang L, et al. A new dynamic covalent bond of Se−N: towards controlled self-assembly and disassembly N: towards controlled self-assembly and disassembly. Chem. Eur. J., **2013**, 19: 9506-9510.

[49] Jung D, Maiti S, Lee J H, et al. Rational design of biotin−disulfide−coumarin conjugates: a cancer targeted thiol probe and bioimaging. Chem. Commun., **2014**, 50: 3044-3047.

[50] Rong L, Zhang C, Lei Q, et al. Long-term thiol monitoring in living cells using bioorthogonal chemistry. Chem. Commun., **2015**, 51: 388-390.

[51] Ling, Y. Y, Ren, J, Li T, et al. POEGMA-based disulfide-containing fluorescent probes for imitating and tracing noninternalization-based intracellular drug delivery. Chem. Commun., **2016**, 52: 4533-4536.

[52] Li T, Gao W, Liang J J, et al. Biscysteine-bearing peptide probes to reveal extracellular thiol−disulfide exchange reactions promoting cellular uptake. Anal. Chem., **2017**, 89: 8501-8508.

[53] Jiang Q, Chen J W, Wang J, et al. Quantitative real-time imaging of glutathione. Nature Communications, **2017**, 8: 16087.

[54] Lee M H, Jeon H Mi, Han J H, et al. Toward a chemical marker for inflammatory disease: A fluorescent probe for membrane-localized thioredoxin. J. Am. Chem. Soc., **2014**, 136, 8430-8437.

[55] Gao W, Li T, Wang J H, et al. Thioether-bonded fluorescent probes for deciphering thiolmediated exchange reactions on the cell surface. Anal. Chem., **2017**, 89: 937-944.

[56] Pompella A, Visvikis A, Paolicchi A, et al. The changing faces of glutathione, a cellular protagonist. Biochem. Pharmacol., **2003**, 66: 1499-1503.

[57] Saito G, Swanson J A, Lee K D. Drug delivery strategy utilizing conjugation via reversible disulfide linkages: role and site of cellular reducing activities. Adv. Drug Deliv. Rev., **2003**, 55: 199-215.
[58] Zhao M X, Liu Y R, Tang Y, et al. Clickable protein nanocapsules for targeted delivery of recombinant p53 protein. J. Am. Chem. Soc., **2014**, 136: 15319-15325.
[59] Cao Y W, He J L, Liu J, et al. Folate-conjugated polyphosphoester with reversible cross-linkage and reduction sensitivity for drug delivery. ACS Appl. Mater. Interfaces., **2018**, 10: 7811-7820.
[60] Zhang Z, He C Y, Tan L J, et al. Synthesis and micellization of block copolymer based on host–guest recognition and double disulphide linkage for intracellular drug delivery. Polym. Bull., **2018**, 75: 1149-1169.
[61] Cui C, Xue Y N, Wu M W, et al. Cellular uptake, intracellular trafficking, and antitumor efficacy of doxorubicin-loaded reduction-sensitive micelles. Biomaterials, **2013**, 34: 3858-3869.
[62] Chen S, Wu Y, Mi F, et al. A novel pH-sensitive hydrogel composed of N, O-carboxymethyl chitosan and alginate cross-linked by genipin for protein drug delivery. Journal of Controlled Release, **2004**, 96: 285-300.
[63] Singh B, Jiang T, Kim Y, et al. Release and cytokine production of BmpB from Bmp B-loaded pH-sensitive and mucoadhesive thiolated eudragit microspheres. Journal of Nanoscience and Nanotechnology, **2015**, 15: 606-610.
[64] Yuan F, Wang S, Chen G, et al. Novel chitosan-based pH-sensitive and disintegrable polyelectrolyte nanogels. Colloids and Surfaces B-Biointerfaces, **2014**, 122: 194-201.
[65] Fernandez A, Vermeren M, Humphries D, et al. Chemical modulation of in vivo macrophage function with subpopulation-specific fluorescent prodrug conjugates. Acs Cent Sci., **2017**, 3: 995-1005.
[66] Yang X Z, Du J Z, Dou S, et al. Sheddable ternary nanoparticles for tumor acidity-targeted siRNA delivery. ACS NANO, **2012**, 6: 771−781.
[67] Guan X W, Guo Z P, Lin L, et al. Ultrasensitive pH triggered charge/size dual-rebound gene delivery system. Nano Letters, **2016**, 16: 6823-6831.
[68] Zheng Y W, Ren J, Wu Y Q, et al. Proteolytic unlocking of ultrastable twin-acylhydrazone linkers for lysosomal acid-triggered release of anticancer drugs. Bioconjugate Chem., **2017**, 28: 2620-2626.
[69] Feng B, Zhou F, Hou B, et al. Binary cooperative prodrug nanoparticles improve immunotherapy by synergistically modulating immune tumor microenvironment. Advanced Materials, **2018**, 30: 1803001.
[70] Onga W K, Wonga W F F, Anga C Y, et al. Dual-responsive liposome as an efficient vehicle for drug delivery. Journal of Controlled Release, **2017**, 259: e5-e195.
[71] Torres A G, Gait M J. Exploiting cell surface thiols to enhance cellular uptake. Trends in Biotechnology, **2012**, 30: 185-190.
[72] Gasparini G, Bang E K, Molinard G, et al. Cellular uptake of substrate-initiated cell-penetrating poly(disulfide)s. J. Am. Chem. Soc., **2014**, 136: 6069-6074.
[73] Gasparini G, Sargsyan G, Bang E K, et al. Ring tension applied to thiol-mediated cellular uptake. Angew. Chem., Int. Ed., **2015**, 54: 7328-7331.
[74] Chuard N, Gasparini G, Moreau D, et al. Strain-promoted thiol-mediated cellular uptake of giant substrates: liposomes and polymersomes. Angew. Chem., Int. Ed., **2017**, 56: 2947-2950.
[75] Abegg D, Gasparini G, Hoch D G, et al. Strained cyclic disulfides enable cellular uptake by reacting with the transferrin receptor. J. Am. Chem. Soc., **2017**, 139: 231-238.
[76] Oupicky D, Li J. Bioreducible polycations in nucleic acid delivery: past, present, and future trends. Macromol. BioSci., **2014**, 14: 908-922.
[77] Li T, Takeoka S. Enhanced cellular uptake of maleimidemodified liposomes via thiol-mediated transport. Int. J. Nanomed., **2014**, 9: 2849-2861.
[78] Aubry S, Burlina F, Dupont E, et al. Cell-surface thiols affect cell entry of disulfide-conjugated peptides. FASEB J., **2009**, 23 (9): 2956-2967.
[79] Hayashi H, Sobczuk A, Bolag A, et al. Antiparallel three-component gradients in doublechannel surface architectures. Chem. Sci., **2014**, 5: 4610–4614.
[80] Sakai N, Matile S. Stack exchange strategies for the synthesis of covalent double-channel photosystems by self-organizing

surface-initiated polymerization. J. Am. Chem. Soc., **2011**, 133 (46): 18542-18545.

[81] Naomi Sakai, Pierre Charbonnaz, Sandra Ward, et al. Ion-gated synthetic photosystems. J. Am. Chem. Soc., 2014, 136 (15): 5575−5578.

[82] Zeng H X, Little H C, Tiambeng T N, et al. Multifunctional dendronized peptide polymer platform for safe and effective siRNA delivery. J. Am. Chem. Soc., **2013**, 135 (13): 4962−4965.

[83] Gasparini G, Matile S. Protein delivery with cell-penetrating poly(disulfide)s. Chem. Commun., **2015**, 51: 17160-17162.

[84] Bang E K, Gasparini G, Molinard G, et al. Substrate-initiated synthesis of cell-penetrating poly(disulfide)s. J. Am. Chem. Soc., **2013**, 135: 2088-2091.

第2章

烯硫醚动态共价键氧化还原响应性能研究及调控

动态共价键目前已经在超分子组装、生物活性物质控制与释放、多聚物药物载体修饰、自愈性水凝胶等诸多领域发挥了重要的作用。近些年来，许多课题组将这些动态共价键引入多肽药物环化和分子间组装、细胞膜受体介导药物递送等领域中，酰腙键、硼酸酯、二硫键等一些动态共价键已经不再局限于作为连接键实现特定条件下的解离和形成，而逐渐地展现出了更多的功能性应用。虽然动态共价反应的拓展范围越来越广，但是能够应用于动态共价化学（DCvC）来较好实现功能性应用的动态共价键体系仍然很有限。

其中，二硫键作为在生命体系中广泛存在的一种连接键，得益于其天然化学生物学性质及其可逆性响应条件（巯基负离子）受到了广泛的关注。这些化学生物学性能包括：①细胞膜表面及外围分布着大量巯基蛋白（PDI，Trx）和小分子硫醇[1-2]，这些含巯基分子能够在生理条件下与二硫键即可发生交换反应，并在生理巯基浓度范围内有较快的交换速率。②很多天然蛋白和多肽分子中均含有半胱氨酸残基[3-5]，这为构建天然巯基环肽药物及探针提供了可能。③细胞内外巯基含量差异巨大（胞外 2～20 μmol/mL，胞内 1～10 mmol/mL），不同的细胞器巯基含量也不相同，这为胞外维持药物稳定、胞内释放药物甚至控制细胞内亚结构药物递送提供了可能。然而，二硫键是一种相对较弱的共价键，同时其交换反应有着极为复杂的多级平衡，这在一定程度上限制了二硫键在生物探针、多肽环化等方面的应用。

本书所讨论的烯硫醚动态共价键（图 2-1），是首次系统开发和研究的一类新型动态共价键。如图 2-2 所示，这种动态共价键有以下几个特点：①巯基物种与该类型烯烃体系发生 S_N2 的亲核取代反应，由于该反应是亲核取代反应，相较于二硫键，烯硫醚动态共价键交换反应发生在 X 相连的 C 上，亲核试剂（巯基物种）选择性进攻烯烃 C 原子，首先形成硫醚四面体中间体，然后 X 基团离去形成新的烯硫醚键。②反应速率取决于 4 个方面。a. 巯基物种亲核反应能力，pK_a 越低的巯基具有越高的反应活性；b. 取代基的空间位阻，位阻越大的取代反应越难发生。这两点与二硫键的形成和交换相似；c. 离去基团的离去速率，X 为不同取代基时离去速率随取代基不同而有着上千倍的差异；d. R 基团为不同的吸电子基团，不同的 R 官能团不但会影响取代反应热力学平衡，还能影响交换反应动力学速率。

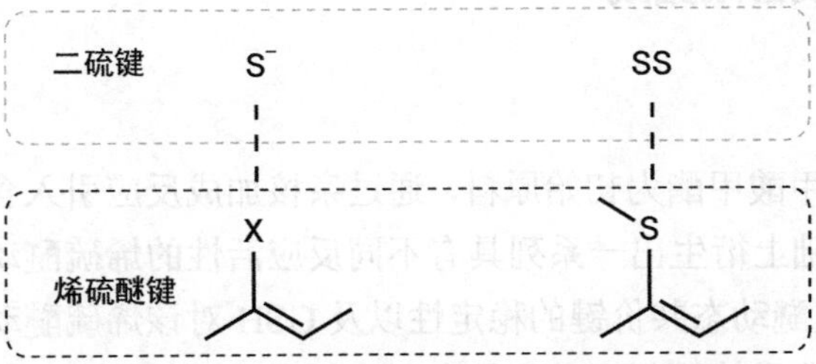

图 2-1　烯硫醚动态共价键与二硫键结构示意图

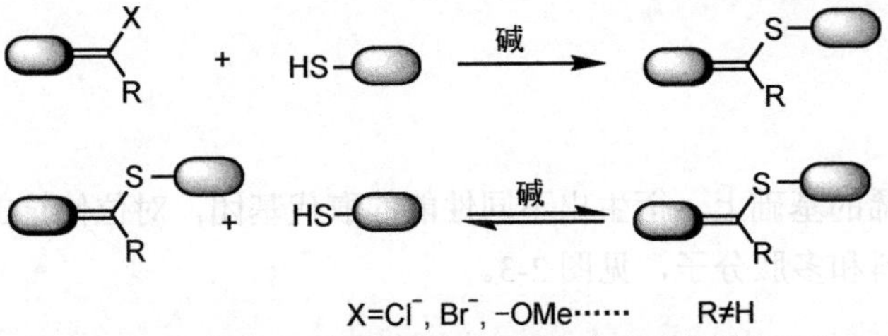

图 2-2　烯硫醚键交换反应性能

2.1 烯硫醚动态共价键体系模型的构建

2.1.1　主要试剂

本章中所用主要原料试剂：氢化钠（NaH），4-氯甲酰基苯甲酸甲酯（methyl 4-chlorocarbonylbenzoate），三氯氧磷（phosphorus oxychloride），4-二甲氨基吡啶（DMAP），购自于安耐吉公司；丙二腈（malononitrile），乙硫醇（ethanethiol），异丙硫醇（2-propanethiol），叔丁基硫醇（2-methyl-2-propanethiol）购自梯希爱公司（上海）；合成所用溶剂及常见原料药品均购自于国药集团化学试剂有限公司；分析测试试剂选用分析纯（AR），合成及分析实验如未特别注释，均在室温下进行；实验中所用多肽 Ac-GGRCGW-NH_2 采购自吉尔生化公司；*N,N*-二甲基甲酰胺（DMF）溶剂购自百灵威公司（上海）。

2.1.2　实验仪器

Esquire 3000 plus 电喷雾离子阱质谱仪（美国，布鲁克·道尔顿公司）；Bruker Advance-500 型核磁仪（美国，布鲁克·道尔顿公司）；紫外-可见分光光度计（日立，Hitachi U-3900H）；荧光光度计（日立，Hitachi F-7000H）；U-3900H DHG-9036A 型电热恒温鼓风干燥箱（上海精宏实验设备有限公司）；GL-3250 型磁力搅拌器（厦门顺达设备有限公司）；TECNAI

F-30 透射电子显微镜（日立）

2.1.3 研究思路及合成路线

2.1.3.1 研究思路

以 4-氯甲酰基苯甲酸甲酯为初始原料，通过亲核加成反应引入含缺电子双氰基取代的双键体系，并在此基础上衍生出一系列具有不同反应活性的烯硫醚动态共价体系。以此体系作为模板，考察烯硫醚动态共价键的稳定性以及 GSH 对该烯硫醚动态共价键体系的取代性能。通过 S 端取代分子的控制，考察具有不同位阻的取代基对取代动力学的影响，并初步探索该体系在多肽分子内氧化折叠、分子间组装以及传感和药物递送等领域应用的可能性及基础性能。

2.1.3.2 合成路线

在双氰基取代苯乙烯的基础上，衍生出不同性能的取代基团，对位修饰的羧基基团作为衍生基团用来修饰染料和多肽分子，见图 2-3。

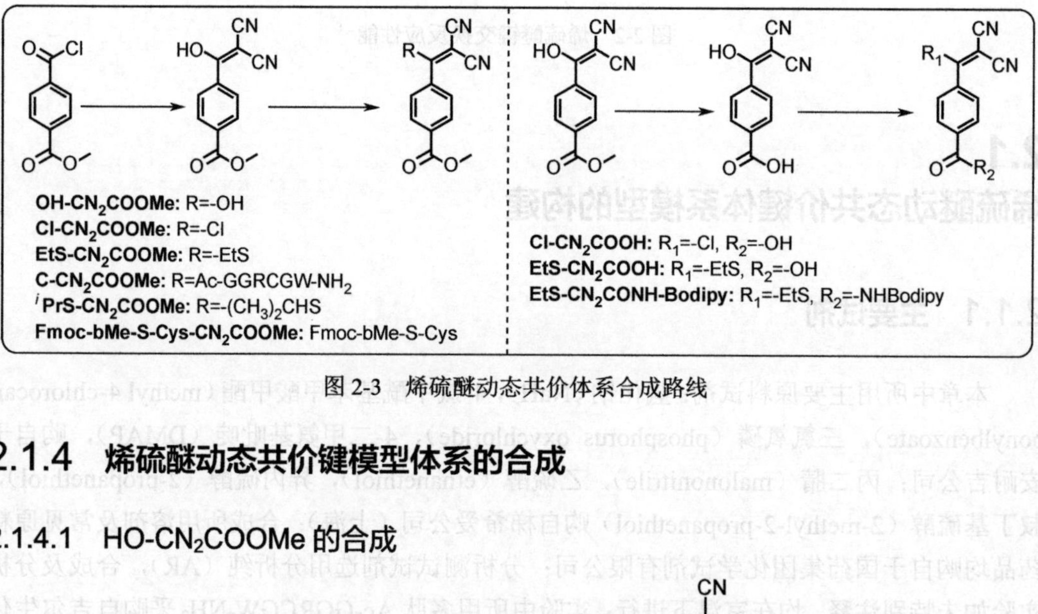

图 2-3 烯硫醚动态共价体系合成路线

2.1.4 烯硫醚动态共价键模型体系的合成

2.1.4.1 HO-CN$_2$COOMe 的合成

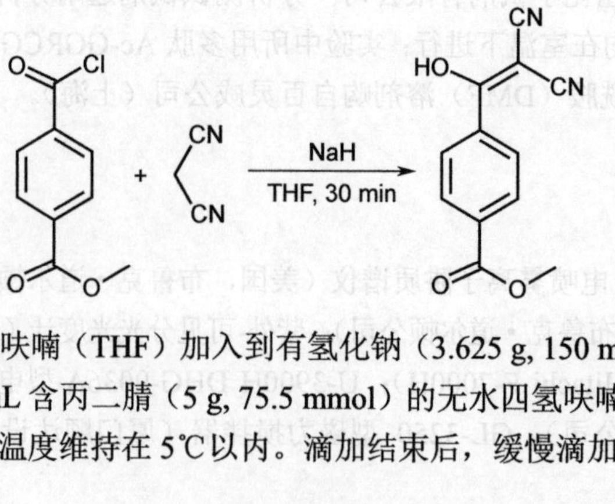

将 30 mL 无水四氢呋喃（THF）加入到有氢化钠（3.625 g, 150 mmol）的 150 mL 圆底烧瓶中，冰浴下将 50 mL 含丙二腈（5 g, 75.5 mmol）的无水四氢呋喃溶液缓慢滴加到反应体系中，超过 30 min，温度维持在 5℃以内。滴加结束后，缓慢滴加 20 mL 含 4-氯甲酰基

苯甲酸甲酯（5.75 g，75.5 mmol）的四氢呋喃溶液，液氮/乙醇浴下维持温度在 0℃以下，滴加完毕后室温反应 30 min，旋蒸出大部分溶剂，加入 50 mL 水、1 mol/L 盐酸溶液调节 pH 到 4～5，用乙酸乙酯萃取三次，饱和氯化钠洗涤，无水硫酸钠干燥，旋蒸，得到纯净的白色固体，直接用于下一步合成。

^{1}H NMR (500 MHz, DMSO) δ 8.01～7.88 (m, 2H), 7.74～7.61 (m, 2H), 3.87 (s, 3H)。

2.1.4.2 Cl-CN_2COOMe 的合成

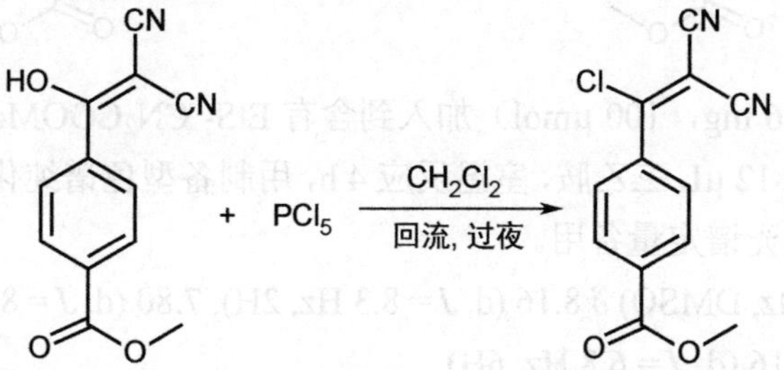

将 OH-CN_2COOMe（1 mmol，0.228 g）溶于 80 mL 干燥的二氯甲烷，体系中加入五氯化磷（2 mmol，0.416 g），超声混合均匀，氮气保护下，50℃回流反应 5 h，反应完毕冷却至室温，分液漏斗中水洗，用无水硫酸钠干燥有机相，旋蒸除去溶剂，所得产物直接投入下一步反应。

2.1.4.3 EtS-CN_2COOMe 的合成

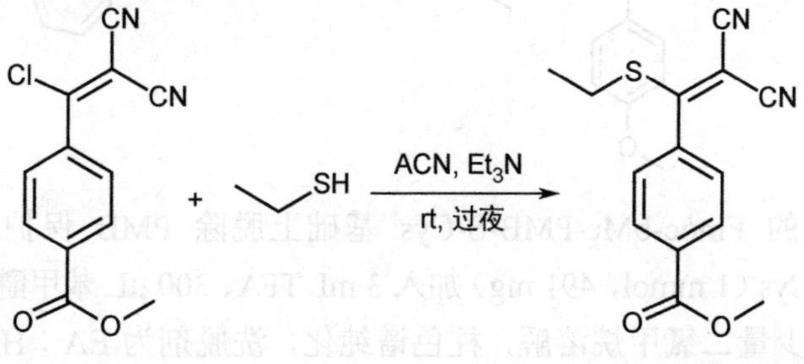

将 2.1.4.2 所得 Cl-CN_2COOMe（约 1 mmol，0.246 g）用 10 mL 乙腈（ACN）溶解，加入 120 μL 三乙胺、140 μL 乙硫醇（2 mmol），室温（rt）反应过夜，用柱色谱纯化，DMSO 溶解，紫外-可见吸收光谱定量备用。

^{1}H NMR (500 MHz, DMSO) δ 8.15 (d, J = 8.3 Hz, 2H), 7.72 (d, J = 8.3 Hz, 2H), 3.90 (s, 3H), 2.73 (q, J = 7.4 Hz, 2H), 1.04 (t, J = 7.4 Hz, 3H)。

2.1.4.4 C-CN_2COOMe 的合成

将模型肽 Ac-GGRCGW-NH_2（4 mg，6 μmol）溶于 100 μL DMF 中，加入到含有 EtS-CN_2COOMe（ 0.54 mg，2 μmol，从 10 mmol/mL 母液中取 20 μL）的 DMF/PBS（10 mmol/L，pH=7.4，体积比为 1∶1）混合溶液中，37℃摇床反应 2 h，用高效液相色谱纯化，冻干机冻干，DMSO 溶解，紫外-可见吸收光谱定量备用。

ESI (C-CN_2COOMe): calculated 844.78 $[M]^+$; found 844.2。

2.1.4.5 ^{i}PrS- CN_2COOMe 的合成

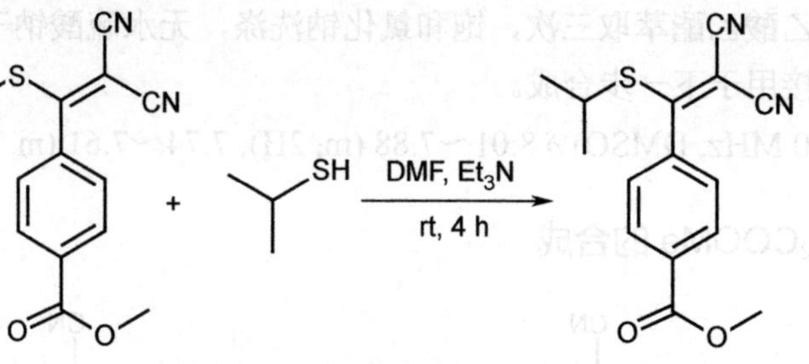

将异丙硫醇（7.6 mg，100 μmol）加入到含有 EtS- CN_2COOMe（5.4 mg，20 μmol）的 DMF 溶液中，加入 12 μL 三乙胺，室温反应 4 h，用制备型色谱纯化，冻干机冻干，DMSO 溶解，紫外-可见吸收光谱定量备用。

^{1}H NMR (500 MHz, DMSO) δ 8.16 (d, J = 8.3 Hz, 2H), 7.80 (d, J = 8.3 Hz, 2H), 3.90 (s, 3H), 3.17～3.01 (m, 1H), 1.16 (d, J = 6.8 Hz, 6H)。

2.1.4.6 Fmoc-bMe-S-Cys 的合成

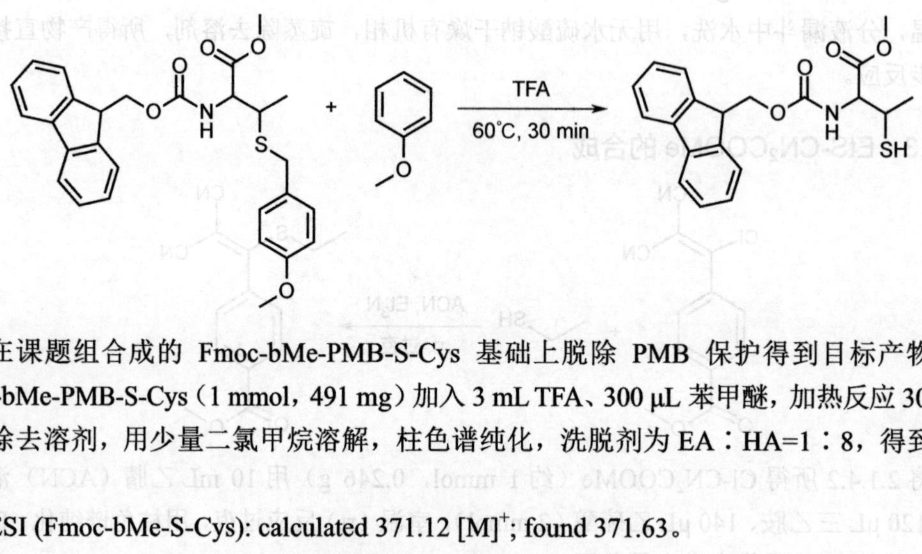

在课题组合成的 Fmoc-bMe-PMB-S-Cys 基础上脱除 PMB 保护得到目标产物。取 Fmoc-bMe-PMB-S-Cys（1 mmol，491 mg）加入 3 mL TFA、300 μL 苯甲醚，加热反应 30 min，旋蒸除去溶剂，用少量二氯甲烷溶解，柱色谱纯化，洗脱剂为 EA∶HA=1∶8，得到白色固体。

ESI (Fmoc-bMe-S-Cys): calculated 371.12 $[M]^+$; found 371.63。

2.1.4.7 Fmoc-bMe-S-Cys-CN_2COOMe 的合成

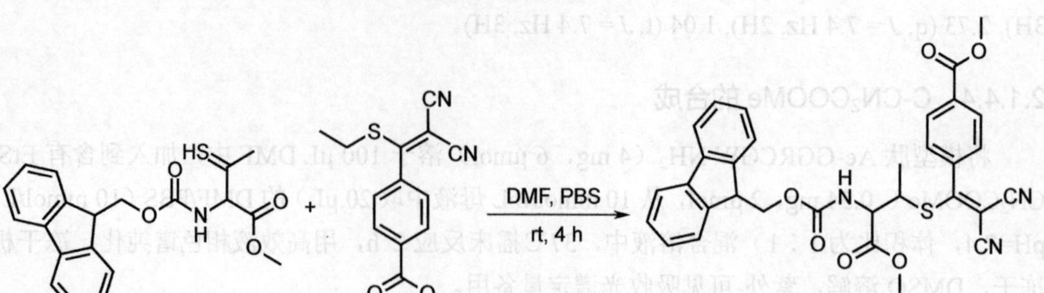

取 Fmoc-bMe-S-Cys（1 μmol，3.71 mg），加入到含有 EtS-CN_2COOMe（0.1 mg，0.4 μmol，从 10 mmol/L 母液中取 4 μL）的 DMF/PBS（200 mmol/L，pH=8.0）混合溶液中，摇床反应 4 h，用高效液相色谱纯化，冻干机冻干，DMSO 溶解，紫外-可见吸收光谱定量备用。

ESI (Fmoc-bMe-S-Cys-CN_2COOMe): calculated 581.16 $[M]^+$; found 580.7。

2.1.4.8 OH-CN_2COOH 的合成

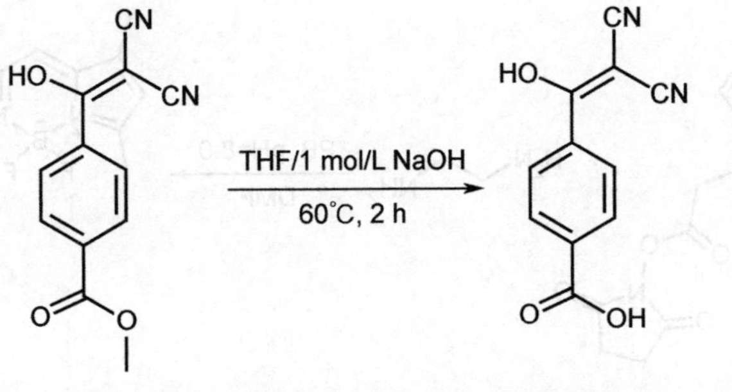

将 OH-CN_2COOMe（1 mmol，0.228 g）溶于 20 mL 四氢呋喃与 1 mol/L 氢氧化钠的混合溶液（体积比为 1∶1）中，60℃加热反应 2 h，冷却至室温，除去上层有机相。水相用 2 mol/L 盐酸调节 pH 至 4～5，有白色沉淀析出，用乙酸乙酯萃取，饱和食盐水洗涤有机相，无水硫酸钠干燥，旋蒸除去溶剂，所得白色固体直接用于下一步合成。

^{1}H NMR (500 MHz, Chloroform) δ 7.83 (d, J = 7.5 Hz, 2H), 7.47 (d, J = 7.3 Hz, 2H)。

2.1.4.9 Cl-CN_2COOH 的合成

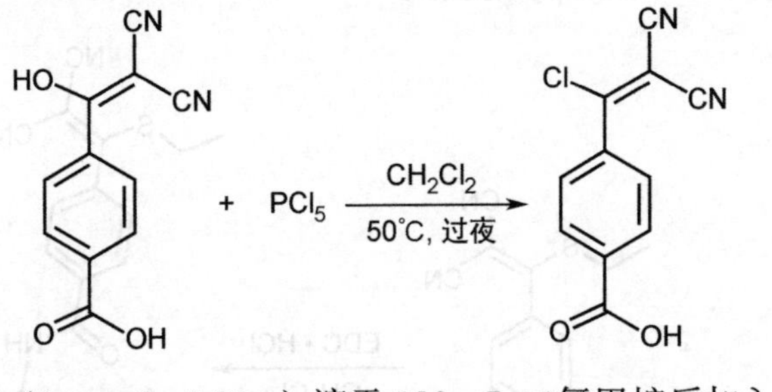

将 OH-CN_2COOH（1 mmol，0.22 g）溶于 120 mL 二氯甲烷后加入五氯化磷（2 mmol，0.41 g），50℃加热回流反应过夜，冷却至室温，用饱和食盐水洗涤三次，有机相用无水硫酸钠干燥，旋蒸除去溶剂，用乙腈溶解后直接用于下步合成。

2.1.4.10 EtS- CN_2COOH 的合成

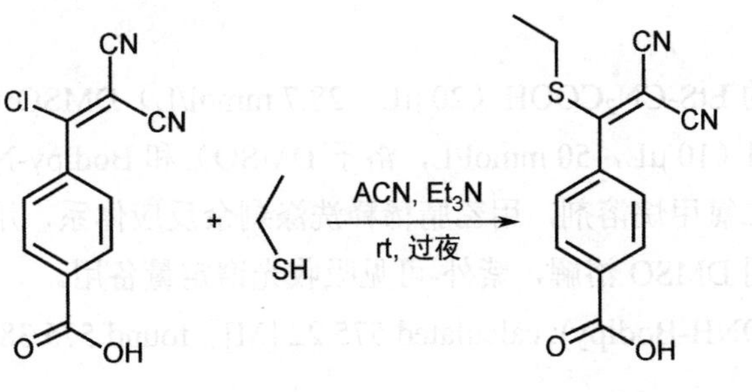

将 Cl-CN_2COOH 旋干溶剂后用 5 mL 无水乙腈溶解，加入 120 μL 三乙胺、140 μL 乙硫醇（2 mmol），室温反应过夜，用制备型高效液相色谱纯化，DMSO 溶解，紫外-可见吸收光谱定量备用。

ESI (EtS-CN_2COOH): calculated 258.05 $[M]^+$; found 257.61。

2.1.4.11 Bodipy-NH_2的合成

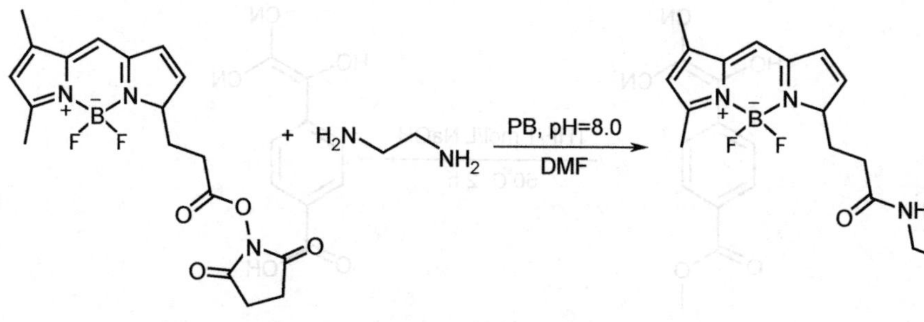

将 10 mmol/L 的 Bodipy-NHS 酯储备液 50 μL 加入到 200 μL PB（100 mmol/L，pH=8.0）缓冲液中，补加 100 μL DMF 使 Bodipy 完全溶解，体系中加入 3 mg（50 μmol/L）乙二胺，37℃摇床反应 2 h，用高效液相色谱纯化，冷冻干燥机冻干后用 DMSO 溶解，紫外-可见吸收光谱定量备用。

ESI (Bodipy-NH_2): calculated 335.19 $[M]^+$; found 334.71。

2.1.4.12 EtS-CN_2CONH-Bodipy 的合成

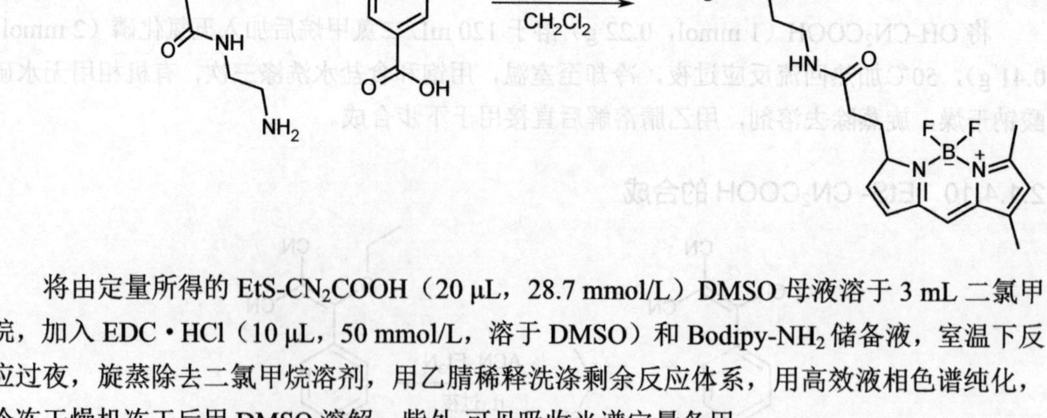

将由定量所得的 EtS-CN_2COOH（20 μL，28.7 mmol/L）DMSO 母液溶于 3 mL 二氯甲烷，加入 EDC • HCl（10 μL，50 mmol/L，溶于 DMSO）和 Bodipy-NH_2 储备液，室温下反应过夜，旋蒸除去二氯甲烷溶剂，用乙腈稀释洗涤剩余反应体系，用高效液相色谱纯化，冷冻干燥机冻干后用 DMSO 溶解，紫外-可见吸收光谱定量备用。

ESI (EtS-CN_2CONH-Bodipy): calculated 575.22 $[M]^+$; found 575.38。

2.2 烯硫醚动态共价键体系氧化还原响应性质研究及能力调控

2.2.1 储备溶液配制说明及实验条件

所有烯硫醚动态共价键体系的 GSH 取代动力学实验均用超高效液相色谱仪 UPLC 监测，所用烯硫醚动态共价键母液浓度均为 25 μmol/L，交换反应均在 100 mmol/L 的 PB 缓冲液（pH=7.4）中进行，实验前用氮气鼓气除氧半小时，GSH 母液用含 0.1%TFA 的去离子水配制，不同时间点取样用 5%偏磷酸猝灭反应。整个反应在厌氧手套箱里操作。

实验中所用多肽采购自吉尔生化公司，多肽母液用含 0.1%TFA 的去离子水配制。

2.2.2 C-CN_2COOMe 的 GSH 取代动力学

将 C-CN_2COOMe 定量配制成 100 μmol/L 的母液作为 A 液，用含 0.1% TFA 的酸水配制成 1 mmol/L GSH 溶液作为 B 液，手套箱内将 A 液和 B 液混合开始计时，分别在 13 s、23 s、31 s、40 s、90 s、180 s 时从混合液中取 10 μL 加入到含有 10 μL 10%的偏磷酸溶液中猝灭反应，体系中烯硫醚动态共价键体系最终浓度为 25 μmol/L，GSH 最终浓度为 100 μmol/L。

用超高效液相色谱仪监测反应过程，所得结果如图 2-4 所示，含半胱氨酸残基的多肽通过巯基与烯键形成的烯硫醚动态共价键，在 pH=7.4 的磷酸缓冲液中，很容易被其他物种的巯基（本实验中用 GSH）取代从而形成新的烯硫醚动态共价键。原来的多肽和小分子复合物 C-CN_2COOMe（PepC-L1）逐渐解离，在色谱上表现为 6.9 min 的色谱峰高逐渐降低，而新的烯硫醚复合物 GSH-CN_2COOMe（GSH-L1）逐渐形成。330 nm 通道的两个峰分别代表 GSH-CN_2COOMe（6.0 min）复合物的生成以及 C-CN_2COOMe 复合物的解离。

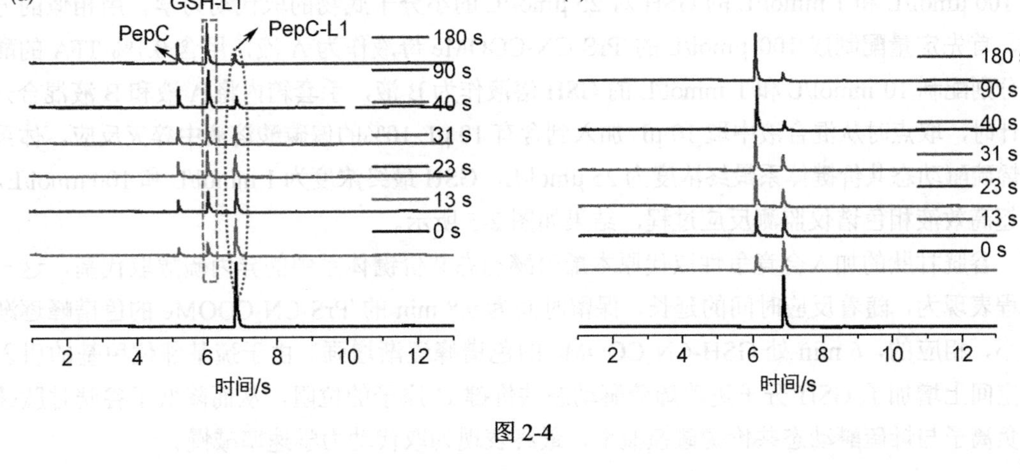

图 2-4

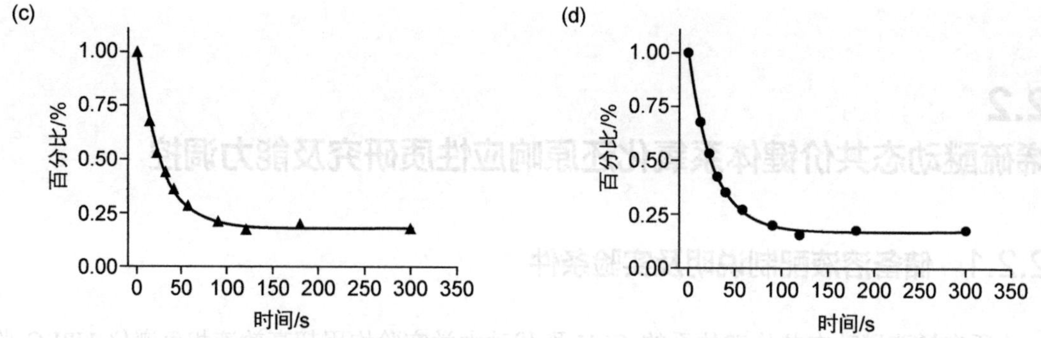

图 2-4 GSH-CN_2COOMe 生成色谱流出曲线及动力学拟合［GSH 浓度为 100 μmol/L，C-CN_2COOMe 浓度为 25 μmol/L，PB（100 mmol/L，pH 7.4）］

（a）280 nm 通道下 GSH 取代色谱图；（b）330 nm 通道下 GSH 取代色谱图；（c）280 nm 通道下 C-CN_2COOMe 转化为 GSH-CN_2COOMe 动力学拟合曲线；（d）330 nm 通道下 C-CN_2COOMe 转化为 GSH-CN_2COOMe 动力学拟合曲线

通过 280 nm 通道［图 2-4（a）］的色谱数据，还可以监测到多肽被 GSH 分子竞争性交换下来的过程，随着时间的延长，所有的 C-CN_2COOMe 烯硫醚复合物几乎全被含有更高浓度的 GSH（100 μmol/L）取代从而形成 GSH-CN_2COOMe 复合物。通过动力学拟合发现在这一浓度下的 GSH 取代动力学半衰期为 18.53 s，拟合方程为：$Y=(Y_0-N_S)\exp(-KX)+N_S$，其中 Y_0 为当时间为 0 时的转化率，N_S 为平衡时的转化率，K 为速率常数，$R^2=0.9956$。这一交换过程与巯基二硫键交换反应极为相似，这一性质意味着这种烯硫醚动态共价键是一种能够像双硫动态共价键一样能够在一定条件下交换解离的化学键，这为新型超分子自组装以及生物活性物质控释体系构建等提供了可能。

2.2.3 ^{i}PrS- CN_2COOMe 的 GSH 取代动力学

考虑到在不同应用领域对巯基取代反应速率有不同的要求，通过巯基邻位不同取代基的引入合成了几种在空间上有不同位阻的巯基取代烯硫醚动态共价键体系。通过用异丙硫醇取代乙硫醇合成了带有甲基位阻的 ^{i}PrS-CN_2COOMe 分子。相较于半胱氨酸取代，巯基邻位多一个甲基。与含半胱氨酸残基的多肽复合物的 GSH 取代动力学实验相似，分别考察了 100 μmol/L 和 1 mmol/L 的 GSH 对 25 μmol/L 的小分子底物的取代动力学。用相似的方法，首先定量配制成 100 μmol/L 的 ^{i}PrS-CN_2COOMe 母液作为 A 液，用含 0.1% TFA 的酸水分别配制 10 mmol/L 和 1 mmol/L 的 GSH 溶液作为 B 液，手套箱内将 A 液和 B 液混合开始计时，取点时从混合液中取 10 μL 加入到含有 10 μL 10%的偏磷酸溶液中猝灭反应，体系中烯硫醚动态共价键体系最终浓度为 25 μmol/L，GSH 最终浓度为 1 mmol/L 和 100 μmol/L。用超高效液相色谱仪监测反应过程，结果如图 2-5 所示。

谷胱甘肽的加入会竞争性取代原本烯硫醚动态共价键体系中的异丙硫醇取代基，这一过程表现为，随着反应时间的延长，保留时间为 9.8 min 的 ^{i}PrS-CN_2COOMe 的色谱峰逐渐减小，相应的，6 min 处 GSH-CN_2COOMe 的色谱峰逐渐增强。由于巯基邻位甲基的引入在空间上增加了 GSH 分子进攻烯硫醚动态共价键 C 原子的位阻，从而降低了谷胱甘肽巯基负离子与烯硫醚动态共价键碰撞概率，最终表现为取代动力学速率减慢。

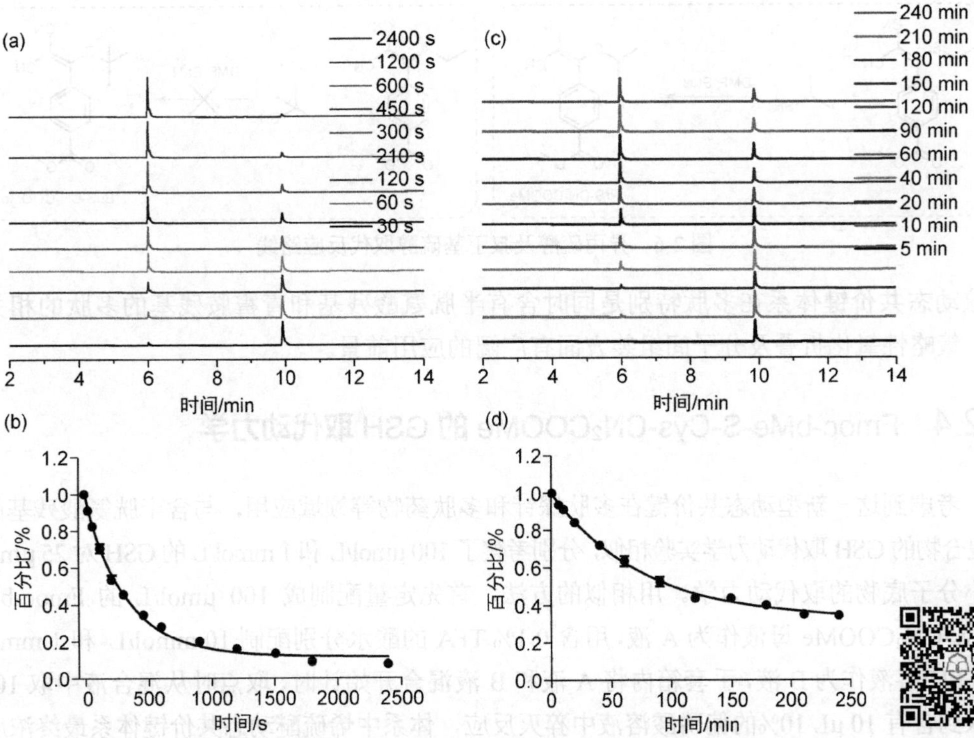

图 2-5　GSH-CN_2COOMe 生成色谱流出曲线及动力学拟合

（a）1 mmol/L GSH 取代 25 μmol/L ^{i}PrS-CN_2COOMe 色谱流出曲线；（b）1 mmol/L GSH 取代 25 μmol/L ^{i}PrS-CN_2COOMe 动力学拟合曲线；（c）100 μmol/L GSH 取代 25 μmol/L ^{i}PrS-CN_2COOMe 色谱流出曲线；（d）100 μmol/L GSH 取代 25 μmol/L ^{i}PrS-CN_2COOMe 动力学拟合曲线

实验表明，当甲基引入后，100 μmol/L 的 GSH 对 25 μmol/L 底物的 S_N2 亲核取代反应半衰期为 54.22 min，相较于没有甲基的半胱氨酸残基上的巯基取代，速率减慢了 175.46 倍。由于谷胱甘肽和异丙硫醇的 S_N2 亲核取代反应为竞争性反应，被取代下来的异丙硫醇分子会继续作为亲核试剂参与到竞争平衡，所以，4 倍过量的谷胱甘肽并不能将所有的异丙硫醇复合物转化为谷胱甘肽复合物。因此，之后也考察了 40 倍过量的谷胱甘肽的取代动力学。如图 2-5（d）所示，当体系中底物浓度为 25 μmol/L，谷胱甘肽浓度为 1 mmol/L 时，谷胱甘肽复合物的转化率从原来的 61%上升到 89%，同时，亲核取代反应的半衰期由原来的 3253.2 s 变为 225.2 s，反应加快了 14 倍，而这样的反应速率差别也为后续利用细胞内外巯基含量差异递送药物分子到靶点提供了一种新的策略。

基于上述思路，我们还尝试用叔丁基硫醇来取代乙硫醇以得到空间位阻更大的叔丁基取代基团，预期会有更慢的取代动力学。然而，在与合成异丙硫醇或半胱氨酸取代烯硫醚动态共价键相同的条件下，由于空间位阻太大，相较于乙硫醇，叔丁基硫醇表现出极其微弱的亲核取代性能，几乎无法得到相应的叔丁基硫取代产物 ^{t}BuS-CN_2COOMe（图 2-6）。同时，还尝试了用具有相似巯基反应部件的青霉胺（Pen）来竞争性取代乙硫醇烯醚键，也未得到相应的 Pen 取代烯硫醚动态共价键复合物。

这一结果在另一方面也启发我们，可以利用烯硫醚动态共价键体系作为一种新型的半胱氨酸正交保护策略选择性保护同时含有 Cys 和 Pen 的多肽上的半胱氨酸残基。这也意味

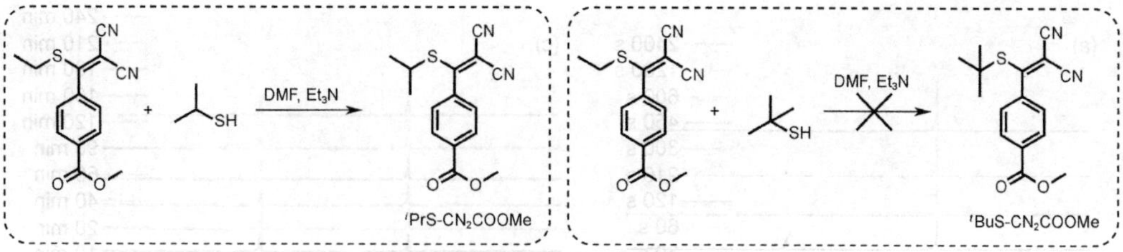

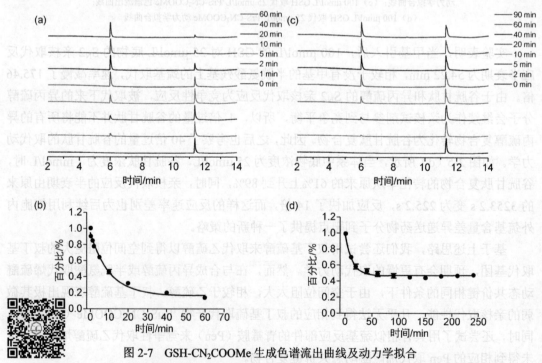

图 2-6 异丙硫醇及叔丁基硫醇取代反应路线

着该动态共价键体系在多肽特别是同时含有半胱氨酸残基和青霉胺残基的多肽的相关研究、策略性氧化折叠及分子间组装方面有广阔的应用前景。

2.2.4 Fmoc-bMe-S-Cys-CN$_2$COOMe 的 GSH 取代动力学

考虑到这一新型动态共价键在多肽探针和多肽药物等领域应用，与含半胱氨酸残基的多肽复合物的 GSH 取代动力学实验相似，分别考察了 100 μmol/L 和 1 mmol/L 的 GSH 对 25 μmol/L 的小分子底物的取代动力学。用相似的方法，首先定量配制成 100 μmol/L 的 Fmoc-bMe-S-Cys-CN$_2$COOMe 母液作为 A 液，用含 0.1% TFA 的酸水分别配制 10 mmol/L 和 1 mmol/L 的 GSH 溶液作为 B 液，手套箱内将 A 液和 B 液混合开始计时，取点时从混合液中取 10 μL 加入到含有 10 μL 10%的偏磷酸溶液中猝灭反应，体系中烯硫醚动态共价键体系最终浓度为 25 μmol/L，GSH 最终浓度为 1 mmol/L 和 100 μmol/L。用超高效液相色谱仪监测反应过程，结果如图 2-7 所示。

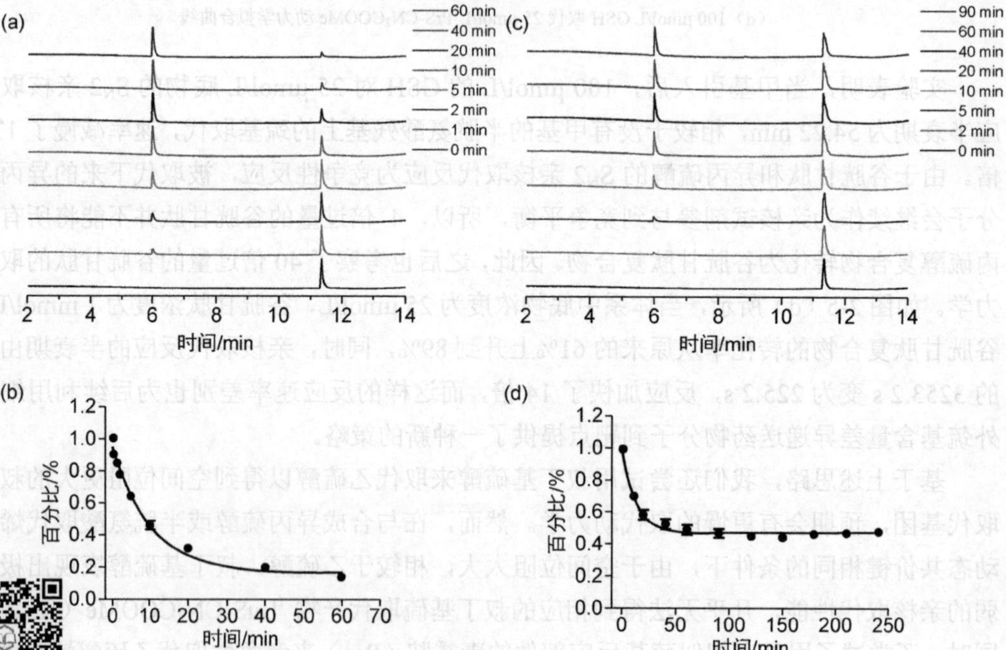

图 2-7 GSH-CN$_2$COOMe 生成色谱流出曲线及动力学拟合

（a）1 mmol/L GSH 取代 25 μmol/L Fmoc-bMe-S-Cys -CN$_2$COOMe 色谱流出曲线；（b）1 mmol/L GSH 取代 25 μmol/L Fmoc-bMe-S-Cys-CN$_2$COOMe 动力学拟合曲线；（c）100 μmol/L GSH 取代 25 μmol/L Fmoc-bMe-S-Cys -CN$_2$COOMe 色谱流出曲线；（d）100 μmol/L GSH 取代 25 μmol/L Fmoc-bMe-S-Cys -CN$_2$COOMe 动力学拟合曲线

谷胱甘肽的加入会竞争性取代原本烯硫醚动态共价键体系中的异丙硫醇取代基，这一过程表现为，随着反应时间的延长，保留时间为 11.4 min 的 Fmoc-bMe-S-Cys-CN_2COOMe 的色谱峰逐渐减小，相应的 6 min 处 GSH-CN_2COOMe 的色谱峰逐渐增强。

2.2.5 烯硫醚动态共价键的 DTT 还原

为了探究所开发的烯硫醚动态共价键体系在探针分子及药物递送方面的能力，将 Bodipy 染料修饰到烯硫醚动态共价键体系的 C 端，用来模拟该体系作为连接部件连接生物活性分子和配体等功能分子的情况，通过超高效液相色谱，进一步考察烯硫醚动态共价键的 DTT 还原性能。结果如图 2-8 所示，图 2-8（a）为 PepC-B 结构简式，图 2-8（b）中黑线为多肽 PepC 的色谱流出曲线，红线是 PepC 和含 Bodipy 小分子烯硫醚动态共价键体系的色谱流出曲线，当在 25 μmol/L 该体系中加入 1 mmol/L DTT 后，加入的 DTT 参与了与半胱氨酸残基的竞争平衡，和双硫动态共价键相似，复合物转化为 C-S 两端断开后的产物，该烯硫醚动态共价键体系表现出了与二硫键相似的性质。

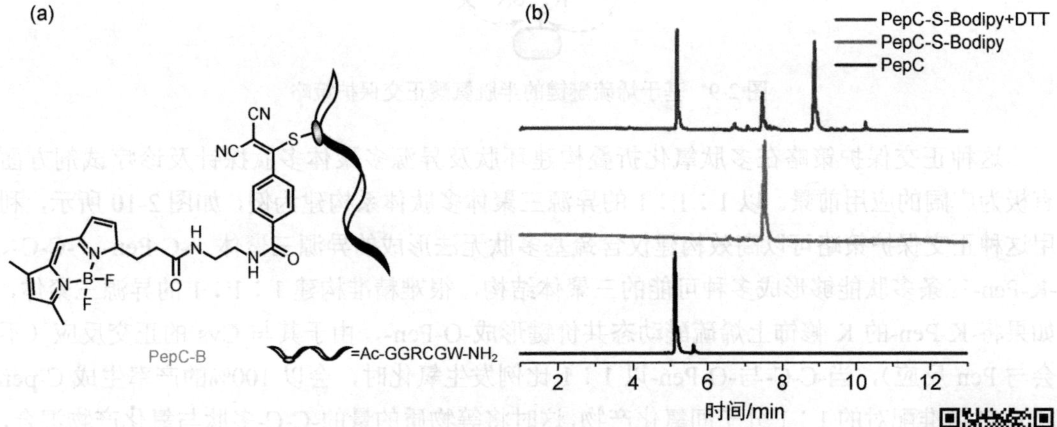

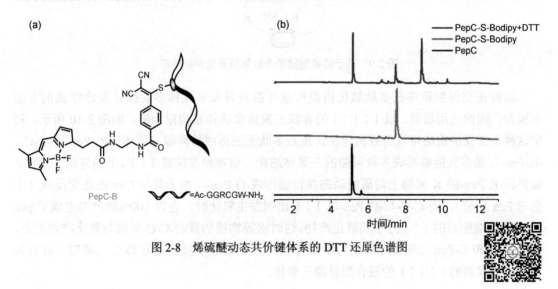

图 2-8 烯硫醚动态共价键体系的 DTT 还原色谱图

2.3 总结与展望

本章在 4-氯甲酰基苯甲酸甲酯基础上构建了一套芳基烯硫醚动态共价键体系模型，用以系统研究烯硫醚动态共价键基础化学性能。通过该套模型，考察了烯硫醚动态共价键的取代动力学性能和热力学稳定性，探究了其氧化还原性质。结果表明，烯硫醚共价键复合动态共价键的可逆及刺激响应性等诸多特征，是一种新型的动态共价键。巯基物种与该动态共价键体系能够在生理条件下快速地发生 S_N2 亲核取代反应，交换反应速率与离去基团离去速率、取代基空间位阻、亲核试剂的亲和能力以及位阻有关，较快的离去速率、较小的空间位阻及较低的巯基 pK_a 均有利于交换反应的进行。低于亲核试剂 pK_a

的酸性条件可以猝灭取代反应，新形成的烯硫醚动态共价键自身能够稳定存在。这些特征可以被有效地应用于传感、特殊氨基酸的保护、药物递送、多肽分子内环化及分子间组装等领域。

例如，关于烯硫醚动态共价键的基础研究表明，空间效应等能够在很大程度上影响交换反应的进行。当烯硫醚键上的巯基取代基为乙硫醇、异丙硫醇和叔丁基硫醇时，交换反应动力学存在巨大的差异；当亲核试剂为叔丁基硫醇或青霉胺时在较长时间内均不能与烯硫醚动态共价键发生交换反应从而形成新的烯硫醚键。这启发我们可以将此类试剂作为半胱氨酸残基的正交保护试剂用于同时含有半胱氨酸（Cys）和青霉胺（Pen）的多肽序列中 Cys 残基正交保护，从而构建特殊配对结果的多肽氧化折叠和多肽分子间组装结构，见图 2-9。

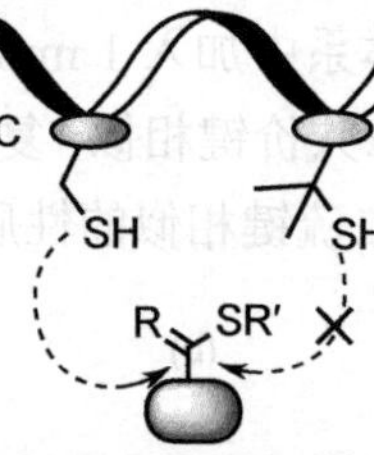

图 2-9　基于烯硫醚键的半胱氨酸正交保护策略

这种正交保护策略在多肽氧化折叠构建环肽及异源多聚体多肽探针及诊疗试剂方面有极为广阔的应用前景。以 1∶1∶1 的异源三聚体多肽体系构建为例，如图 2-10 所示，利用这种正交保护策略可以高效构建仅含巯基多肽无法形成的异源三聚体。-C-Pen-、-C-C-、-K-Pen-三条多肽能够形成多种可能的三聚体结构，很难精准构建 1∶1∶1 的异源三聚体，如果将-K-Pen-的 K 修饰上烯硫醚动态共价键形成-O-Pen-，由于其与 Cys 的正交反应（不会与 Pen 反应），当-C-C-与-O-Pen-以 1∶1 比例发生氧化时，会以 100%的产率生成 C-pen 和 O-C 精准配对的 1∶1 分子间氧化产物，这时将等物质的量的-C-C-多肽与氧化产物混合，由于 O-C 和 C-Pen 二硫键还原动力学差异巨大，-C-C-将选择性还原 O-C 二硫键，并嵌入二聚体形成新的 1∶1∶1 的混合型异源三聚体。

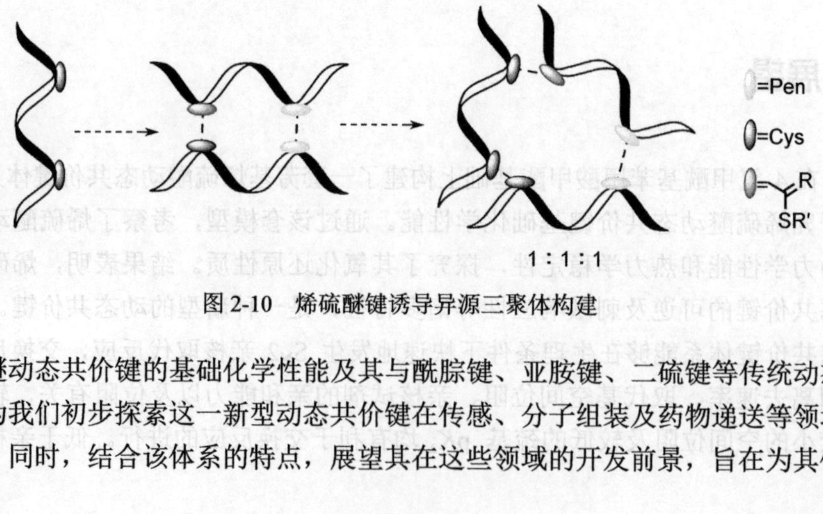

图 2-10　烯硫醚键诱导异源三聚体构建

烯硫醚动态共价键的基础化学性能及其与酰腙键、亚胺键、二硫键等传统动态共价键的差异，为我们初步探索这一新型动态共价键在传感、分子组装及药物递送等领域的应用提供帮助。同时，结合该体系的特点，展望其在这些领域的开发前景，旨在为其他科研工作者解决复杂生命机制探索、提高药物递送效率、设计合成新型多肽探针和诊疗试剂提供经验和帮助。

参考文献

[1] Bang E K, Gasparini G, Molinard G, et al. Substrate-initiated synthesis of cell-penetrating poly(disulfide)s. J. Am. Chem. Soc., **2013**, 135: 2088-2091.

[2] Chuard N, Gasparini G, Moreau D, et al. Strain-promoted thiol-mediated cellular uptake of giant substrates: liposomes and polymersomes. Angew. Chem. Int. Ed., **2017**, 56: 2947-2950.

[3] Donoghue N, Yam P T W, Jiang X M, et al. Disulfide exchange in domain 2 of CD4 is required for entry of HIV-1. Protein Sci., **2000**, 9: 2436-2445.

[4] Huang C S, Jia T, Tang M F, et al. Selective and ratiometric fluorescent trapping and quantification of protein vicinal dithiols and in situ dynamic tracing in living cells. J. Am. Chem. Soc., **2014**,136: 14237-14244.

[5] Gilbert H F. The formation of native disulfide bonds, R. Pain (Ed.), Protein Folding. Oxford: Oxford IRL Press, **1994**: 104-136.

第3章

烯硫醚动态共价键在蛋白质标记中的应用

蛋白质是生命的物质基础和生命存在的表现形式，在生物体内的各种生命活动过程中都发挥着极其重要的作用[1-4]。酶催化、细胞信号传导、免疫应答等生物学功能的实现都离不开特殊的蛋白质-蛋白质相互作用[3,5]。理论上，每一个蛋白质相互作用过程都可能在生理和病理状态中发挥作用，其分子水平的相互作用位点可能代表一个具有治疗相关性的潜在药物靶点[6]。因此，发展高特异性荧光探针靶向探测蛋白质表面和蛋白质相互作用的识别界面，原位监测活细胞内蛋白质结构、表达及其生物识别作用，已成为分子生物学研究的前沿领域。对于人们从分子水平揭示蛋白质功能，了解重大疾病机制，开展疾病预防、治疗和新药开发有重要意义。

可视化的荧光分析方法为细胞内原位研究蛋白质的相关性质、功能及相互作用提供了强有力的工具。但是如何实现荧光探针分子在复杂生物体系中对靶标蛋白质的特异性标记是一项巨大的挑战。

蛋白可视化成像分析的探针主要有荧光蛋白衍生探针和小分子探针等[7-13]。随着基因编码融合蛋白标签技术的不断发展和成熟，特别是得益于荧光蛋白及其变体的发现和改造，一系列基于荧光蛋白的不同发射波长的探针体系被设计制备出来[14-16]。通过分子生物学技术实现与目标蛋白的融合表达，这些探针被广泛用于研究蛋白质在活细胞内微观动态变化过程的可视化追踪，对靶标蛋白有较好的特异性。然而，一方面，荧光蛋白是相对较大的蛋白标签（约 27 kDa），与靶标蛋白结合后对其天然活性会产生影响；另一方面，在生理环境下容易聚集从而影响其生物应用并产生生物毒性。相对于荧光蛋白，有机小分子荧光探针由于具有体积小、膜通透性好、光谱范围宽、便于合成以及易功能化修饰等优点，逐渐成为研究活细胞内蛋白质及其相互作用的有力工具[17-18]，两者相互补充。

目前用于活细胞内蛋白可视化成像的小分子探针主要分为两类：①无配体修饰小分子探针[19]，该类探针通过特定的化学反应形成共价键或者通过非共价的特异性吸附来实现与靶标蛋白的选择性结合从而报告荧光。这类探针无需对靶标蛋白进行改造，不需要通过分子生物学手段进行基因融合表达。但由于探针分子较小，与蛋白质表面作用面积较小，亲和力较低，往往对靶标蛋白表现出较差的特异性；②配体修饰的小分子探针[20-21]，该类探针通常由荧光报告基团和配体基团两部分通过连接键连接组成。受体通过基因融合表达技术修饰在靶标蛋白上，配体与受体有专一性的识别并具有较高的亲和力。探针通过配体与受体的特异性结合来实现与改造后的靶标蛋白的特异性识别。基因融合表达技术虽然解决了蛋白质探针的特异性以及高亲和力的问题，但该技术的应用需要先设计出特定生物活性的蛋白质，将此蛋白质克隆基因导入宿主细胞中表达出目的编码蛋白，才能实现和靶标蛋白的特异性结合。这一过程不仅需要复杂的分子生物学过程，其本质上也属于一种间接的识别手段。无论是荧光蛋白探针还是小分子探针，在高亲和力和特异性的基础上，均需要通过复杂的分子生物学技术对靶标蛋白进行编辑改造。这使得其生物应用很大程度上受到限制，比如对于配体修饰的小分子探针，受体的选择有诸多要求：①与靶标蛋白融合后必须能够被基因表达；②为了不影响靶标蛋白正常的生理功能，受体必须尽可能地小；③靶标蛋白与配体的结合必须尽可能地快，以利于监测时间尺度短的生理过程。这就意味着，这些方法均是间接的识别方法，改造后的靶标蛋白无法完全反映原生蛋白的生理功能，更加难以实现对胞内两种甚至两种以上蛋白质的同时监测用以研究不同生理状态下二者的相互关联。这对于日益强烈的探究胞内蛋白及蛋白质-蛋白质相互作用（PPI）复杂机制的需求,是难以逾越的瓶颈问题。

3.1 基于烯硫醚动态共价键的内源性单双巯基蛋白同步可视化传感

3.1.1 引言

生物硫醇在从细菌到人体几乎所有生物体中均具有许多重要的功能[22-30]。它们可分为低分子质量的非蛋白质硫醇［如谷胱甘肽（GSH）和半胱氨酸］和高分子质量的蛋白质硫醇（如氧化还原酶和半胱氨酸蛋白酶）[23,26,31]。蛋白质和非蛋白质硫醇的氧化还原状态是相互耦合和平衡的，它们的改变对于调节细胞内的代谢、信号传导和转录过程至关重要[32-37]。非蛋白质硫醇如谷胱甘肽（即细胞中最丰富的低分子质量硫醇）氧化还原状态的改变主要涉及其还原和氧化形式（GSSG）之间的切换[38,39]。然而，在蛋白质硫醇上发生的事情可能要复杂得多，包括分子内二硫键的形成以及与其他非蛋白质硫醇或活性氧（或氮）物质的分子内修饰[40,41]。天然蛋白中的活性巯基主要来自于蛋白多肽序列中的半胱氨酸（Cys）残基，根据蛋白质硫醇在氧化还原反应中的独特反应特征，蛋白质硫醇可进一步分为两类：①单独暴露在表面的蛋白质巯基（MT）；②在空间上邻近的蛋白质巯基（VDT）[26,39-42]，很容易在氧化条件下形成二硫键并在还原条件下解离。含有第二种巯基的蛋白质如谷氧还蛋白（Grx）、硫氧还蛋白（Trx）、蛋白质异构化酶（PDI）以及人/牛血清蛋白（H/BSA）等通常称作邻位双巯基蛋白（VDP）。蛋白质硫醇的氧化还原调节可能涉及VDT和MT之间的交换，VDT 和氧化态二硫化物之间的交换，以及 MT 和氧化态硫醇之间的交换。这些过程有助于调节多种细胞生理过程，包括代谢、增殖、凋亡和存活[43-45]。活细胞中这些过程的可视化和量化是具有挑战性的，因为缺乏有效的探针，可以在不受非蛋白硫醇干扰的情况下区分地监测蛋白质 MT 和蛋白质 VDT。

无论是单巯基蛋白还是邻位双巯基蛋白，暴露在氨基酸残基上的巯基由于具有比小分子硫醇更低的 pK_a 以及更强的亲核能力，暴露在氧化环境中很容易形成分子内和分子间二硫键，并且这种氧化是可逆的，在细胞机制调控下，还原性物质的增加（如 GSH）会进一步将二硫键还原进而调控细胞内氧化还原环境，这些氧化还原应激反应通常涉及到许多细胞内生物化学反应并与神经退行性病变、肺气肿、阿尔茨海默病以及糖尿病等诸多疾病有关[46-49]。因此发展一种能够同时检测细胞内所有巯基蛋白的原位可视化策略，对监测细胞内氧化还原状态进而监控相关疾病发展有极其重要的意义。

到目前为止，许多课题组已经发展出一些策略来检测细胞内源性巯基蛋白。首先，一些工作将环境敏感性官能团引入传感体系，当探针分子与蛋白质结合后到达疏水性空腔，从而引起荧光信号的恢复。这一策略能够避免小分子硫醇的干扰，但因为与巯基蛋白的结合是通过非共价的弱相互作用，因此非特异性吸附引起的干扰信号比较多。其次，也有很多课题组将能与巯基发生特异性反应的基团（如马来酰亚胺基团和对氨基苯基砷）引入到探针分子中，通过共价键与巯基蛋白结合，这在一定程度上提高了探针分子的选择性，但往往要面临细胞内高浓度的谷胱甘肽（1～10 mmol/L）的干扰。最近，一些课题组[50-53]通过优化探针结构、结合共价识别基团以及用环境敏感性荧光团作为报告基团，已经很好地克服了这些传统巯基蛋白探针的缺陷，得到了选择性和灵敏度都不错的双巯基蛋白探针。但是大多数荧光探针只能特异性响应非蛋白质/蛋白质 MT 或蛋白质 VDT。现有的靶向蛋白质 VDT 的探针通常对蛋白质 MT 是惰性的[51,54]，同时，用于检测 MT 的探针通常无法区分 MT 和 VDT[55]。设计能够区分蛋白质 MT 与非蛋白质硫醇或蛋白质 VDT 的荧光探针仍然很困难。特别是，为了可视化活细胞中涉及蛋白质 MT 和 VDT 的复杂氧化还原转化，需要能够对它们做出两种不同反应的荧光探针，而不会干扰来自非蛋白质硫醇的信号。

本章展示了一种基于烯硫醚动态共价键的荧光探针的设计，它可以在两个可区分的荧光通道中分别对蛋白质 MT 和 VDT 做出反应。这种双通道荧光探针具有两个不同反应活性水平的硫醇反应位点，可以区分 MT 和 VDT。同时，在与 MT 和 VDT 反应时，探针表现出黏度和极性敏感的荧光特性，能够区分蛋白质硫醇和非蛋白质硫醇。该探针适用于活细胞中蛋白质 MT 和 VDT 的同时成像，这是第一个能够研究活细胞中涉及蛋白质 MT 和蛋白质 VDT 的复杂氧化还原调节的探针。

3.1.2 实验试剂与仪器

3.1.2.1 主要试剂

本节中所用主要原料试剂：6-羟基-2-萘甲酸（AR），6-甲氧基-1-萘满酮（AR），2,3,3-三甲基-3-氢吲哚（AR），溴乙烷（AR），2-巯基乙醇（AR），三氯氧磷（phosphorus oxychloride），4-二甲氨基吡啶（DMAP），3-甲基-2-丁酮等购自梯希爱公司（上海）；水合肼购自于阿法埃涉化学有限公司；合成所用溶剂及常见原料药品均购自于国药集团化学试剂有限公司；分析测试试剂选用分析纯（AR），合成及分析实验如未特别注释，均在室温下进行。

3.1.2.2 实验仪器

Esquire 3000 plus 电喷雾离子阱质谱仪（布鲁克·道尔顿公司），Bruker Advance-500 型核磁仪（布鲁克·道尔顿公司），紫外-可见分光光度计（日立，Hitachi U-3900H），荧光光度计（日立，Hitachi F-7000H），U-3900H DHG-9036A 型电热恒温鼓风干燥箱（上海精宏实验设备有限公司），GL-3250 型磁力搅拌器（厦门顺达设备有限公司），TECNAI F-30 透射电子显微镜（日立）。

3.1.3 研究思路及合成路线

3.1.3.1 研究思路

在烯硫醚动态共价键基础上，设计合成了一种新型的能够同时原位可视化分析细胞内源性单巯基蛋白和双巯基蛋白的探针分子 CyDS。如图 3-1 所示，该探针分子在半花菁母体上修饰了两个活性不同的巯基反应位点，并且两个活性位点通过共轭双键隔开，两个环境敏感的荧光团也通过该双键连接在一起，在单巯基蛋白或双巯基蛋白存在的情况下，单巯基蛋白不会破坏共轭双键而发出整个大共轭体系荧光，双巯基蛋白能够将共轭双键打开

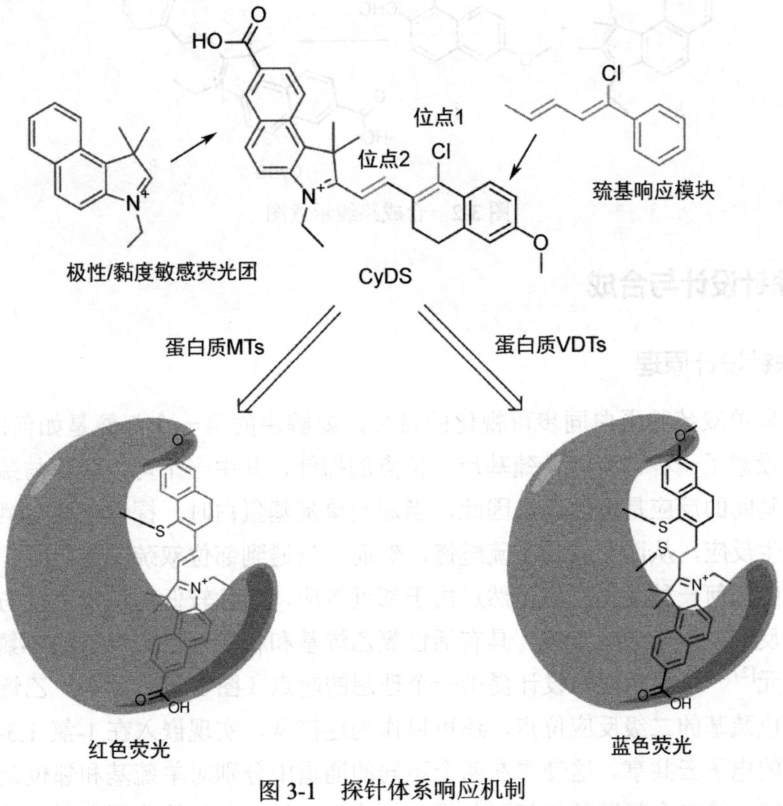

图 3-1　探针体系响应机制

只能发出半花菁部件的荧光。通过这种策略我们能够有效地区分单双巯基蛋白，且完整分子荧光和半花菁部件荧光发射及吸收光谱几乎不重叠，这决定了我们可以通过不同通道同时监测细胞内单巯基蛋白和双巯基蛋白的分布情况。另外，两个通道的发光部件均为环境敏感性荧光团，只有到达蛋白疏水空腔才会有荧光信号给出，这一策略避免了小分子硫醇带来的背景干扰。最后，利用细胞内酶促反应，在探针分子上修饰羧基官能团，合成有良好过膜性能的探针前体，能够很容易透过细胞膜进入细胞，到达细胞内后，被细胞内的酯酶水解，生成带有负电荷的没有过膜能力的羧基探针分子，从而实现细胞内的累积，进而提高探针的灵敏度。

3.1.3.2 合成路线

CyDS 的合成路线如图 3-2 所示。

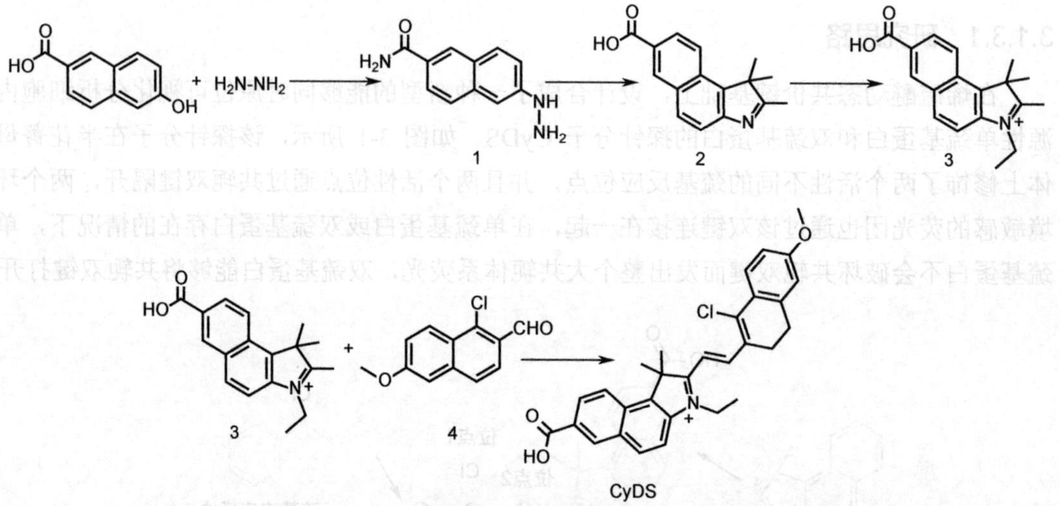

图 3-2 合成路线示意图

3.1.4 探针设计与合成

3.1.4.1 探针设计原理

为了实现单双巯基蛋白同步可视化的目标，要解决的第一个问题是如何区分 MT 和 VDT。为此设想了一种带有两个巯基反应位点的探针，其中一个可以快速与巯基反应，而另一个对巯基间的反应是惰性的。因此，当遇到单巯基蛋白时，探针仅通过牺牲其活性位点与它们发生反应，从而形成动态硫醚键。然而，当遇到邻位双巯基蛋白时，探针首先与邻位巯基中的任何一种发生反应，然后由于邻近效应，活性较低的位点可以与另一种巯基发生分子内反应。基于这些考虑，具有活性氯乙烯基和相对惰性乙烯基的 1-氯-1,3-二乙烯基苯结构单元[27,31]可能为探针设计提供一个理想的起点（图 3-1）。此外，乙烯基部分不仅可以作为邻位巯基的二级反应位点，还可以作为连接臂，实现嵌入在 1-氯-1,3-二乙烯基苯中的荧光团的电子云共享。这使得在两个不同的通道中分别对单巯基和邻位巯基进行荧光响应成为可能。第二个问题是如何区分蛋白质硫醇和低分子量的非蛋白质硫醇。非蛋白质硫醇，如谷胱甘肽，在细胞质中以高浓度和可变浓度存在，构成了活细胞中蛋白质硫醇成像和分析的主要障碍。为了克服这一问题，可以利用环境敏感性荧光团，它可以在与蛋白质结合时产生特定的荧光[25,40-44]。因此，对黏度和极性都敏感的半花菁碱荧光团常被用于探针设计[43,45-47]。这种双灵敏度特性将极大地有利于荧光团与蛋白质硫醇反应时的荧光开启响应，从而能够区分蛋白质硫醇和非蛋白质硫醇。

3.1.4.2 探针合成步骤

（1）6-肼基-2-萘酰胺 **1** 的合成

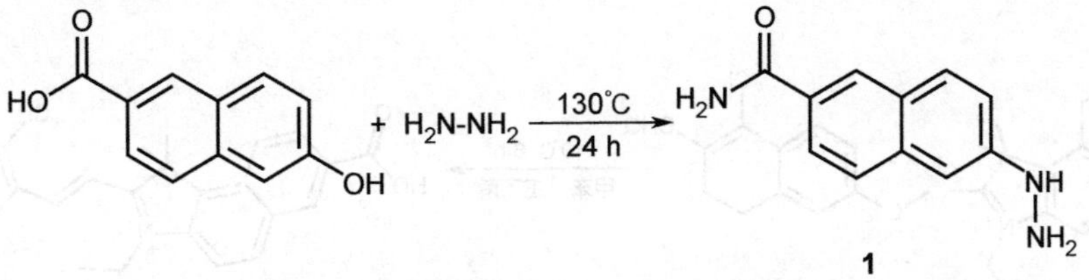

1

将6-羟基-2-萘甲酸（20 g，106 mmol/L）加入到100 mL圆底烧瓶中，冰水浴下加入水合肼（30 mL，618 mmol/L），搅拌下逐渐生成黄色絮状物，125～130℃回流反应24 h，将反应体系冷却至60℃，加入50 mL异丙醇，产生棕黄色沉淀，减压过滤，用异丙醇洗涤，产物无需纯化直接用于下步反应。

（2）化合物7-羧基-2,3,3-三甲基苯并吲哚 **2** 的合成

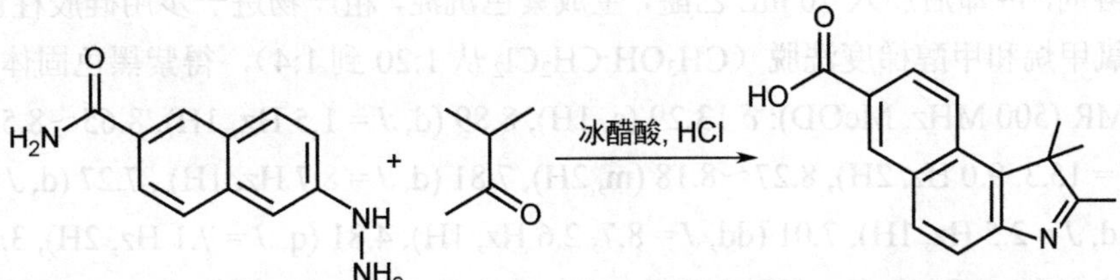

2

将上步合成的6-肼基-2-萘酰胺（2 g，10 mmol）用60 mL冰醋酸溶解，搅拌下加入3-甲基-2-丁酮（70 mL，650 mmol/L），室温下搅拌过夜，旋蒸除去大部分溶剂，加入70 mL浓盐酸，加热回流，过夜。

反应结束后，冷却，产生棕色沉淀，过滤，滤饼用异丙醇洗涤多次，真空干燥后溶解在$NaHCO_3$溶液中，使用1 mol/L HCl调节pH到5，析出土黄色沉淀，用乙醚洗涤多次，无需纯化用于下一步合成。^{1}H NMR (500 MHz, $CDCl_3$): δ 8.63 (s, 1H), 8.07 (dt, J = 8.8 Hz, 5.3 Hz, 2H), 7.96 (d, J = 8.5 Hz, 1H), 7.67 (d, J = 8.5 Hz, 1H), 3.23 (dt, J = 3.3 Hz, 1.6 Hz, 3H), 1.50 (s, 6H)。

（3）化合物7-羧基-2,3,3-三甲基-1-乙基苯并吲哚 **3** 的合成

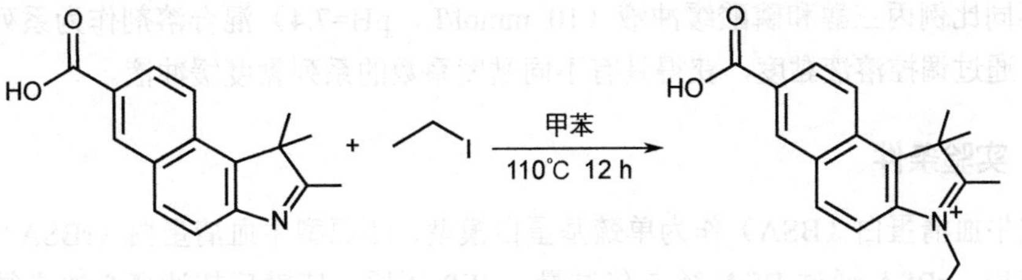

3

将上步反应所得苯并吲哚衍生物 **2**（0.253 g，1 mmol/L）与碘乙烷（0.31 g，2 mmol/L）加入到 50 mL 圆底烧瓶中，用 25 mL 甲苯溶解，分水器分水，回流反应 12 h，旋蒸除去大部分溶剂，加入乙醚析出沉淀，抽滤，用乙醚洗涤多次，所得产物无需纯化用于下一步合成。

^{1}HNMR (400 MHz, MeOD): δ 7.35 (s, 1H), 6.89 (t, J = 8.9 Hz, 2H), 6.81 (d, J = 8.8 Hz, 1H), 6.60 (d, J = 8.9 Hz, 1H), 3.17 (q, J = 7.4 Hz, 2H), 1.78 (d, J = 1.6 Hz, 3H), 0.34 (s, 6H), 0.12 (t, J = 7.3 Hz, 3H)。

（4）CyDS **4** 的合成

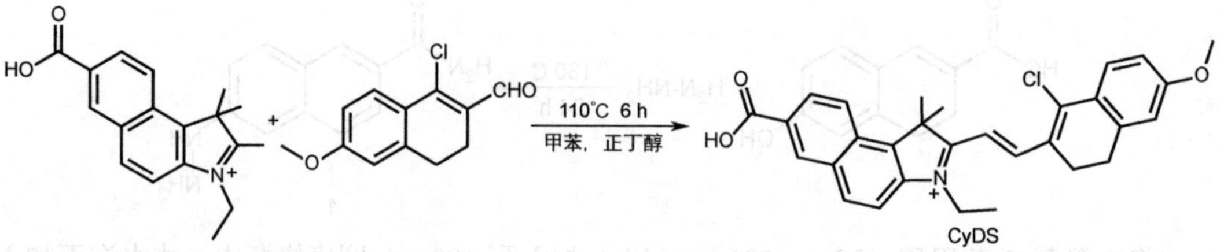

4

将乙基苯并吲哚衍生物 **3**（0.562 g，2 mmol/L）和第 2 章中合成的 1-氯-6-甲氧基-3,4-二氢萘-2-甲醛（0.44 g，0.2 mol/L）溶解于 50 mL 正丁醇-甲苯（7∶3，体积比）混合溶剂中，加热该溶液至 110℃，分水器分水，回流反应 6 h，反应式如下：反应结束后，旋蒸除去大部分溶剂，冷却后加入 70 mL 乙醚，生成紫色沉淀，粗产物进一步用硅胶柱色谱纯化，展开剂二氯甲烷和甲醇梯度洗脱（CH_3OH:CH_2Cl_2 从 1:20 到 1:4），得紫黑色固体。

^{1}H NMR (500 MHz, MeOD): δ 13.29 (s, 1H), 8.89 (d, J = 1.5 Hz, 1H), 8.65～8.59 (m, 1H), 8.55 (dd, J = 15.3, 9.0 Hz, 2H), 8.27～8.18 (m, 2H), 7.81 (d, J = 8.7 Hz, 1H) , 7.27 (d, J = 15.9 Hz, 1H), 7.05 (d, J = 2.5 Hz, 1H), 7.01 (dd, J = 8.7, 2.6 Hz, 1H), 4.81 (q, J = 7.1 Hz, 2H), 3.88 (s, 3H), 2.09 (ddd, J =16.6, 8.2, 4.1 Hz, 1H), 2.03 (s, 6H), 1.53 (t, J =7.2 Hz, 3H)。

3.1.5 实验条件及储备溶液配制说明

3.1.5.1 极性考察实验储备溶液配制

用不同比例二氧六环和磷酸缓冲液（10 mmol/L，pH=7.4）混合溶剂作为系列极性的模拟溶剂，通过调控溶液极性，获得具有不同介电常数的系列极性缓冲液。

3.1.5.2 黏度考察实验储备溶液配制

用不同比例丙三醇和磷酸缓冲液（10 mmol/L，pH=7.4）混合溶剂作为系列黏度的模拟溶剂，通过调控溶液黏度，获得具有不同黏度系数的系列黏度缓冲液。

3.1.5.3 实验条件

选取牛血清蛋白（BSA）作为单巯基蛋白模型，还原型牛血清蛋白（rBSA）作为双巯基蛋白模型，rBSA 通过 BSA 经 5 倍过量 TCEP 还原二硫键后超滤离心洗涤得到。氧化型 BSA 含有 17 对二硫键和一个孤立的半胱氨酸残基，TCEP 的量按照 35 个半胱氨酸残基计算。

除黏度、极性和 pH 选择性实验外，所有荧光和紫外光谱实验均在 PBS（100 mmol/L，pH=7.4）缓冲液中进行。

3.1.6 结果与讨论

3.1.6.1 CyDS 荧光光谱性能考察

CyDS 在磷酸缓冲液（100 mmol/L，pH=7.4）中的荧光光谱显示（图 3-3），在纯水环境中，该分子整体表现出较低的荧光发射，在 375 nm 和 488 nm 激发光激发下，分别在 λ=475 nm、λ=575 nm 处都有微弱的最大荧光发射。475 nm 处荧光来自于 CyDS 分子中的苯并吲哚部件，而 575 nm 处荧光来自于整个 CyDS 分子。分子由两个环境敏感性荧光团通过共轭双键连接，在水溶液中，其振动和转动自由度增大，激发态能量通过非辐射跃迁方式消耗，整个分子在水溶液中表现出极其微弱的荧光。

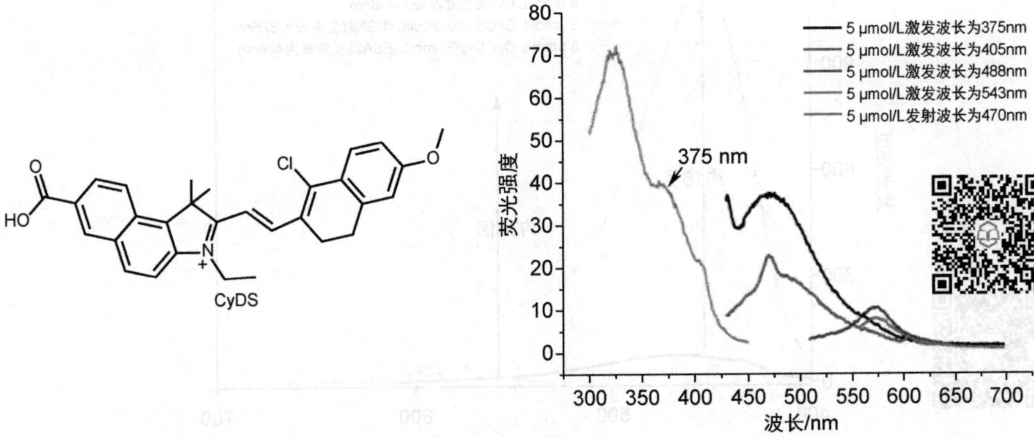

图 3-3 CyDS 结构及荧光光谱（5 μmol/L）：磷酸缓冲液（100 mmol/L，pH 7.4）中荧光激发光谱（发射波长为 470 nm）和发射光谱（激发波长为 375 nm、405 nm、488 nm 和 543 nm）

3.1.6.2 CyDS 对单双巯基蛋白的荧光光谱响应

如图 3-4（a）所示，为了实现选择性识别巯基蛋白并实现细胞内单双巯基蛋白的同时可视化，在探针上设计两个活性差异较大的巯基反应位点，在生理巯基蛋白浓度范围内能够快速与 CyDS 中氯代烯基位点（位点 1）发生 S_N2 亲核取代反应，另一个反应位点即两个荧光团中间的桥连烯键（位点 2），该反应位点在单巯基蛋白或者细胞内次磺酸化、亚硝基化以及谷胱甘肽化的巯基蛋白存在时不会发生反应，分子共轭体系不会被破坏，呈现出完整分子的黄色荧光。当遇到双巯基蛋白时，蛋白质巯基很快与位点 1 发生反应，将探针分子拉到蛋白质的疏水空腔，同时，由于分子内的协同效应，位点 2 也被激活与另一个蛋白质巯基发生亲核加成反应，整个分子的共轭结构被打开，分子发射出半花菁部件荧光从而实现单双巯基的区分。

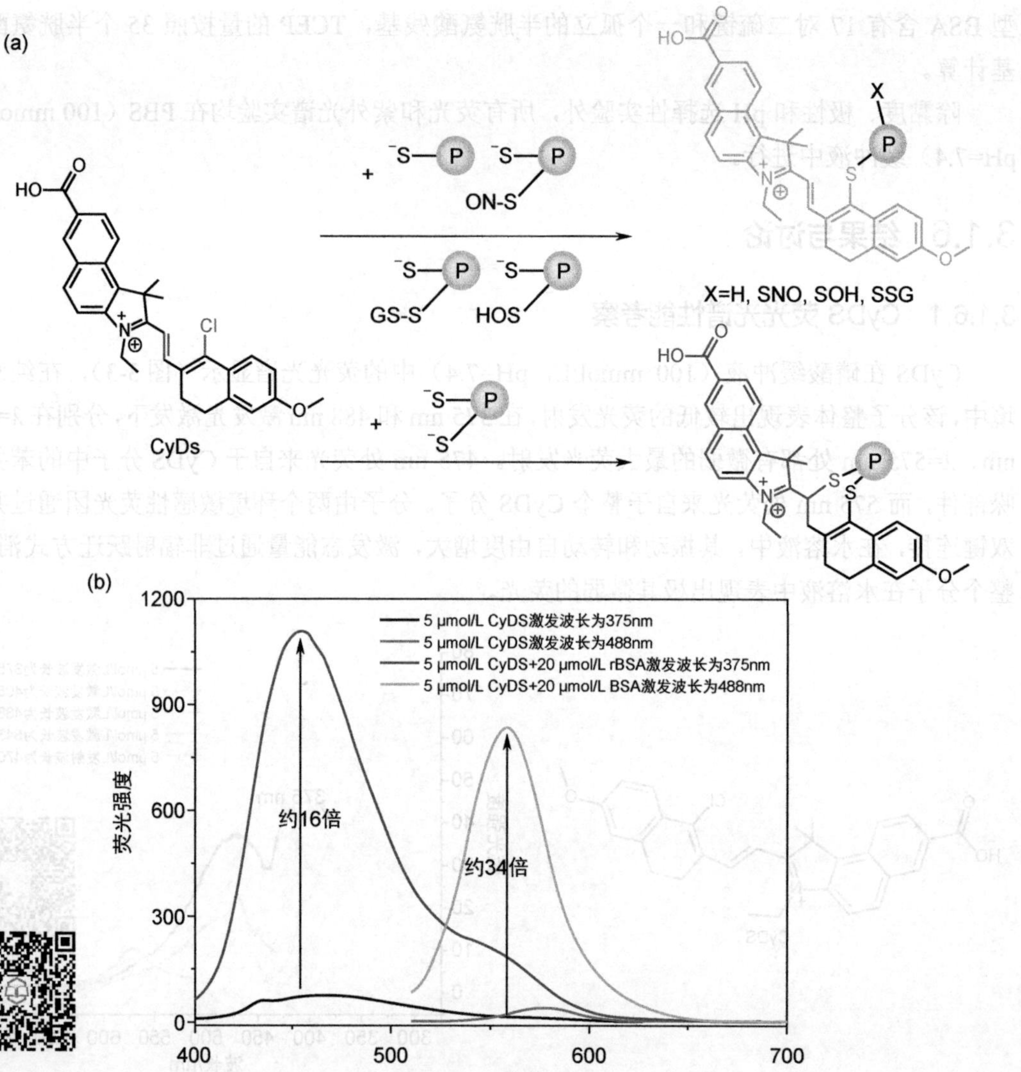

图 3-4 （a）CyDS 对单双巯基蛋白响应机制示意图；（b）CyDS 对氧化型及还原型 BSA 荧光光谱响应［磷酸缓冲液（100 mmol/L，pH 7.4）］，

黑线：5 μmol/L CyDS 在 375 nm 激发光下的荧光光谱；蓝线：5 μmol/L CyDS 与 20 μmol/L BSA 和 rBSA 在 375 nm 激发光下的荧光光谱；红线：5 μmol/L CyDS 在 488 nm 激发光下的荧光光谱；粉线：5 μmol/L CyDS 与 20 μmol/L BSA 和 rBSA 在 488 nm 激发光下的荧光光谱

基于这样的设计，用 BSA 和还原型的 rBSA 分别作为单双巯基模板蛋白分别考察了 CyDS 在 PBS（100 mmol/L，pH=7.4）介质中的荧光光谱响应性质。如图 3-4（b）所示，5 μmol/L 的 CyDS 在加入 20 μmol/L 的氧化型和还原型巯基蛋白之后，在各自的最佳发射波长处，荧光分别增强了 34 倍和 16 倍，这表明了 CyDS 作为探针，对巯基蛋白具有良好的响应能力。

3.1.6.3 pH 对 CyDS 检测单双巯基蛋白荧光光谱的影响

在所有体系 CyDS 探针的浓度均为 5 μmol/L，蛋白质浓度均为 20 μmol/L，不同 pH 下，通过在 375 nm 波长激发光下取 455 nm 波长处荧光强度，在 488 nm 波长激发光下取 556 nm 波长处荧光强度，考察 pH 对小分子以及小分子-蛋白质混合体系的影响。如图 3-5 所示，实验结果表明，在 pH 4.6～8.5 的范围内，pH 的变化几乎不能影响 CyDS 分子的荧光光谱。这同时也表明，单纯的 pH 变化并不会产生阳性的荧光信号，荧光的恢复均来自于探针分子与蛋白质的相互作用。当体系中加入 20 μmol/L BSA 时，所有 pH 范围内 375 nm 波长的激发光均不能引起体系荧光的增强，这同时也说明了蓝光通道（375 nm 激发）的荧光来自于还原型蛋白。所有体系荧光在 pH=6.5 时有相对最佳荧光强度，在细胞生理 pH（6.29～7.46）范围内有较好的荧光响应。因此，本章中的光谱实验如无特殊说明均在 PBS（100 mmol/L，pH=7.4，1%DMSO）中进行。

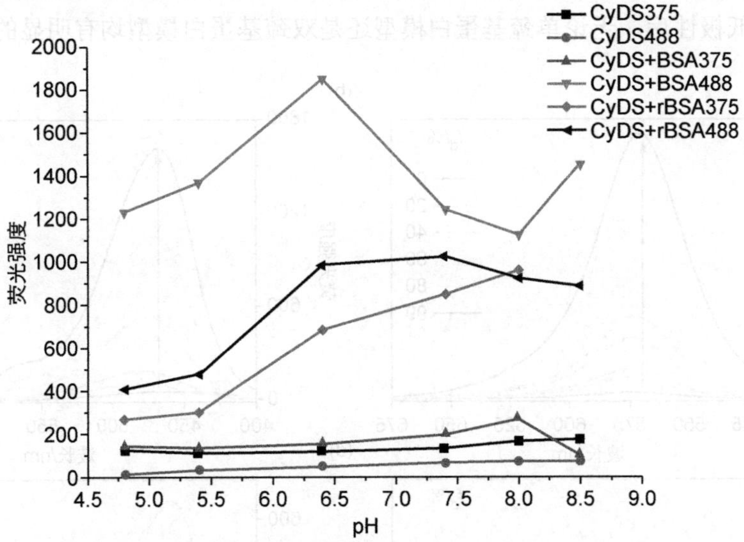

图 3-5　pH 对 CyDS 检测单双巯基蛋白荧光光谱的影响

—■—：5 μmol/L CyDS 在 375 nm 激发光下 455 nm 波长处荧光强度；—●—：5 μmol/L CyDS 在 488 nm 激发光下 556 nm 波长处荧光强度；—▲—：5 μmol/L CyDS 与 20 μmol/L BSA 在 375 nm 激发光下 455 nm 处荧光强度；—▼—：5 μmol/L CyDS 与 20 μmol/L BSA 在 488 nm 激发光下 556 nm 处荧光强度；—◆—：5 μmol/L CyDS 与 20 μmol/L rBSA 在 375 nm 激发光下 455 nm 处荧光强度；—◀—：5 μmol/L CyDS 与 20 μmol/L rBSA 在 488 nm 激发光下 556 nm 处荧光强度

3.1.6.4　黏度和极性对 CyDS 荧光光谱的影响

蛋白质的活性巯基通常位于蛋白质的疏水空腔，这些疏水“口袋”微环境通常有更低的极性和更高的黏度。这些大分子硫醇的特性意味着可以利用环境敏感性染料作为探针的发光部件来避免细胞内无处不在的谷胱甘肽和其他小分子硫醇的干扰，本研究工作所采取的策略是将两个环境敏感性荧光团通过共轭双键偶联在一起，合成环境敏感性的巯基蛋白响应探针 CyDS。在这样的思路下，首先用不同体积分数的丙三醇和磷酸缓冲液（10 mmol/L，pH=7.4）混合溶剂作为系列黏度的模型来调控溶液黏度，获得具有不同黏度系数的系列黏度缓冲液。如图 3-6（a）和图 3-6（b）所示，分别以 CyDS-GSH 和 CyDS-DTT 复合体系为模型模拟探针在单巯基蛋白和双巯基蛋白存在时不同黏度溶剂中的荧光恢复情况，其中图（a）所示的单巯基蛋白模型（即 CyDS-GSH 复合物）用 488 nm 波长激发光激发，图（b）

所示的双巯基蛋白模型（即 CyDS-DTT 复合物）用 375 nm 波长激发光激发。结果表明，相较于纯水体系，随着黏度的增大，无论单巯基蛋白模型还是双巯基蛋白模型均有明显的荧光增强，荧光强度增大了将近 100 倍。这预示着如果探针分子到达黏度更大的巯基蛋白微环境与巯基结合后应该有明显的荧光响应信号。相似的方法，用不同体积分数的二氧六环和磷酸缓冲液（10 mmol/L，pH=7.4）混合溶剂作为系列极性的模型来调控溶液极性，获得具有不同介电常数的系列极性缓冲液。如图 3-6(c)和图 3-6(d)所示，分别以 CyDS-GSH 和 CyDS-DTT 复合体系为模型模拟探针在单巯基蛋白和双巯基蛋白存在时不同极性溶剂中的荧光恢复情况，其中图（c）所示的单巯基蛋白模型（即 CyDS-GSH 复合物）用 488 nm 波长激发光激发，图（d）所示的双巯基蛋白模型（即 CyDS-DTT 复合物）用 375 nm 波长激发光激发。结果表明，相较于纯水体系，通过加入二氧六环降低极性后，无论单巯基蛋白模型还是双巯基蛋白模型均有明显的荧光增强。

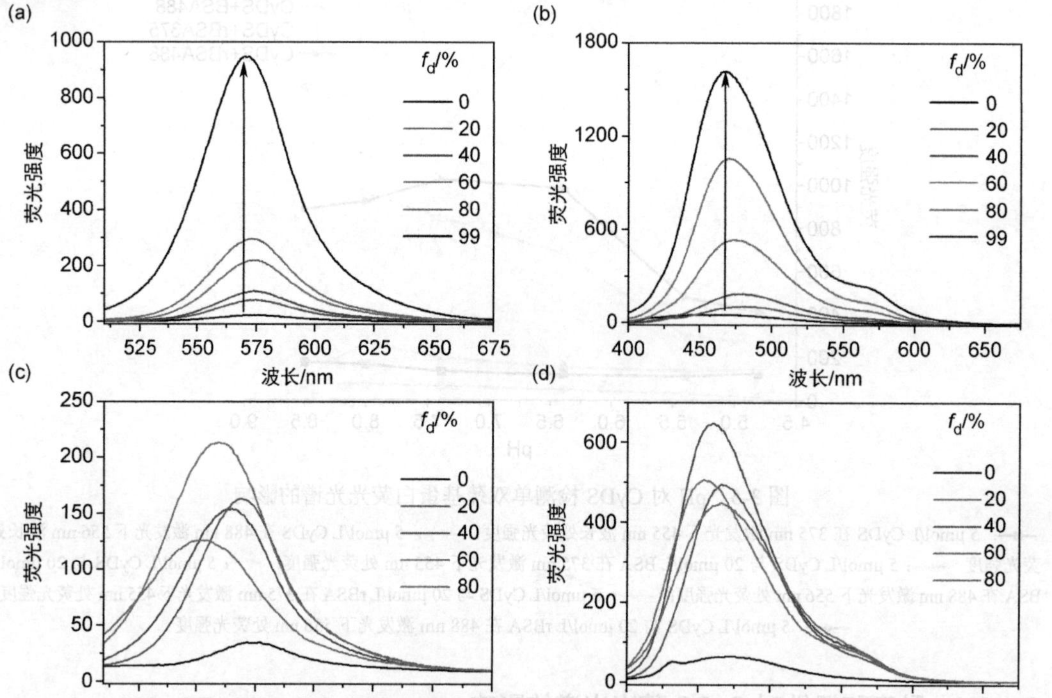

图 3-6　黏度和极性对 CyDS 衍生物荧光光谱的影响

（a）不同黏度条件［不同体积分数（f_d）丙三醇和磷酸缓冲液（10 mmol/L，pH 7.4）调控黏度下］CyDS-GSH 复合物荧光光谱（激发波长 488 nm）；（b）不同黏度条件［不同体积分数（f_d）丙三醇和磷酸缓冲液（10 mmol/L，pH 7.4）调控黏度下］CyDS-DTT 复合物荧光光谱（激发波长 375 nm）；（c）不同极性条件［不同体积分数（f_d）1,4-二氧六环和磷酸缓冲液（10 mmol/L，pH 7.4）调控极性下］CyDS-GSH 复合物荧光光谱（激发波长 488 nm）；（d）不同极性条件［不同体积分数（f_d）1,4-二氧六环和磷酸缓冲液（10 mmol/L，pH 7.4）调控极性下］CyDS-DTT 复合物荧光光谱（激发波长 375 nm）

3.1.6.5　CyDS 对单双巯基蛋白的荧光响应

如图 3-7（a）所示，5 μmol/L CyDS 在 PBS 中表现出极其微弱的荧光，当溶液中逐渐加入 0～20 μmol/L 的 rBSA 时，在 375 nm 波长激发光下，体系在 455 nm 处的荧光强度逐渐上升，这主要是因为还原型牛血清蛋白含有17对还原态的邻位巯基，同时还有一个孤立的半胱氨酸残基，同时，暴露的蛋白巯基主要分布在蛋白质的疏水空腔，这些疏水空腔往往具有更低的极性和更高的黏度。当CyDS被束缚在这样的疏水空腔时会导致荧光信号的恢复。还原态BSA上又有众多的双巯基蛋白，当体系中加入rBSA后，探针分子上两个巯基反应位点均与邻位巯基发生反应，共轭体系被破坏，在375 nm激发光激发下，来自半花菁部件的荧光在疏水环境中被激活导致455 nm处荧光强度增强。从图3-7（b）可以得知，当体系中加入氧化型BSA时，在488 nm激发光激发下，随着BSA浓度（0～20 μmol/L）的增大，556 nm处荧光信号不断增强，在BSA浓度为20 μmol/L时达到平衡。这一现象得益于BSA上孤立存在的巯基（来自Cys34残基），该巯基通过共价键将包含有环境敏感性基团的探针分子束缚到蛋白质的疏水“口袋”中，同时立体效应又限制了蛋白质的振动和转动，从而使荧光信号增强。这为借助荧光共聚焦显微成像系统实现活细胞内巯基蛋白可视化成像提供数据支撑。同时，由于分子的共轭结构没有被破坏，所以在488 nm激发光激发下不能像双巯基蛋白那样显示出蓝色荧光，鉴于此，可以通过两个通道对单巯基蛋白和双巯基蛋白同时实现可视化成像。CyDS对巯基蛋白的检出限通过对滴定曲线拟合得出，如图3-7（a）和（b）中插图所示，以$(F-F_0)/(F_b-F_0)$为纵坐标，$\lg c_{rBSA/BSA}$为横坐标线性拟合，得到线性回归方程Y=Yintercept + Slope×lg[X]（Yintercept指的是Y轴截距，Slope指的是拟合曲线斜率），线性回归系数（R^2）分别为0.9535、0.9680，结合CyDS对rBSA和BSA的检出限分别为0.042 μmol/L和0.43 μmol/L。该探针体系对单巯基蛋白和双巯基蛋白均有较高的灵敏度和低的检出限。

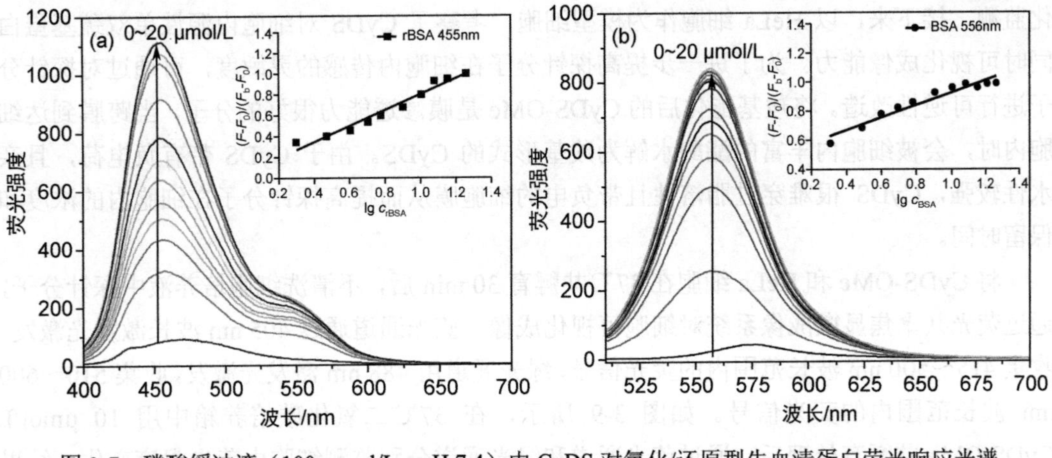

图3-7 磷酸缓冲液（100 mmol/L，pH 7.4）中CyDS对氧化/还原型牛血清蛋白荧光响应光谱

（a）375 nm激发光激发下 CyDS（1 μmol/L）对rBSA荧光滴定光谱（插图：375 nm激发光激发下以$\lg c_{rBSA}$为横坐标，455 nm处$(F-F_0)/(F_b-F_0)$为纵坐标，CyDS对rBSA结合的线性拟合）；（b）488 nm激发光激发下 CyDS（1 μmol/L）对BSA荧光滴定光谱（插图：488 nm激发光激发下以$\lg c_{BSA}$为横坐标，556 nm处$(F-F_0)/(F_b-F_0)$为纵坐标，CyDS对BSA结合的线性拟合）

3.1.6.6 选择性实验

为了评价其他蛋白质和小分子生物硫醇对CyDS探针体系检测单巯基和双巯基蛋白的影响，分别在375 nm和488 nm激发光激发下，将相较于巯基蛋白100倍当量的半胱氨酸、谷胱甘肽、同型半胱氨酸等小分子硫醇或10倍当量的含量丰富的胰蛋白酶、蛋白酶K、糜

蛋白酶等蛋白质加入到 5 μmol/L 探针的 PBS（100 mmol/L，pH=7.4）溶液中，均未引起明显的荧光信号增强（图 3-8）。这一结果表明，CyDS 是一个高选择性的巯基蛋白探针分子。

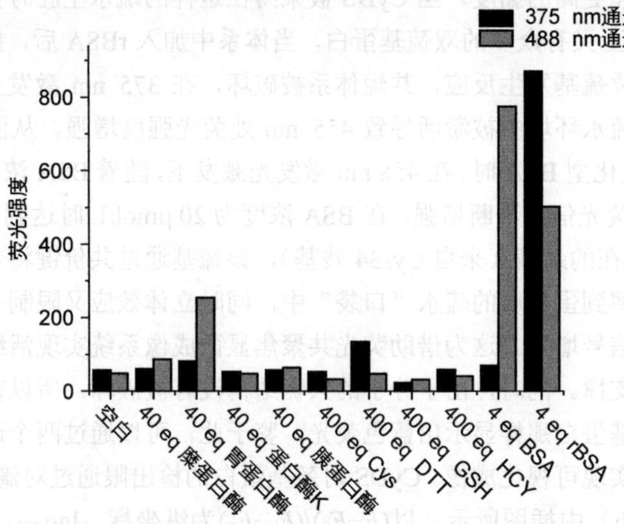

图 3-8　375 nm/488 nm 激发光激发下 CyDS（5 μmol/L）对常见生物活性物种及蛋白质荧光选择性实验

3.1.6.7　细胞内源性巯基蛋白成像

体外实验表明，CyDS 是一个对巯基蛋白高选择性和灵敏度的探针分子，并且该分子还可以在不同波长激发光激发下，通过两个通道实现单巯基蛋白和双巯基蛋白的同时可视化监测。接下来，以 HeLa 细胞作为模型细胞，考察了 CyDS 对细胞内源性单双巯基蛋白同时可视化成像能力。为了进一步提高探针分子在细胞内传感的灵敏度，可通过对探针分子进行可逆性改造。将羧基酯化后的 CyDS-OMe 是膜渗透能力很好的分子，当跨膜到达细胞内时，会被细胞内丰富的酯酶水解为羧基形式的 CyDS。由于 CyDS 带有负电荷，且亲水性较强，CyDS 很难穿过脂溶性且带负电的细胞膜从而提高探针分子在细胞内的浓度和保留时间。

将 CyDS-OMe 和 HeLa 细胞在 37℃共孵育 30 min 后，不清洗细胞培养液中探针分子，通过荧光共聚焦显微成像系统对细胞可视化成像，蓝光通道通过 405 nm 波长激发光激发，收集 415～500 nm 波长范围内的荧光信号，绿光通道用 488 nm 激发光激发，收集 510～600 nm 波长范围内的荧光信号。如图 3-9 所示，在 37℃二氧化碳培养箱中用 10 μmol/L CyDS-OMe 共孵育处理后，通过蓝光通道和绿光通道分别监测细胞内荧光强度变化，结果发现，在整个细胞内均有较强的蓝光信号增强，通过体外实验得知，蓝光信号主要来自于探针分子与双巯基蛋白的作用。这意味着，双巯基蛋白在整个细胞范围内均有广泛的分布，这主要得益于细胞内高浓度的 GSH 使得细胞内氧化还原电位很低。另外，在 488 nm 波长激发光激发下，细胞也显示出呈点状分布的绿色荧光，这意味着这些区域的蛋白质以单巯基蛋白为主，同时意味着更高的氧化还原电位。

为了进一步确定单巯基蛋白的分布情况，对绿光区域进行定位，使用商品化的溶酶体追踪试剂 Lyso Tracker Red DND-99 与探针一起共孵育处理细胞，结果如图 3-9 所示，Lyso

Tracker Red DND-99 的红色荧光与 CyDS 探针的绿色荧光几乎完全重合，说明绿光主要分布在溶酶体里。这意味着单巯基蛋白在溶酶体中有更多的分布。溶酶体有很低的 pH 值，呈现出氧化性环境，因此巯基蛋白主要以氧化态为主，邻位巯基蛋白很少分布。至此，通过两个激发光源激发，收集两个通道的荧光，已经实现了在细胞内，同时对内源性的单双巯基蛋白分别可视化成像分析。

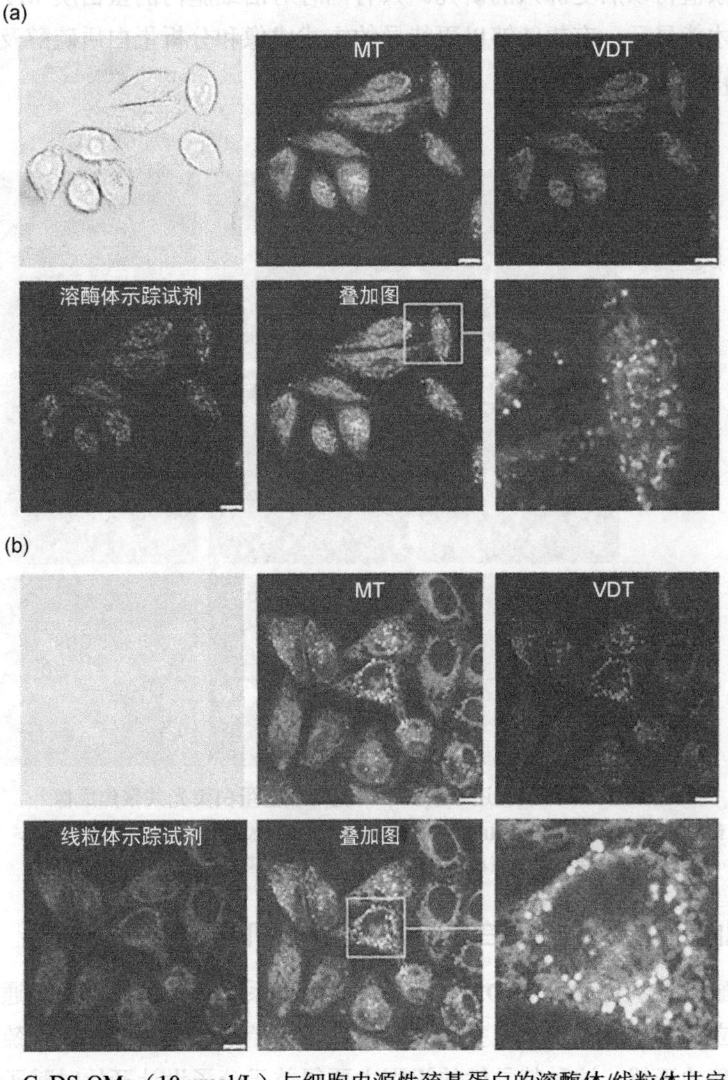

图 3-9　CyDS-OMe（10 μmol/L）与细胞内源性巯基蛋白的溶酶体/线粒体共定位实验

3.1.6.8　氧化还原应激

CyDS-OMe 探针分子对巯基蛋白的识别是基于烯硫醚动态共价键实现的，这种共价键体系有一个重要性能就是“可逆性”，在还原性巯基物种增加的情况下能够打破平衡从而解离释放出新的烯硫醚动态共价体系，基于此，有望进一步实现细胞内单双巯基蛋白的实时动态成像。以 HeLa 细胞为模型细胞，通过荧光共聚焦显微成像系统，考察了 CyDS 对细胞氧化还原应激的可视化能力。如图 3-10 所示，10 μmol/L CyDS-OMe 与 HeLa 细胞共孵育 30 min，由左至右分别为 VDT 通道、MT 通道和叠加图。当体系中加入氧化性的 H_2O_2 或者还原性的谷胱甘肽甲酯（GSHOMe）时，相较于未处理细胞的探针成像，无论是 VDT 通道还是 MT 通道荧光均相应地减弱或增强。更有趣的发现是，蛋白质 VDT 更容易受到氧化应激的影响，相反，蛋白质 MT 更容易受到还原应激的影响，因为 H_2O_2 和 GSHOMe 处理都导致了应激细胞中蓝色与绿色荧光信号的比例相较于没有氧化还原应激的细胞明显增加。这个现象值得以后更深入的研究。只有同时对活细胞内的蛋白质 MT 和 VDT 进行可分辨的成像才能显示，有望能够以更特异的方式成像和分析蛋白质硫醇及其在氧化还原应激下的相互转化。

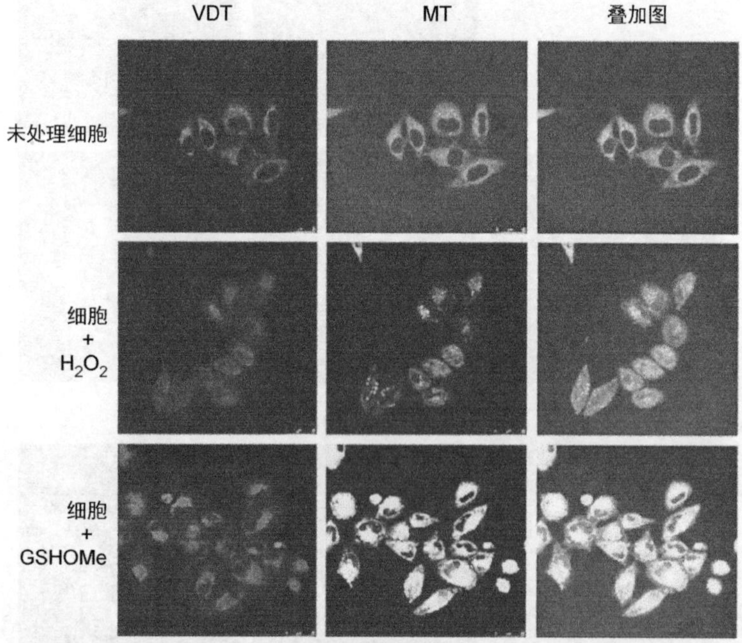

图 3-10 不同氧化还原条件下细胞内巯基蛋白荧光共聚焦成像

细胞在含有 10% PBS 的 DMEM 中与 10 μmol/L CyDS-OMe 孵育 30 min 后进行成像。
探针分别与蛋白质 MT 和 VDT 反应产生绿色和蓝色荧光

3.1.6.9 细胞内源性单双巯基蛋白可视化动态响应机制研究

基于烯硫醚动态共价键的 CyDS 巯基蛋白传感体系能够实现通过两个通道选择性识别蛋白质上的孤立的半胱氨酸残基及空间上邻近的蛋白巯基而避免其他不含巯基的蛋白质及小分子生物硫醇的干扰。这种特异性的识别主要得益于分子设计开始时赋予该探针体系的功能化组装，其细胞内单双巯基蛋白的识别过程和机制可能如下：如图 3-11（a）所示，探针分子上的两个巯基反应位点活性存在较大差异，位点 1 即氯代烯基位点能在生理巯基浓度范围内与蛋白质巯基发生 S_N2 亲核取代反应形成动态共价键而靠近蛋白疏水空腔，因此遇到巯基蛋白时能够与该位点反应从而诱导荧光信号的产生。这一结合过程并未影响到分子的共轭结构，因此荧光光谱表现为完整共轭体系的荧光光谱。而位点 2 与巯基能够发生亲核加成反应，但反应活性非常弱，生理浓度范围内的巯基基团并不能与该位点反应，但是当遇到邻位巯基蛋白时，一个蛋白质巯基与位点 1 形成烯硫醚动态共价键，由于分子内协同效应，另一个蛋白质巯基很容易靠近位点 2，该位点附近实际巯基含量远远大于蛋白质浓度，从而发生亲核加成反应导致共轭体系被破坏，荧光光谱表现出两个荧光团的荧光光谱。如图 3-11（b）所示，作为单巯基蛋白模型的 BSA 含有 17 对二硫键同时 34 位有一个孤立的半胱氨酸残基，能够与位点 1 发生反应形成共价键将探针分子拉到疏水空腔，小分子所处的微环境由于蛋白质二级结构中众多的疏水残基，具有更低的极性并且分子的振动和转动受限从而表现出较强黄色荧光恢复。图 3-11（c）是模拟的探针分子与邻位巯基蛋白模型 rBSA 的相互作用，当探针分子与蛋白质上空间邻近的两个巯基反应后，共轭双键被破坏，处于低极性高黏度空腔中半花菁部件显示出蓝色荧光信号。

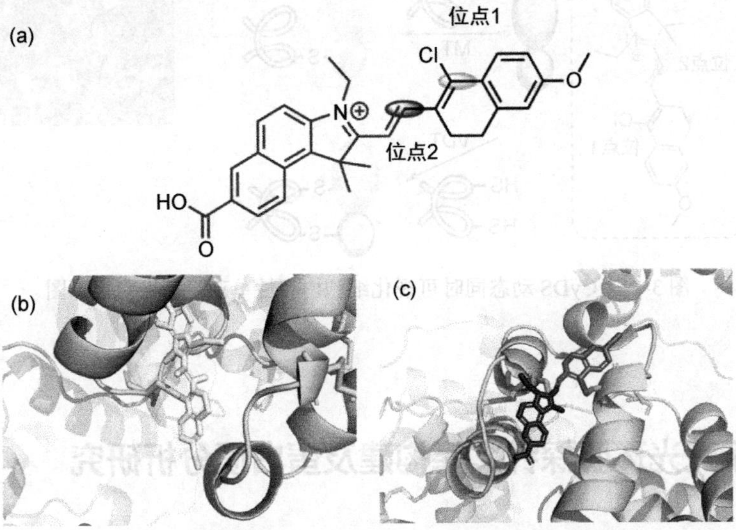

图 3-11　CyDS 结构及细胞内源性单双巯基蛋白可视化动态响应机制

3.1.7 总结与展望

CyDS 是一种能在活细胞中同时可视化动态响应内源性单双巯基蛋白的高选择性和灵敏度的传感分子（图 3-12）。该探针的合成融合了四种策略来实现对目标蛋白的检测：①单双巯基的区分。在探针上修饰两个活性差异较大的巯基响应基团，生理巯基浓度范围内单双巯基能分别和单个以及全部位点反应，共轭体系改变不同进而导致不同的荧光信号产生。②响应方式是基于烯硫醚动态共价键的，共价键结合避免了其它不含巯基的蛋白质对特异性检测的影响，烯硫醚动态共价键的交换可逆性能又使得探针对巯基蛋白的识别具有动态响应性质，不同的氧化还原刺激带来荧光信号的改变。③该探针分子融合了两个环境敏感性荧光团，只有在相对疏水的介质或黏度较高的环境中才能有荧光信号的增强。这一策略有效地避免了小分子生物硫醇的干扰，进一步提高了探针分子的选择性。④为了进一步提高探针的灵敏度，参考文献做法，在母体上修饰甲酯官能团，通过该策略可得到有较好跨膜能力的前体分子 CyDS-OMe，其穿过细胞膜进入细胞后，在细胞内无处不在的酯酶作用下水解成跨膜能力很弱的羧基探针分子 CyDS，从而延长了在细胞内的保留时间，进而实现灵敏度的提高。通过以上四种策略，基于烯硫醚动态共价键的细胞内源性单双巯基蛋白可视化传感体系被应用于 HeLa 细胞中单巯基蛋白和双巯基蛋白的可视化成像，该探针表现出了较好的选择性和较高的灵敏度，对于细胞在氧化和还原性刺激作用下也表现出了较好的动态响应性能。

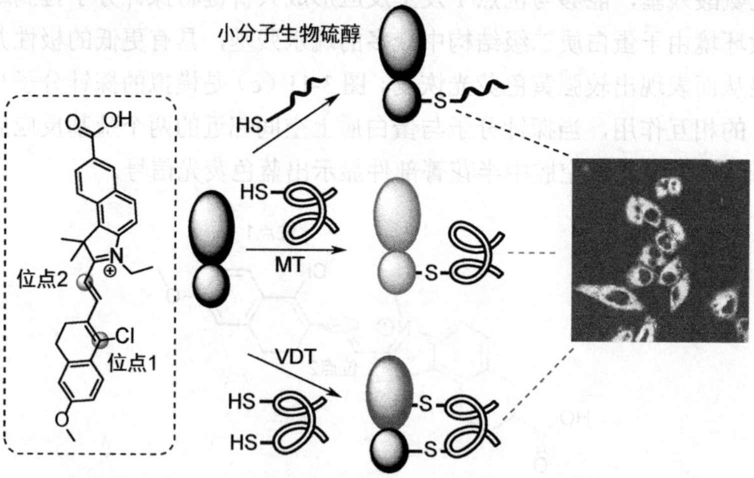

图 3-12 CyDS 动态同时可视化细胞内源性单双巯基蛋白示意图

3.2 噬菌体展示荧光环肽探针文库构建及蛋白质分析研究

3.2.1 引言

多肽探针作为分子量介于蛋白质和小分子之间的一类分子，与荧光蛋白等大分子探针相比，具有体积小、结构丰富可控、跨膜效率高、易于修饰等优点[55-59]，在活细胞内源性蛋白质特异性识别、调控方面具备独特的优势。同时，与小分子探针相比，多肽具有较大的比表面积，能更好地与靶标蛋白结合，从而表现出更高的选择性[58,60-61]，经过改造还可以获得很好的组织穿透性，因而具有被设计成高亲和力和特异性的高质量探针的潜力。同时，多肽探针往往还具有良好的生物相容性。特别是自噬菌体展示技术被 Smith 提出并逐渐发展为新型活性多肽发现的强有力的工具以来，许多新型特异性多肽探针分子被成功筛选和设计出来[62-65]。

但令人遗憾的是，目前基于高亲和力多肽设计的蛋白质传感体系所占比例并不是很大。究其原因，目前多肽用于蛋白质传感所面临的问题主要表现在以下几个方面：①目前少量的多肽探针主要通过噬菌体展示和高通量筛选技术获得高亲和力的活性肽，然后通过有机化学反应将报告基团通过连接键偶联。这一构建模式最大的问题是通过翻译后修饰筛选出来的多肽在功能构建块引入后其与靶标蛋白的亲和力及特异性均可能发生改变，从而导致对蛋白质识别的特异性和灵敏度下降。②目前常用的偶联方式所涉及的偶联反应（正交反应、缩合反应等），在翻译后修饰时往往需要调节 pH 或需加入一定量的有机溶剂助溶，从而影响噬菌体的活性；另外，有机化学反应的副反应会降低多肽库容量。③针对不同蛋白质筛选的活性肽采用同一种嫁接方法需要经受序列耐受性的考验。④通过基因编辑策略构建多肽文库时，非天然氨基酸的核糖体转译解码效率一般比较低且不是所有非天然构建模块都能被噬菌体展示，这也使得许多需要通过非天然氨基酸来偶联嫁接功能部件的肽库难以构建。

基于目前技术发展的各类用于胞内蛋白及蛋白质-蛋白质相互作用示踪的探针体系，在一定程度上促进了对蛋白质功能机制的了解。但随着生命科学和医学的发展，利用高效的分子探针探究关键蛋白以及环境刺激下胞内多个蛋白质之间相对位置、含量的变化逐渐成为相关学科发展亟需解决的问题。因此，发展能针对不同蛋白质快速筛选高亲和力荧光探针的方法，用于筛选高质量的蛋白质可视化探针，对从分子层面研究其天然生物学功能，开发高质量的具有生物医学应用前景的多肽先导药物分子，具有重要的意义和广阔的应用前景[66-68]。

3.2.2 荧光环肽文库设计思路及合成路线

3.2.2.1 设计思路

针对上述在高质量多肽荧光探针发现和合成过程中遇到的瓶颈问题，将新颖的基于双氰基取代烯硫醚与N端半胱氨酸特异性应答反应的翻译后修饰方法和噬菌体展示技术巧妙结合，将结构信息多样、光谱信息丰富的荧光响应模块通过温和、新颖的化学修饰方式嵌入多肽探针，并通过环化进一步提高探针的稳定性、亲和力以及跨膜能力，发展出一种通用型高效构建荧光环肽文库的方法（图 3-13）。靶向活性肽和应答模块的融合，使探针体系兼具了多肽高特异性、亲和力以及小分子探针构型多样、光谱范围宽和易于修饰的优点。荧光应答模块既作为荧光的报告部件，又作为连接键用于多肽环化，同时参与到探针与蛋白质的识别过程。因此这种新颖的基于翻译后修饰及噬菌体展示技术的高质量环肽探针的构建方法，将推动蛋白质分析相关领域的发展。

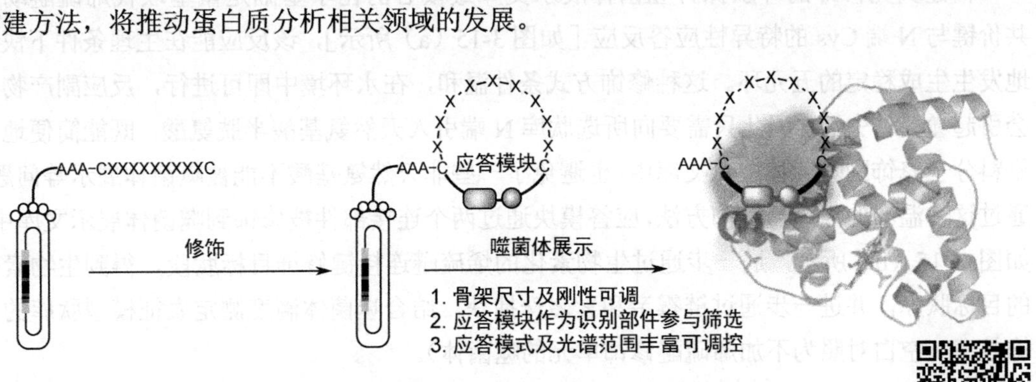

图 3-13 噬菌体展示荧光环肽探针库蛋白质检测示意图

3.2.2.2 实验方案

如图 3-14 所示，采用巯基-氰基取代烯硫醚动态共价键应答反应，将探针荧光应答模块（包含两个巯基响应性修饰位点和一个环境敏感性染料）引入到多肽探针噬菌体展示文库中，该修饰方式的化学基础是氰基取代烯硫醚动态共价键与N端Cys的特异性应答反应。该反应温和高效且序列中其它的非N端巯基、氨基侧链对修饰反应没有影响，能够耐受多肽随机序列。通过对CX_9C肽库的应答模块环化修饰，构建含有染料分子的一元环肽文库。靶标蛋白直接对修饰有荧光应答模块的环肽文库进行筛选，从而设计合成荧光应答的荧光环肽文库。拟以Bcl-2蛋白为模型靶标蛋白，从修饰方式、荧光应答模式以及应答模块长度和刚性三个方面调控该荧光环肽文库，从而实现环肽探针对靶标蛋白的高特异性和亲和力识别，验证该构库方案的可行性，并将该方法进一步扩展至其他的靶标蛋白识别分子的筛选。

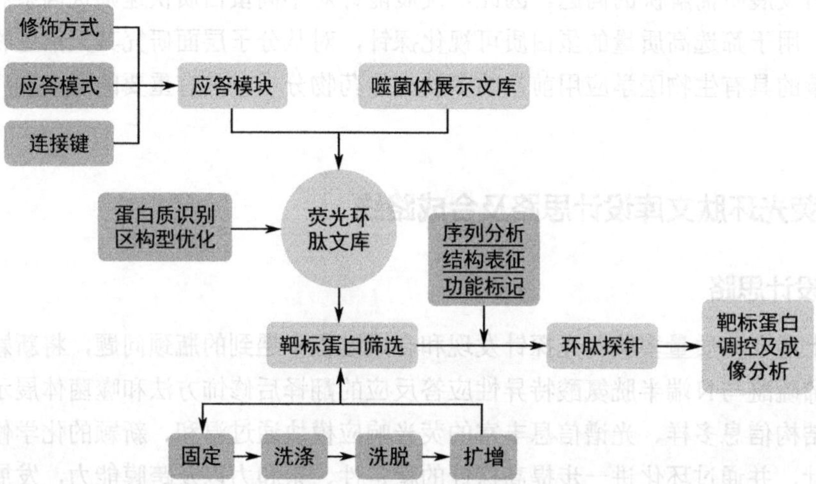

图3-14 研究技术路线

具体内容如下：

（1）高质量多肽荧光探针环肽文库方法的建立及修饰效率表征

构建荧光修饰的环肽探针噬菌体展示文库最核心的化学基础是氰基取代烯硫醚动态共价键与N端Cys的特异性应答反应［如图3-15（a）所示］，该反应能在生理条件下快速地发生生成稳定的五元环。这种修饰方式条件温和，在水环境中即可进行，反应副产物不会引起噬菌体失活，因此只需要向所选肽库N端引入天然氨基酸半胱氨酸，既能简便地将染料分子修饰到噬菌体展示文库中，也避免了一些非天然氨基酸不能被噬菌体展示等问题。通过这种温和的翻译后修饰方法，应答模块通过两个连接部件被修饰到噬菌体展示文库中。如图3-15（b）所示，进一步通过生物素化的烯硫醚连接键修饰目标肽段，得到生物素化的目标肽库，并进一步通过链霉亲和素磁珠捕获，结合噬菌体滴度测定表征模型肽库的修饰效率（空白对照为不加烯硫醚修饰单元的噬菌体）。

（2）噬菌体展示文库设计及以Bcl-2为靶标蛋白的荧光多肽分子筛选

荧光应答模块由环境响应性荧光团和两端的巯基响应活性的连接部件三部分组成。三者之间的连接臂长度和刚性可调控，并且荧光团可以是任何类型的环境敏感荧光分子。这一设计使得该噬菌体展示多肽文库兼具了抗体等大分子探针的特异性以及小分子探针灵活可变、易于修饰、光谱范围宽等优点。

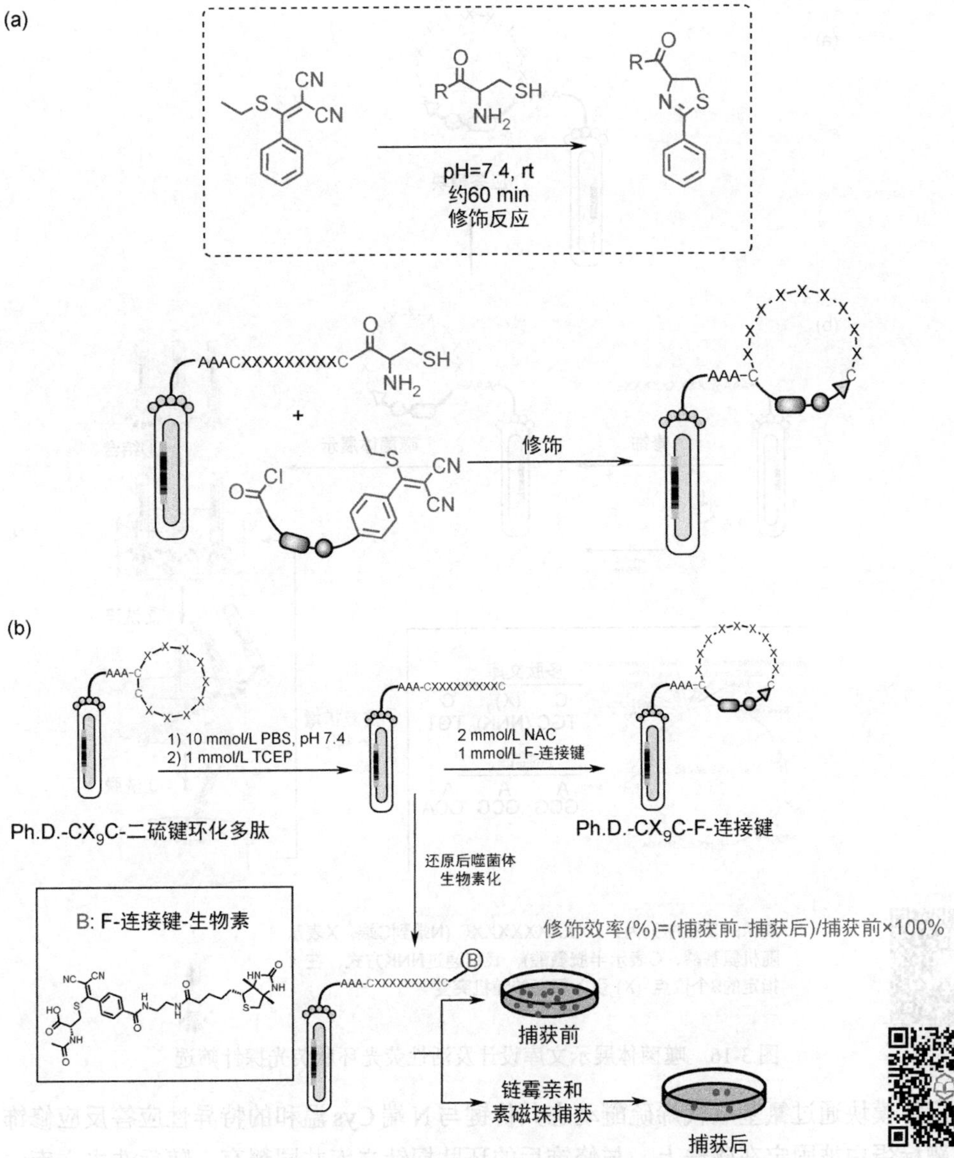

图 3-15　翻译后修饰化学基础及修饰效率表征

Ph. D.即 phage display，指噬菌体展示多肽文库。F 代指用于修饰反应的 ADT 分子

为了验证所构建的荧光环肽文库的可靠性，选择研究较为成熟的几个模型蛋白为靶标蛋白进行筛选，包括 Mdm2、Keap1 和 Bcl-2 等；同时，优化筛选实验条件，提高筛选质量和成功率。作为模型设计的连接部件一端为烯硫醚反应部件［如图 3-16（a)]，另一端为巯基活性的卤代烃。拟采用黏度敏感的基于 Bodipy 母体的分子转子型荧光染料和三个极性敏感的具有不同激发和发射波长的环境敏感染料作为报告基团，通过缩合反应嵌入到应答模块中。拟分别根据荧光应答模块的刚性和长度、环境敏感染料的设计以及连接键修饰方式三个方面对蛋白质的响应情况进行调控，设计一系列具有不同发射波长、亲疏水特性以及尺寸的环肽文库。利用骨架上的疏水或者带电荷的荧光染料，进一步通过疏水相互作用及静电作用协同增强探针分子对靶标蛋白的亲和力。

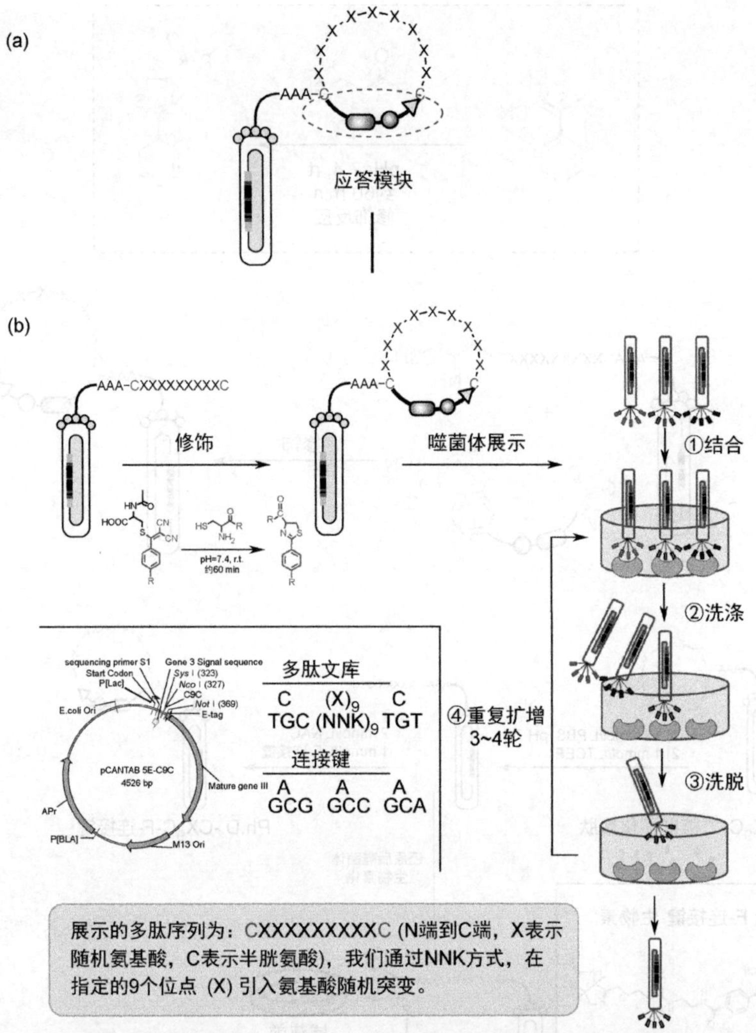

图 3-16 噬菌体展示文库设计及活性荧光环肽荧光探针筛选

应答模块通过氰基取代烯硫醚动态共价键与N端Cys温和的特异性应答反应修饰肽文库。靶标蛋白被固定在磁珠上，与修饰后的环肽探针文库共同孵育，随后洗去文库中大部分不能与靶标蛋白特异性结合的噬菌体，最后将具有特异性结合能力的噬菌体洗脱下来，侵染宿主大肠杆菌进行扩增，进入下一轮淘选。经过3～4轮淘选，筛选出与靶标蛋白的特异性环肽探针。

（3）环肽荧光探针的合成及体外识别表征

利用多肽合成仪通过多肽固相合成方法合成筛选出高结合力的多肽分子，并在2倍当量TCEP还原性条件下修饰荧光应答模块，将得到的环肽荧光探针分子纯化后通过荧光光谱考察其与Bcl-2的结合常数，结合及解离速率等反应动力学和热力学常数，为细胞实验提供理论支撑。

（4）标记及追踪与成像分析

有文献报道Bcl-2蛋白主要分布在内质网和线粒体等细胞内膜上，一些蛋白家族成员在细胞接受死亡刺激后会从细胞质移位到线粒体，并使保护性Bcl-2蛋白失活，迫使它们释放该蛋白家族中的促死蛋白。这些促死的 Bcl-2 家族蛋白通过同源寡聚化在细胞质线粒体外膜上形成孔，导致细胞色素 c 释放到细胞质中，进一步导致半胱氨酸蛋白酶（caspase）活化和细胞死亡。基于此，利用已合成的环肽荧光探针，进一步考察其是否能胜任生理环境下 Bcl-2 蛋白的标记及追踪。

3.2.3 应答模块合成路线

对于应答模块的设计合成，应答模块的荧光团采用发射波长在近红外区域黏度敏感的喹啉类染料，在染料的两端分别修饰两个能与巯基发生反应的响应模块，其中一个为能与 N 端半胱氨酸残基发生特异性识别反应的双氰基取代烯硫醚分子，另一端为能与链内巯基发生分子内反应的卤代烃。本课题采用的肽库为 CX_9C 肽文库，包含一个 N 端半胱氨酸残基，一个链内半胱氨酸残基，中间相隔九个随机氨基酸。

如图 3-17 展示的应答模块合成路线图所示，将能与 N 端 Cys 发生温和的特异性应答反应的烯硫醚动态共价键引入应答模块进而特异性修饰肽文库 N 端，同时在环境敏感染料另一端修饰卤代烃，能与肽文库链内的 Cys 残基生成硫醚键进而构建一元环肽分子。

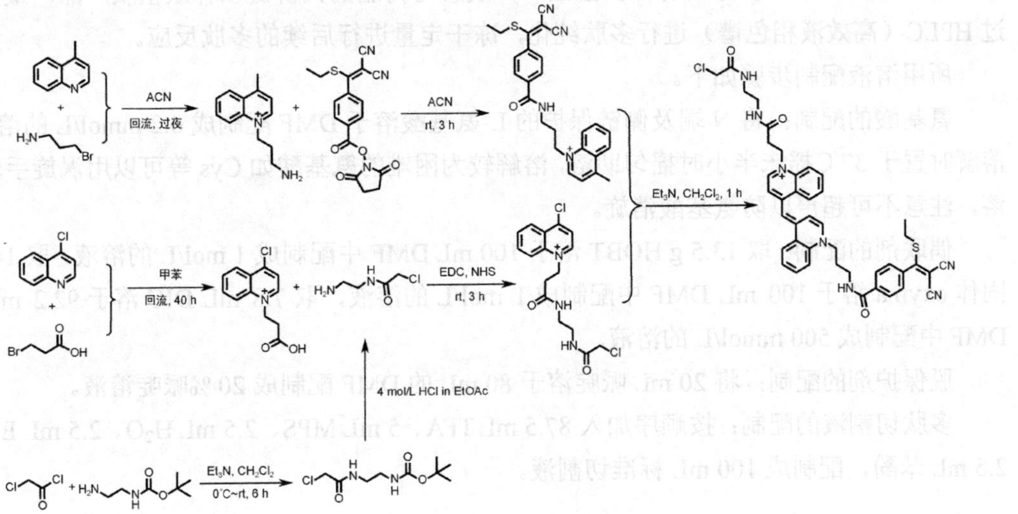

图 3-17 应答模块合成路线

3.2.4 噬菌体展示文库探针合成

3.2.4.1 主要试剂

本节中所用主要原料试剂：4-甲基喹啉（4-methylquinoline），4-氯喹啉（4-chloroquinoline），3-溴丙胺（3-bromopropylamine），3-溴丙酸（3-bromopropionic acid），4-二甲氨基吡啶(DMAP)，Boc-乙二胺(*N*-Boc-ethylenediamine)购自于安耐吉公司；苯甲酸(benzoic acid)，丙二腈（malononitrile），乙硫醇（ethanethiol），购自梯希爱公司（上海）；合成所用溶剂及常见原料药品均购自于国药集团化学试剂有限公司；分析测试试剂选用分析纯（AR），合成及分析实验如未特别注释，均在室温下进行；Fmoc-Glu-Otbu 以及实验中合成多肽所用氨基酸均采购自吉尔生化公司，罗丹明 B（Rhodamine B），*N,N*-二甲基甲酰胺（DMF）溶剂购自百灵威公司（上海）。

3.2.4.2 主要仪器

Esquire 3000 plus 电喷雾离子阱质谱仪（布鲁克・道尔顿公司），Bruker Advance-500 型核磁仪（布鲁克・道尔顿公司），紫外-可见分光光度计（日立，Hitachi U-3900H），荧光光度计（日立，Hitachi F-7000H），GL-3250 型磁力搅拌器（厦门顺达设备有限公司）；TECNAI F-30 透射电子显微镜（日立）

3.2.4.3 多肽合成

多肽合成是利用 CEM 多肽合成仪完成的。在合成过程中，将目标多肽序列的 C 末端氨基酸残基共价连接到树脂（不溶性聚合物载体）上；对随后的氨基酸残基去除第一个残基的 N 端保护基团，通过过滤和洗涤纯化树脂结合的氨基酸，并引入下一个 N 端保护、C 端羧基活化形式的氨基酸；在形成新的肽键后，通过过滤和洗涤除去多余的活性氨基酸和可溶性副产物。这些步骤基本上以标准形式重复，直到树脂结合的目标受保护肽链组装完毕。在最后一步中，去除所有保护基团，并裂解与树脂的共价键以释放粗肽产品。最后通过 HPLC（高效液相色谱）进行多肽纯化，冻干定量进行后续的多肽反应。

所用溶液配制步骤如下。

氨基酸的配制：将 N 端及侧链保护的 L-氨基酸溶于 DMF 配制成 0.2 mmol/L 的溶液，溶解时置于 37℃摇床半小时摇匀助溶，溶解较为困难的氨基酸如 Cys 等可以用涡旋手段助溶，注意不可超声以防氨基酸消旋。

偶联剂的配制：取 13.5 g HOBT 溶于 100 mL DMF 中配制成 1 mol/L 的溶液，取 14.2 g 固体 oxyma 溶于 100 mL DMF 中配制成 1 mol/L 的溶液，取 7.8 mL DIC 溶于 92.2 mL 的 DMF 中配制成 500 mmol/L 的溶液。

脱保护剂的配制：将 20 mL 哌啶溶于 80 mL 的 DMF 配制成 20 %哌啶溶液。

多肽切割液的配制：按顺序加入 87.5 mL TFA、5 mL MPS、2.5 mL H_2O、2.5 mL EDT、2.5 mL 苯酚，配制成 100 mL 标准切割液。

3.2.4.4 探针体系合成

（1）4-Me-QL-NH_2 的合成

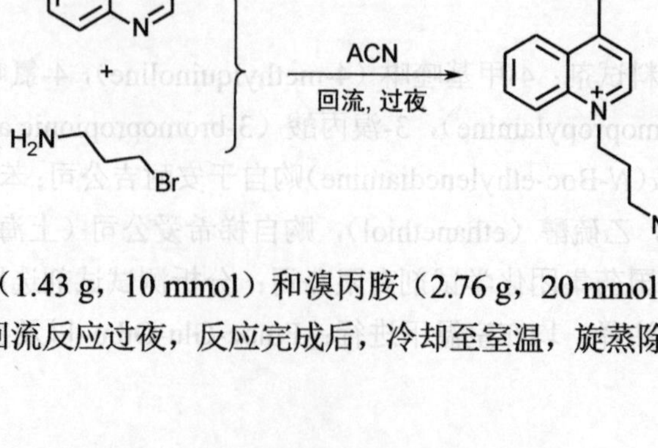

将 4-甲基喹啉（1.43 g，10 mmol）和溴丙胺（2.76 g，20 mmol）溶于 30 mL 无水乙腈中，升温至 90℃，回流反应过夜，反应完成后，冷却至室温，旋蒸除去大部分乙腈溶剂，残

渣中加入 20 mL 丙酮，析出沉淀，抽滤，用丙酮洗涤滤饼多次，得到白色固体粉末。

（2）4-Me-QL-ADT 的合成

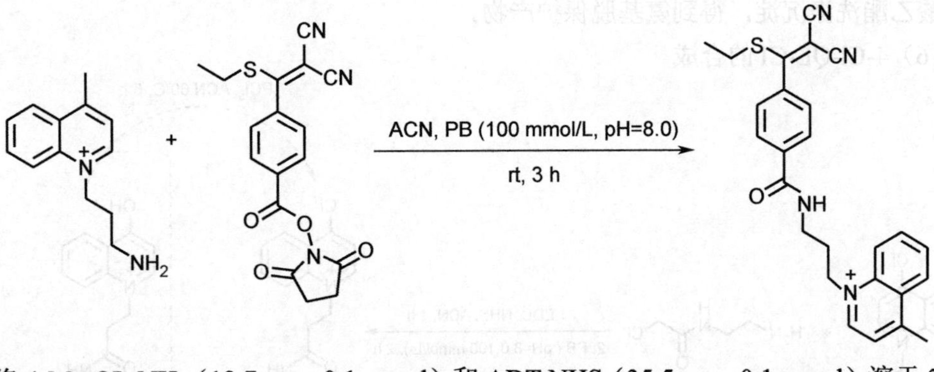

将 4-Me-QL-NH_2（18.7 mg，0.1 mmol）和 ADT-NHS（35.5 mg，0.1 mmol）溶于 20 mL ACN/PB（100 mmol/L，pH=8.0，体积比为 1∶1）的混合溶剂中，室温下搅拌反应，用半制备高效液相色谱仪纯化，冷冻干燥器干燥，得到 4-Me-QL-ADT 白色固体。

（3）4-Cl-QL-COOH 的合成

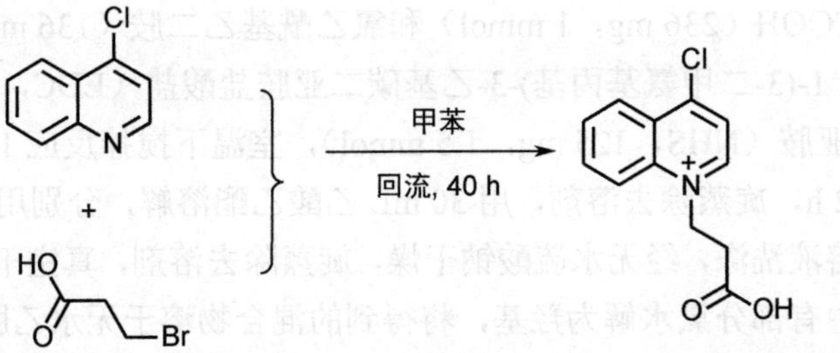

将 4-氯喹啉（1.63 g，10 mmol）和溴丙酸（2.34 g，20 mmol）溶于 30 mL 甲苯中，升温至 110℃，氮气保护，用分水器分水，回流反应 40 h，反应完成后，冷却至室温，旋蒸除去大部分溶剂，残渣中加入 20 mL 丙酮，析出沉淀，抽滤，用丙酮洗涤滤饼多次，得到黄色固体粉末。

（4）Boc-NH-Cl 的合成

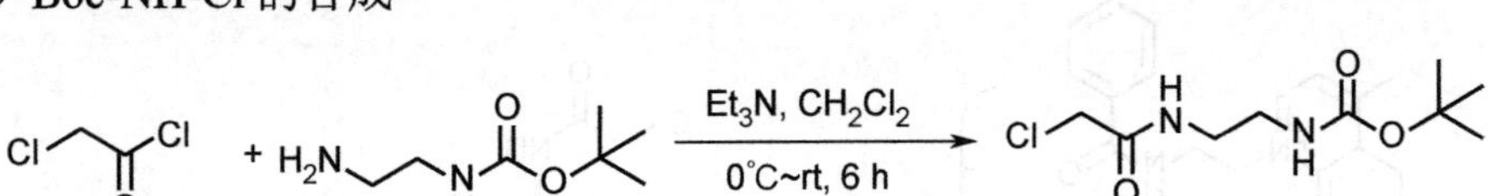

将 Boc-乙二胺（0.64 g，4 mmol）溶于 20 mL 二氯甲烷，加入三乙胺（1.7 mL，12 mmol），冰盐浴冷却至低于 0℃，冰浴下缓慢滴加溶于 10 mL 二氯甲烷的氯乙酰氯（645 μL，8 mmol），滴加完毕后，缓慢恢复至室温，继续搅拌 6 h。加入 20 mL 二氯甲烷稀释，依次用水、饱和碳酸氢钠以及饱和氯化钠溶液各洗涤两次，经无水硫酸钠干燥，旋蒸，真空干燥得到白色固体粉末。

（5）NH_2-Cl 的合成

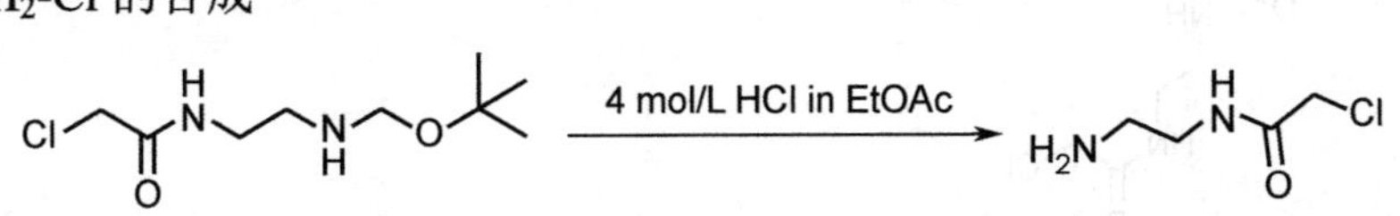

将上步所得 Boc 保护的产物溶于 10 mL 4 mol/L HCl 的乙酸乙酯溶液（由氯乙酰氯和乙醇反应制得），室温下搅拌脱保 1 h，逐渐析出白色固体沉淀，反应结束后超声、抽滤，用乙酸乙酯洗涤沉淀，得到氨基脱保护产物。

（6）4-Cl-QL-Cl 的合成

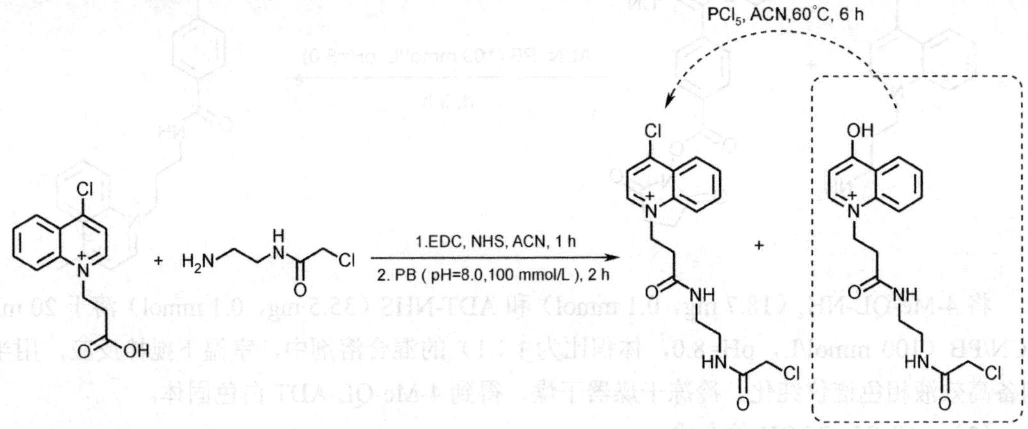

将 4-Cl-QL-COOH（236 mg，1 mmol）和氯乙酰基乙二胺（136 mg，1 mmol）溶于 20 mL 乙腈中，加入 1-(3-二甲氨基丙基)-3-乙基碳二亚胺盐酸盐（EDC，230mg，1.2 mmol）和 *N*-羟基琥珀酰亚胺（NHS，125 mg，1.5 mmol），室温下搅拌反应 1 h，旋蒸除去溶剂，室温下搅拌反应 2 h，旋蒸除去溶剂，用 30 mL 乙酸乙酯溶解，分别用饱和碳酸氢钠溶液、水和饱和氯化钠溶液洗涤，经无水硫酸钠干燥，旋蒸除去溶剂，真空干燥，得到白色固体。反应及处理过程中有部分氯水解为羟基，将得到的混合物溶于无水乙腈中，加入五氯化磷（416 mg, 2 mmol），60℃反应 6 h，冷却至室温后，用高效液相色谱纯化分离，旋蒸除去溶剂得到 4-Cl-QL-Cl 淡黄色固体。

（7）ADT-QL-Cl 的合成

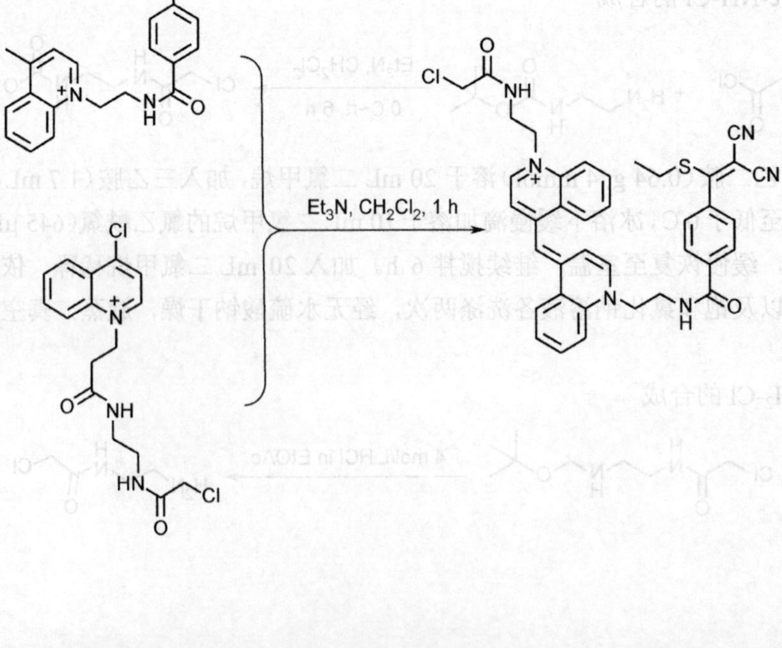

将上文所得 4-Cl-QL-Cl 和 4-Me-QL-ADT 等物质的量加入到二氯甲烷中，加入等物质的量的三乙胺，体系很快变成蓝色，室温下搅拌反应 1 h，旋蒸除去溶剂，用水溶解固体，高效液相色谱纯化分离，冷冻干燥机干燥，得到蓝色固体。

3.2.5 探针响应及修饰性能考察

3.2.5.1 探针环境响应性能

蛋白质-蛋白质相互作用的界面以及蛋白质的表面通常是不连续的，存在许多由疏水性氨基酸残基所构成的疏水空腔，这些疏水“口袋”微环境通常有更低的极性和更高的黏度。本章所构建的响应模块的荧光报告机制是，包含有响应模块的连接件所构筑的荧光环肽探针与蛋白质作用时，如果作用界面是疏水性的微环境，响应模块中的环境敏感染料报告出荧光信号，从而实现蛋白质的追踪和监测。

首先用不同比例的丙三醇和磷酸缓冲液（10 mmol/L，pH=7.4）混合溶剂作为系列黏度的模型来调控溶液黏度，获得具有不同黏度系数的系列黏度缓冲液。如图 3-18 所示，通过荧光光谱监测了不同黏度溶剂中 10 μmol/L ADT-QL-Cl 模块的荧光恢复情况，结果表明，相较于纯水体系，随着黏度的增大，该模块表现出明显的荧光增强，荧光强度增大了将近一千倍。这预示着如果探针分子到达黏度更大的蛋白巯基微环境与巯基结合后应该有明显的荧光响应信号给出。

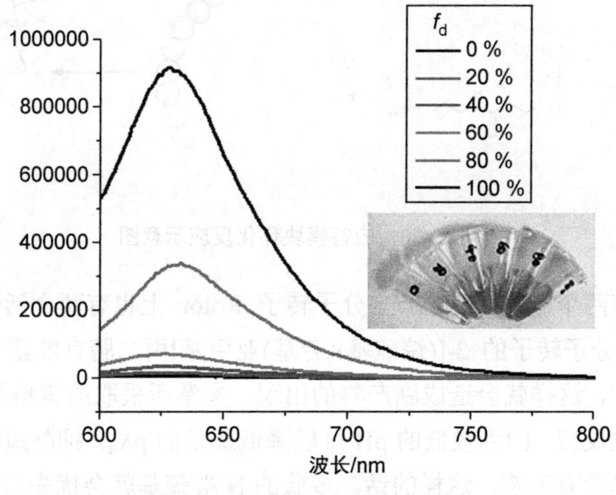

图 3-18 黏度对应答模块影响

f_d表示的是丙三醇和磷酸缓冲液体积分数

相似的方法，用不同比例的二氧六环和磷酸缓冲液（10 mmol/L，pH=7.4）混合溶剂作为系列极性的模型来调控溶液极性，获得具有不同介电常数的系列极性缓冲液。如图 3-19 所示，通过荧光光谱监测了不同介电常数的混合溶剂中 10 μmol/L ADT-QL-Cl 模块的荧光恢复情况，结果表明，相较于纯水体系，通过加入二氧六环降低极性后响应模块也有明显的荧光增强。以上体外的初步荧光性能表征为多肽探针的信号报告能力提供了支撑。

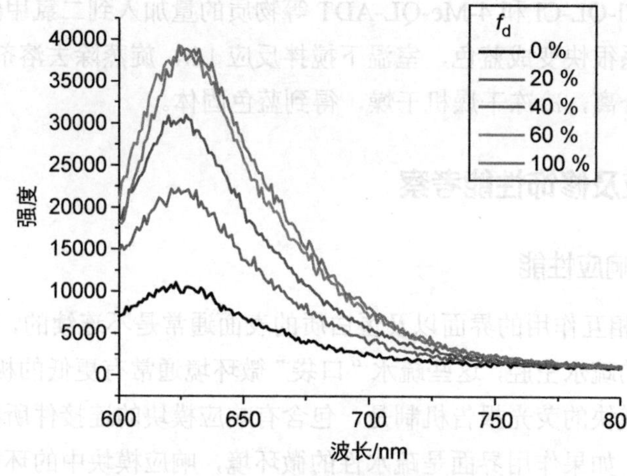

图 3-19　极性对应答模块影响

f_d 表示的是二氧六环和磷酸缓冲液体积分数

3.2.5.2　响应模块与模型肽的成环反应

选用模型肽 CM-3（氨基酸序列为 NH_2-CTFELYWDGLC-OH）来探索分子转子 Rotor 与多肽成环反应的反应条件。反应的示意图如图 3-20 所示。

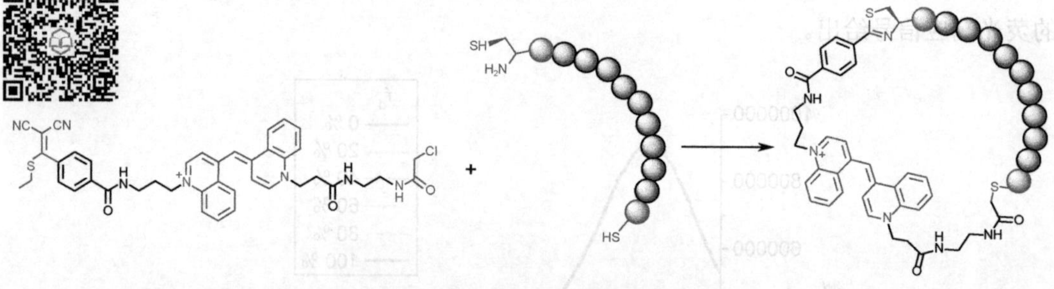

图 3-20　应答模块环化反应示意图

由于多肽上有两个活性反应位点，分子转子 Rotor 上也有两个活性反应位点，对于多肽的 N 端巯基，分子转子的 2-[(烷硫基)(芳基)亚甲基]丙二腈官能团和另一端的氯乙酰胺均会与其发生反应，这样就会造成副产物的出现。本章所采取的策略是，先在较低 pH 值的反应体系中发生反应，因为较低的 pH 可以降低巯基的 pK_a，抑制巯基的反应活性，而对丙二腈的离去速率没有影响。这样的话，多肽的 N 端巯基就会优先与分子转子的 2-[(烷硫基)(芳基)亚甲基]丙二腈官能团反应，丙二腈离去从而形成稳定的噻唑环。之后，由于邻近效应分子内卤代烃也可与多肽另一端的巯基快速反应，最终生成单一的目标环肽产物 C-Rotor-CM-3。

通过超高效液相色谱监测环化反应（图 3-21），首先在反应体系中加入多肽、TCEP、NAC、响应部件，反应的 pH 控制在 6.0。反应 30 min 后，为了加快反应速率，将反应体系的 pH 调至 7.4，继续监测反应过程。可以发现，反应不断向生成目标产物的方向进行，90 min 时已经接近反应完全。通过质谱表征和光谱分析，可以确定两个峰分别是目标环肽产物和反应中间体，其中反应中间体是连上 NAC 的响应部件，由于最初投反应时响应部件和 NAC 都是过量的，这个产物的生成是正常的，这为分子转子修饰噬菌体展示多肽库构建噬菌体展示荧光环肽库奠定了基础。

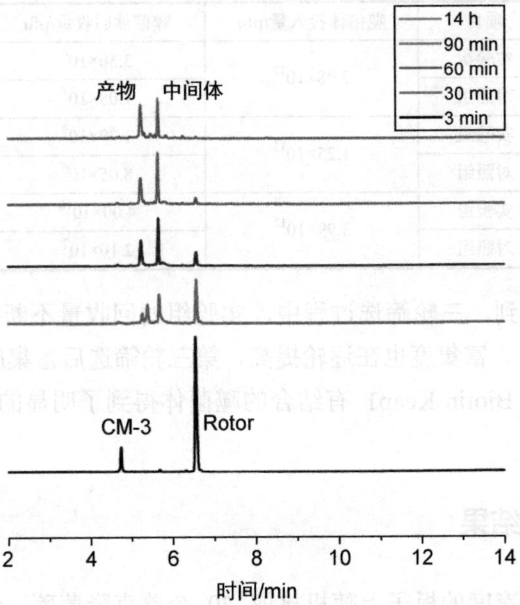

图 3-21　应答模块环化反应动力学

3.2.6　噬菌体展示多肽文库滴度测定

利用前期探索的分子转子与多肽成环反应的反应条件，来进行分子转子 Rotor 对噬菌体展示多肽文库（CX_9C）的修饰，需要保证修饰反应对噬菌体的活性几乎无影响，即修饰前后噬菌体展示多肽库的滴度基本不变，且保证修饰后噬菌体展示多肽文库的滴度能达到 10^{12} pfu/mL。滴度测定结果显示了在分子转子 Rotor 修饰前后，噬菌体展示多肽文库的滴度在同一个数量级，都能达到 10^{12} pfu/mL，满足了筛选实验对噬菌体投入量的要求，可进行接下来的筛选操作。

3.2.7　噬菌体展示荧光环肽文库对靶标蛋白 Biotin-Keap1 的筛选

利用分子转子修饰噬菌体展示多肽文库构建噬菌体展示荧光环肽文库，共对靶标蛋白 Biotin-Keap1 进行了三轮筛选。每轮筛选中靶标蛋白的投入量依次为 5 μg、5 μg、5 μg。第一、三轮筛选所用磁珠为链霉亲和素包被磁珠，第二轮所用磁珠为中性亲和素包被磁珠，间隔使用两种磁珠以避免筛选过程中噬菌体对磁珠上包被的蛋白质产生富集。每轮筛选都设置实验组和对照组，其中实验组是投入靶标蛋白，对照组是投入相同体积的 1×PBS（10 mol/L），二者其他的实验操作完全一样。通过修饰后噬菌体展示荧光环肽文库的滴度测定，可以得到筛选操作中噬菌体的投入量，三轮筛选中实验组和对照组的噬菌体投入量都能达到 10^{12} pfu，满足了筛选要求。筛选完毕，将实验组和对照组洗脱下来的噬菌体进行滴度测定，通过计算可以得到噬菌体的回收量，进而可以计算出回收率和富集度。筛选结果见表 3-1。

表 3-1 噬菌体展示荧光环肽对靶标蛋白的筛选结果

轮数	Keap1/μg	项目	噬菌体投入量/pfu	噬菌体回收量/pfu	回收率	富集度
1	5	实验组	7.98×10^{12}	3.36×10^{6}	4.21×10^{-7}	0.31
		对照组		1.08×10^{7}	1.35×10^{-6}	
2	5	实验组	1.25×10^{13}	1.79×10^{9}	1.43×10^{-4}	222.36
		对照组		8.05×10^{6}	6.44×10^{-7}	
3	5	实验组	3.99×10^{12}	4.00×10^{10}	1.00×10^{-2}	1904.76
		对照组		2.10×10^{7}	5.26×10^{-6}	

从表 3-1 中可以看到，三轮筛选过程中，实验组的回收量不断提高，第三轮实验组回收量可达 10^{10} 的数量级。富集度也在逐轮提高，第三轮筛选后富集度可达近 2000。通过三轮的筛选，与靶标蛋白 Biotin-Keap1 有结合的噬菌体得到了明显的富集，可以进行后续的测序工作。

3.2.8 单克隆测序结果

在第三轮实验组测滴度的板子上随机挑取 20 个单克隆菌落，经活化后进行基因测序工作。测序结果通过软件翻译后得到多肽的氨基酸序列，结果如图 3-22 所示。

序列	丰度
C E P D P E T G E P C	7
C A R D R E T G E L C	6
C E P D P D T G E V C	3
C G E R N P E T G E C	2
C I D P E T G E E Q C	1
C E G D R E T G E S C	1

图 3-22 荧光环肽库对靶标蛋白 Keap1 筛选单克隆测序

可以看到，出现最多的多肽序列是 NH_2-CEPDPETGEPC-OH，其在 20 个测序结果中出现了 7 次。综合分析所有测序结果，可以发现筛选得到的多肽序列都含有保守序列 ETGE，值得注意的是，Keap1 蛋白的天然配体 Nrf2 也存在这一序列片段，这几个氨基酸对配体与靶标蛋白的结合起着重要作用。因此，我们有理由认为通过噬菌体筛选技术得到的环肽配体能与靶标蛋白很好地结合，可以直接合成基因测序得到的环肽分子来进行后续实验。

3.2.9 多肽的合成与环化

选取单克隆测序结果中出现最多的多肽序列 NH_2-CEPDPETGEPC-OH，通过多肽合成仪来合成，经切割、纯化后，与分子转子 Rotor 进行环化反应。按照前面探索的反应条件，可以生成单一的环肽产物（图 3-23）。

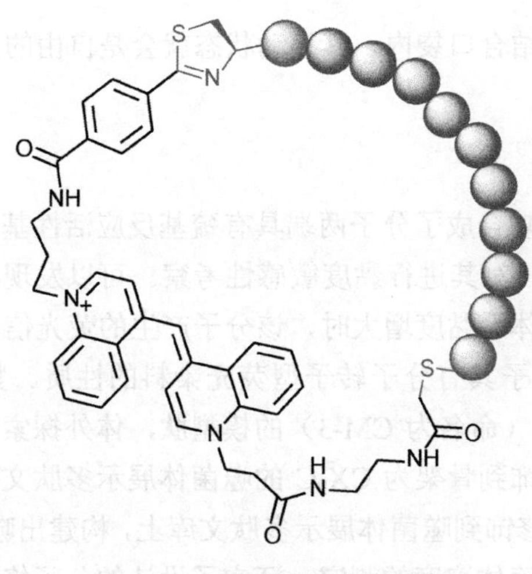

图 3-23　应答模块环化示意图

3.2.10　环肽分子对靶标蛋白的荧光检测

通过噬菌体筛选技术得到的环肽分子 CK-1 与靶标蛋白 Keap1 具有很好的结合能力。环肽分子在自由状态下，基本没有荧光信号。而当环肽分子与大的靶标蛋白结合后，环肽分子运动受限，理论上就会产生荧光。通过这种实时原位的荧光响应，可探测靶标蛋白。

首先通过紫外分光光度计扫描环肽分子 CK-1 与靶标蛋白共孵育后的溶液。可以发现在 210～800 nm 的波长范围内，该溶液在 568 nm 处有特征吸收峰。选用 568 nm 波长的光作为激发光，进行荧光实验。荧光实验的结果如图 3-24 所示。

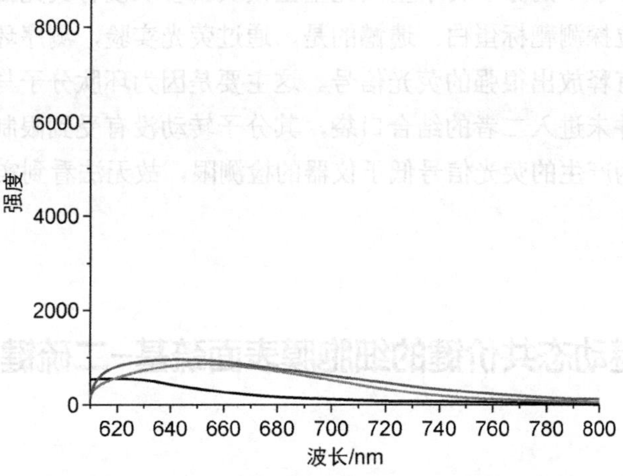

图 3-24　环肽分子 CK-1 与 Keap1 的荧光实验

黑色曲线是 400 nmol/L 环肽分子 CK-1 的荧光光谱，红色曲线是 300 nmol/L 靶标蛋白 Keap1 的荧光光谱，蓝色曲线是环肽分子 CK-1 与靶标蛋白共孵育 17 min 后溶液的荧光光谱

实验结果显示混合溶液的荧光强度并没有明显增强。重复进行实验也得到同样的结果。分析原因，可能是因为环肽分子 CK-1 与蛋白质结合后，分子转子 Rotor 模块并没有受到限制，其仍然处于自由运动状态，故不会释放荧光信号。若分子转子 Rotor 模块并没有

进入环肽分子与蛋白质的结合口袋内，其运动状态就会是自由的，故不会产生荧光响应。

3.2.11 总结与展望

在本研究中，首先成功合成了分子两端具有巯基反应活性基团，中间是分子转子型荧光基团的目标分子 Rotor，对其进行黏度敏感性考察。可以发现在体系黏度较小时，分子几乎没有荧光信号，而当体系黏度增大时，该分子产生的荧光信号会不断增强。

这证明了所合成的分子具有分子转子型荧光染料的性质。紧接着，利用一条序列为 NH_2-CTFELYWDGLC-OH（命名为 CM-3）的模型肽，体外探索分子与多肽的成环反应条件，进而探索出 Rotor 修饰到骨架为 CX_9C 的噬菌体展示多肽文库上的反应条件。结果显示，分子转子可以很好地修饰到噬菌体展示多肽文库上，构建出噬菌体展示荧光环肽文库。并且通过修饰反应前后噬菌体滴度的测定，证实了设计的分子修饰反应对噬菌体的活性几乎没有影响，说明所设计的反应具有高效性、特异性与生物相容性。在这个实验过程中，也验证了体外环化反应得到的环肽分子 C-Rotor-CM-3 的性质，其具有黏度敏感性和很好的稳定性。

接下来，选取 Keap1 为靶标蛋白，利用构建的噬菌体展示荧光环肽文库对其进行了三轮筛选，三轮过后富集度可达近两千，显示出实验组保留下来的噬菌体对靶标蛋白 Keap1 具有很好的结合。随机挑选单克隆菌落进行基因测序，通过分析测序结果得到了一条多肽序列 NH_2-CEPDPETGEPC-OH。该多肽序列就是通过三轮筛选得到的与靶标蛋白具有高亲和力的多肽。随后进行环化反应，得到了测序环肽分子 CK-1。理论来说，当测序环肽分子 CK-1 与靶标蛋白 Keap1 共孵育时，由于环肽分子与体积巨大的蛋白质结合，其分子运动会受到限制，环肽分子中的分子转子型荧光基团模块就会从没有荧光信号变到产生荧光信号，从而实时、原位探测靶标蛋白。遗憾的是，通过荧光实验，测序环肽分子 CK-1 与靶标蛋白结合后并没有释放出很强的荧光信号。这主要是因为环肽分子与靶标蛋白结合时，荧光分子转子模块并未进入二者的结合口袋，其分子转动没有受到限制，故无法释放荧光信号。也可能是因为产生的荧光信号低于仪器的检测限，故无法看到实验现象。

3.3 基于新型烯硫醚动态共价键的细胞膜表面巯基-二硫键交换机制研究

3.3.1 引言

外源性生物活性分子（如分子药物及多肽探针等）穿过细胞膜生物屏障进入细胞，并被细胞的靶点部位摄取 ，是进一步开展药物治疗、细胞成像、活性物监测的前提条件[30]，因此，外源性生物活性分子的跨膜转运效率低是制约分子药物及多肽探针等绝大多数生物诊疗及传感分子发展的最主要因素。随着肿瘤相关学科的发展，人们对肿瘤组织细胞癌变的本质也有了越来越清晰的认识。由于细胞内信号转导通路的失调是造成癌细胞无限增殖的主要原因，相应地，抗癌药物的开发重心也逐渐转移到针对细胞内异常信号转导系统靶点的新一代抗癌药物上。而为了提高药物的生物相容性、降低前药毒性、增加血液循环稳定性并获得更好的蛋白抑制活性，新一代抗癌药物通常是一些带有电荷和极性的生物大分子如蛋白质、多肽和核酸类物质。但研究发现，药物的跨膜转运效率的高低直接影响到药效的发挥，较低的跨膜转运效率意味着需要更久的药物循环时间和更高的给药量，这对于大多数药物来说，必然不能充分发挥药效，同时，必将面临更大的药物降解、失活、泄漏和副作用的风险。因此，从提高跨膜转运效率的角度设计分子药物和多肽探针等开展深入研究，不仅对药物或探针的设计和有效递送具有理论上的指导意义，而且对药物治疗、细胞成像、活性物监测等具有广阔的应用前景。

由脂类、蛋白质和糖类等组成的细胞膜，既要维持细胞稳定代谢的胞内环境，又负责调节和选择进出细胞的物质，即通过严格的膜生物机制调控外源性生物活性分子进出细胞的过程。针对如何更高效地提高跨膜转运效率这一科学难题，科研工作者进行了诸多的努力和尝试，一系列基于外源性生物活性分子与细胞膜作用从而提高跨膜转运效率的体系研究，取得了较大进展，并揭示出药物和探针开发的潜在发展方向。相应的研究工作主要集中在以下 4 个方面：①基于硼酸与细胞膜表面糖蛋白硼酸酯交换作用的跨膜转运研究[30,69-71]；②基于叶酸、RGD 等抗体与细胞膜表面相应受体间亲和作用的跨膜转运研究[72]；③基于细胞穿透肽（CPP）与细胞膜的静电力和氢键等非共价键作用的跨膜转运研究[73]；④基于巯基化合物与细胞膜表面巯基的巯基-二硫键交换反应的跨膜转运研究[30,74]。其中，基于细胞膜表面巯基-二硫键交换反应介导的跨膜转运，由于其独一无二的化学生物学性能，目前已经成为该领域科学研究的发展趋势和热点。

由于巯基广泛存在于细胞膜表面，且具有独一无二的化学生物学性能，因此，对外源性生物活性分子进行巯基化修饰并形成二硫键，进而利用其与膜表面巯基的巯基-二硫键交换反应介导细胞内化而提高内化效率，已被证实是强有效的提高跨膜转运效率的典型模式。巯基-二硫键交换反应介导细胞内化的化学生物学基础包括：①细胞膜表面及外围分布着大量巯基蛋白，如蛋白质异构化酶（PDI）、硫氧还蛋白还原酶（Trx）、谷氧还蛋白还原酶（Grx）等，以及小分子硫醇（GSH、Cys 等）[75-76]，这些巯基蛋白易于和巯基响应性修饰的外源性生物活性分子发生介导反应从而提高跨膜转运效率；②生理条件下二硫键可与巯基发生交换反应，并在生理巯基浓度范围内有较快的交换速率，为细胞膜巯基参与高效的介导反应提供了可能性；③细胞内、外巯基含量差异巨大（胞外 2～20 μmol/L，胞内 1～10 mmol/L），不同的细胞器巯基含量也不相同[77]，这为胞外维持生物活性分子稳定，胞内释放生物活性分子甚至控制不同细胞器与生物活性分子的特异性作用提供了可能。正是基于上述特点，通过对外源性生物大分子进行巯基修饰并形成二硫键，利用细胞膜表面巯基介导来提高外源性生物大分子内化效率的转运体系研究已经引起广泛关注，并在 2012 年由 Gait[30]明确提出二硫键-细胞膜表面巯基介导提高生物活性分子进入细胞效率这一概念，致使相关研究成为生物活性分子细胞跨膜转运、高效分子探针设计和药物有效递送的至关重要的热点研究方向，多个课题组也在不断地尝试设计各种类型的基于二硫键跨膜的探针和药物递送体系[78]。

但到目前为止，基于二硫键修饰的生物活性分子与细胞膜表面巯基的巯基-二硫键交换反应的跨膜转运机制仍然不清，因而无法构建更加充分有效的跨膜转运体系。究其原因，主要在于巯基-二硫键交换反应本身，即巯基-二硫键交换反应是没有方向性的多级交换反应，构成二硫键的两个硫均能被硫醇负离子进攻还原从而形成新的二硫键，新形成的二硫键又可能被细胞表面其它的巯基进攻而形成新的二硫键，如此便形成复杂的多级平衡体系。而细胞膜表面不同形态巯基的存在，又使这一复杂的多级平衡体系的形成成为必然。简单来讲，基于二硫键修饰的生物活性分子与细胞膜表面巯基的巯基-二硫键交换反应的跨膜转运包含两个过程：首先，细胞膜表面巯基以硫醇负离子的形式进攻还原二硫键修饰的生物活性分子，最终通过新的二硫键的形成捕获生物活性分子；其次，通过细胞膜的内化作用将生物活性分子转运至膜内，并在细胞内物质的作用下释放出生物活性分子。由于细胞膜表面巯基的存在形态是多种多样的，被细胞膜表面巯基捕获的生物活性分子形态也是多种多样的，其随后通过内化作用跨膜的机制和效率也因此不可控，导致巯基介导的跨膜转运效率的提高和机制研究几乎不可能进行。基于此，选择合适的类二硫键交换反应体系，简化细胞膜表面巯基捕获生物活性分子形态的多样性，追求其单一性，进而抑制低效率的内化过程，优化高效率的内化过程，不仅可以有效提高生物活性分子的跨膜转运效率，也为相关的机制研究提供了可能。

3.3.2 实验试剂与仪器

3.3.2.1 主要试剂

本研究中所用主要原料试剂为6-甲氧基-1-萘满酮（AR），2,3,3-三甲基-3-氢吲哚（AR），溴乙烷（AR），2-巯基乙醇（AR），三氯氧磷（phosphorus oxychloride），4-二甲氨基吡啶（DMAP），购自梯希爱公司（上海）；合成所用溶剂及常见原料药品均购自于国药集团化学试剂有限公司；分析测试试剂选用分析纯（AR），合成及分析实验如未特别注释，均在室温下进行；*N,N*-二甲基甲酰胺（DMF）溶剂购自百灵威公司（上海）；实验中所用氨基酸采购自西格玛奥德里奇试剂有限公司，所用多肽 Tat（序列为 AC-GGCGGGRKKRRQRRR-OH）及 FAM-Tat（序列为 AC-GGCGGGRKKRRQRRR-OH）采购自 KE 生化公司（上海），纯度＞95%，修饰后经色谱纯化用于细胞实验。

3.3.2.2 实验仪器

Esquire 3000 plus 电喷雾离子阱质谱仪（布鲁克·道尔顿公司），Bruker Advance-500 型核磁仪（布鲁克·道尔顿公司），紫外-可见分光光度计（日立，Hitachi U-3900H），荧光光度计（日立，Hitachi F-7000H），GL-3250 型磁力搅拌器（厦门顺达设备有限公司），TECNAI F-30 透射电子显微镜（日立）。

3.3.3 研究思路及合成路线

3.3.3.1 研究思路

从分子层面探究细胞膜表面巯基介导的交换反应对揭示细胞膜在氧化还原应激机制中的作用以及发展生物活性物种跨膜递送体系的新策略均有极其重要的意义。但基于二硫键-细胞膜巯基介导提高内化转运效率的分子机制之所以至今仍知之甚少，主要的原因是二硫键-巯基交换反应（图 3-25）的“无方向性”（即二硫键两端的硫均可能被巯基进攻形成新的硫醚键）及复杂的多级反应平衡，这种复杂性使得构建探针难度大大增加，通过和二硫键化学性能极为相似但交换反应只发生在C端的-C-S-键代替-S-S-键来设计探针将会使得主反应进程简化从而更加容易监测。

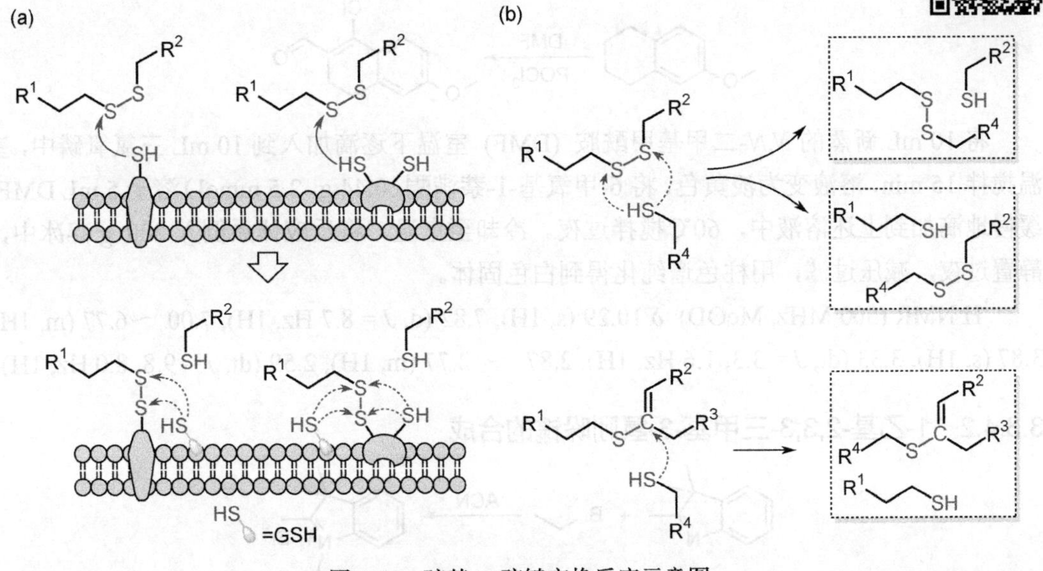

图 3-25　巯基-二硫键交换反应示意图

（a）外源性巯基与细胞膜表面巯基物种的交换反应（左：与单巯基蛋白反应；左：与双巯基蛋白反应），下：可能的交换反应路径及新的混合型二硫键形成；（b）巯基-二硫键双向反应形成两种混合型二硫键，巯基-烯硫醚键形成单一交换产物

在这样的思路下，首先以吲哚类的半花菁衍生物为基础，通过双键偶联上包含有巯基反应活性的烯硫醚动态共价键，先后研究了这种新型动态共价键的稳定性、巯基取代反应活性，通过激光共聚焦以及液-质联用技术从分子层面探究了细胞膜表面巯基在参与外源性巯基活性分子进入细胞过程中的分子机制。

3.3.3.2　合成路线

合成路线如图 3-26 所示。

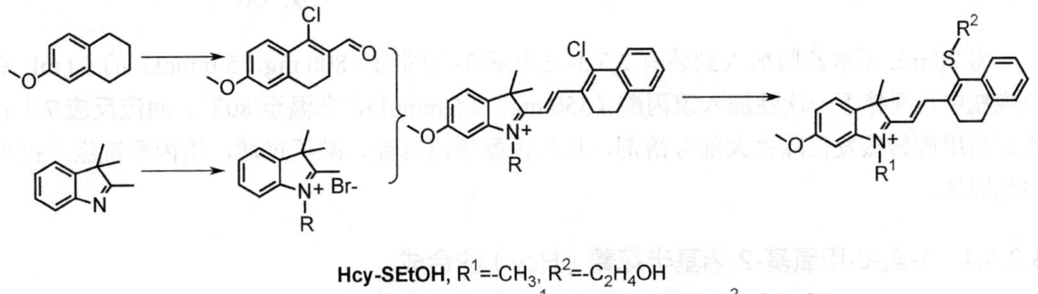

Hcy-SEtOH, R^1=-CH_3, R^2=-C_2H_4OH
COOH-Hcy-SEtOH, R^1=-CH_2CH_2COOH, R^2=-C_2H_4OH
Hcy-STat, R^1=-CH_3, R^2=AC-GCGGGRKKRRQRRR
Hcy-STat-F, R^1=-CH_3, R^2=FAM-GCGGGRKKRRQRRR
Hcy-F, R^1=-CH_3, R^2=FITC

图 3-26　合成路线示意图

3.3.4 探针合成

3.3.4.1 1-氯-6-甲氧基-3,4-二氢萘-2-甲醛的合成

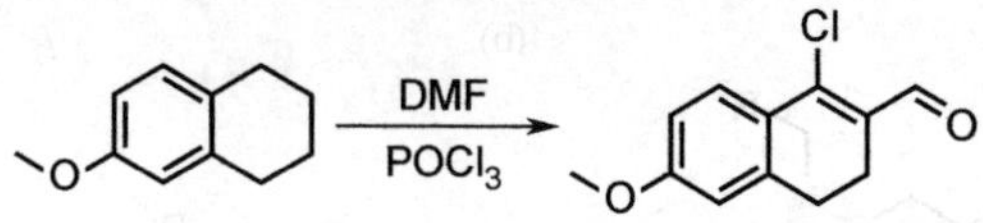

将 10 mL 新蒸的 *N,N*-二甲基甲酰胺（DMF）室温下逐滴加入到 10 mL 三氯氧磷中，室温搅拌 15 min，溶液变为淡黄色。将 6-甲氧基-1-萘满酮（0.44 g，2.5 mmol）溶于 5 mL DMF，缓慢地滴加到上述溶液中，60℃搅拌过夜。冷却至室温，将反应体系倒入 200 g 碎冰中，静置过夜，减压过滤，用柱色谱纯化得到白色固体。

^{1}H NMR (500 MHz, MeOD): δ 10.29 (s, 1H), 7.82 (d, J = 8.7 Hz, 1H), 7.00 ～6.77 (m, 1H), 3.87 (s, 1H), 3.33 (dt, J = 3.3, 1.6 Hz, 1H), 2.87 ～ 2.77 (m, 1H), 2.59 (dt, J = 9.8, 8.0 Hz, 1H)。

3.3.4.2 1-乙基-2,3,3-三甲基-3-氢吲哚鎓的合成

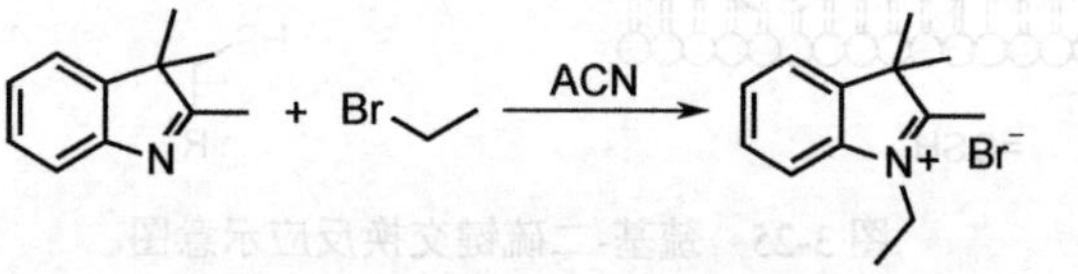

将 15 mL 无水乙腈加入到装有 2,3,3-三甲基-3-氢吲哚（800 mg，5 mmol）的 50 mL 单口烧瓶中，搅拌下一次性加入溴乙烷（270 μL，25 mmol），升温至 80℃，回流反应 5 h，冷却后用旋转蒸发仪除去大部分溶剂，加入丙酮析出沉淀，减压过滤，用丙酮洗涤，得到白色晶状固体。

3.3.4.3 1-羧丙基-2,3,3-三甲基-3-氢吲哚鎓的合成

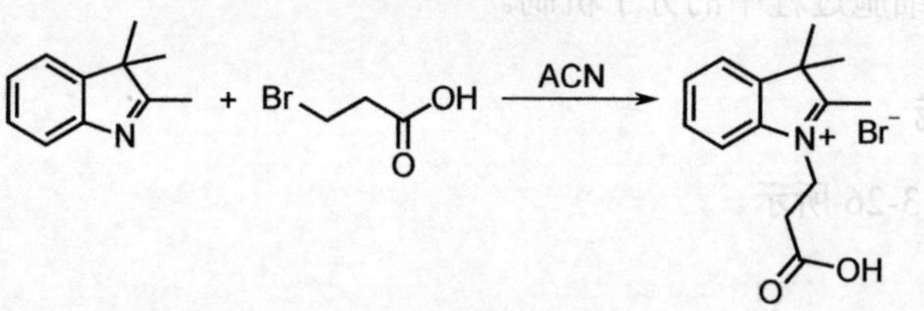

将 20 mL 无水乙腈加入到装有 2,3,3-三甲基-3-氢吲哚（800 mg，5 mmol）的 50 mL 单口烧瓶中，搅拌下一次性加入溴丙酸（350 mg，2.5 mmol），升温至 80℃，回流反应 7.5 h，冷却后用旋转蒸发仪除去大部分溶剂，加入丙酮析出沉淀，减压过滤，用丙酮洗涤，得到白色固体。

3.3.4.4 1-氯-6-甲氧基-2 烯基半花菁（Hcy）的合成

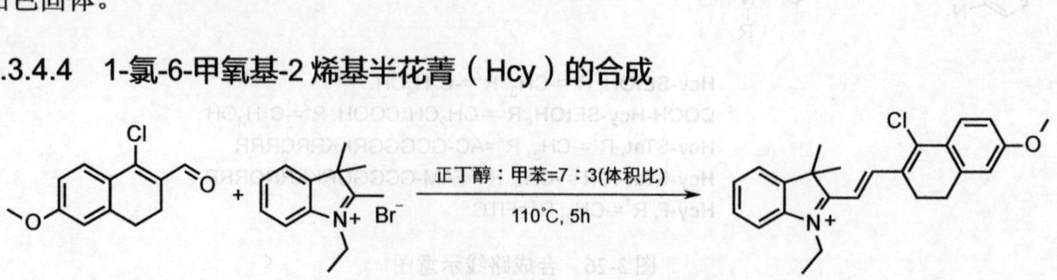

将 3.3.4.2 所得乙基吲哚衍生物（0.53 g，2 mmol）加入到装有 50 mL 正丁醇和甲苯混合溶剂（体积比为 7∶3）的双颈瓶中，加入 3.3.4.1 所得醛基化合物（0.44 g，2 mmol），用分水器分水，110℃回流反应 5 h，溶液颜色逐渐变为鲜红色，冷却至室温，减压蒸馏除去大部分溶剂，加入 70mL 乙醚后于冰箱静置 30 min，有紫红色固体产物 Hcy 析出。

将粗产物进一步用硅胶柱色谱纯化，以展开剂二氯甲烷和甲醇梯度洗脱（CH_3OH∶CH_2Cl_2 从 1∶20 到 1∶4）。

^{1}H NMR (500 MHz, CD_3OD): δ 8.75 (d, J= 15.8 Hz, 1H), 7.88 (d, J = 8.6 Hz, 1H), 7.85 (dt, J = 5.4 Hz, 3.1Hz, 1H), 7.84～7.79 (m, 1H), 7.70～7.63 (m, 2H), 7.15 (d, J =15.8 Hz, 1H), 6.97 (dt, J = 7.4 Hz, 2.4 Hz, 2H), 4.68 (q, J = 7.3 Hz, 2H), 3.92 (s, 3H), 3.11～2.91 (m, 4H), 1.86 (s, 6H), 1.60 (t, J =7.3 Hz, 3H)。ESI: calculated 392.18 $[M]^+$; found 391.7。

3.3.4.5 1-氯-6-甲氧基-2-烯基半花菁（COOH-Hcy）的合成

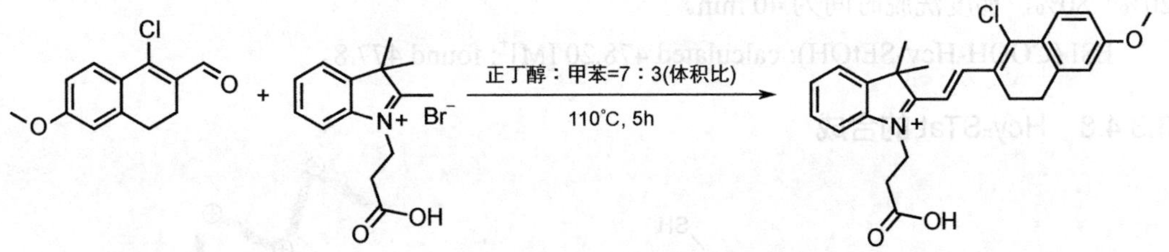

与 Hcy 的合成方法类似，将 3.3.4.3 所得羧丙基吲哚衍生物（0.72 g，2 mmol）和步骤 3.3.4.1 所得醛基化合物（0.44 g，2 mmol）加入到含 50 mL 正丁醇和甲苯混合溶剂（体积比为 7∶3）的双颈瓶中，用分水器分水，110℃回流反应 5 h，溶液颜色逐渐变为鲜红色，冷却至室温，减压蒸馏除去大部分溶剂，加入 70mL 乙醚后于冰箱静置 30 min，有紫红色固体产物 COOH-Hcy 析出。将粗产物进一步用硅胶柱色谱纯化，以展开剂二氯甲烷和甲醇梯度洗脱（CH_3OH∶CH_2Cl_2 从 1∶15 到 1∶3）。

^{1}H NMR (500 MHz, CD_3OD): δ 8.75 (d, J = 15.8 Hz, 1H), 7.86 (ddd, J = 9.7 Hz, 7.6 Hz, 6.3 Hz, 2H), 7.82～7.77 (m, 1H), 7.69～7.62 (m, 2H), 7.33 (t, J = 14.0 Hz, 1H), 7.00～6.93 (m, 2H), 4.90 (t, J = 6.6 Hz, 2H), 3.91 (d, J = 5.8 Hz, 3H), 3.04 (t, J =6.6 Hz, 4H), 2.96 (dd, J = 8.9 Hz, 6.0 Hz, 2H), 1.86 (s, 6H). ESI: calculated 436.17 $[M]^+$; found 435.8。

3.3.4.6 Hcy-SEtOH 的合成

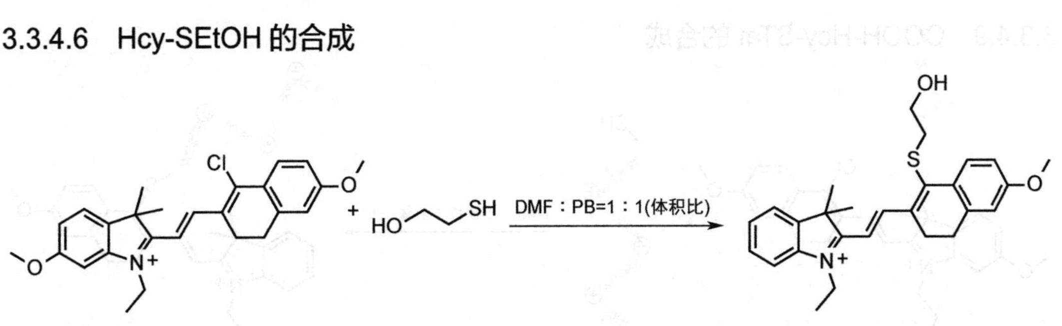

将 Hcy（39.1 mg，0.1 mmol）溶于 5 mL DMF/PB（10 mmol，pH=8.5，体积比=1∶1）混合溶剂中，环境温度下加入 2-巯基乙醇（73.2 μL，1 mmol），环境温度下搅拌 5 h，用半

制备型高效液相色谱纯化，流动相为乙腈和水，H_2O 的含量为 30%～80%，40 min。

ESI (Hcy-SEtOH): calculated 434.21 $[M]^+$; found 433.8。

3.3.4.7 COOH-Hcy-SEtOH 的合成

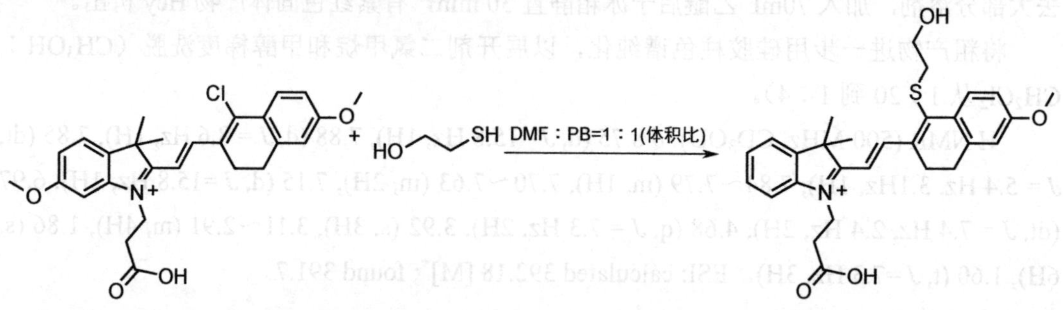

合成方法与 3.3.4.6 相似，原料为 COOH-Hcy（4.4 mg，10 μmol），分离纯化梯度为 H_2O%：20%～80%，梯度洗脱时间为 40 min。

ESI (COOH-Hcy-SEtOH): calculated 478.20 $[M]^+$; found 477.8。

3.3.4.8 Hcy-STat 的合成

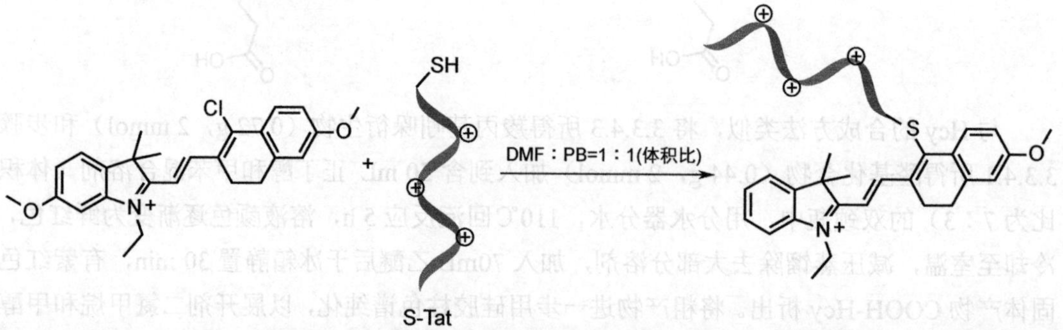

将 Hcy（3.9mg，10 μmol）溶于 100 μL DMF，将 500 μL 溶有 2 mg Tat（序列 AC-GCGGG RKKRRQRRR-OH）的 PBS（100 mmol/L，pH=7.4）溶液加入到上述体系中，37℃恒温摇床振荡反应 2 h，用半制备型高效液相色谱分离纯化，流动相梯度为 H_2O 的含量在 30%～80%，用冷冻干燥机干燥 40 min。

MALDITOF(Hcy-STat): calculated 2068.22 $[M]^+$; found 2066.30。

3.3.4.9 COOH-Hcy-STat 的合成

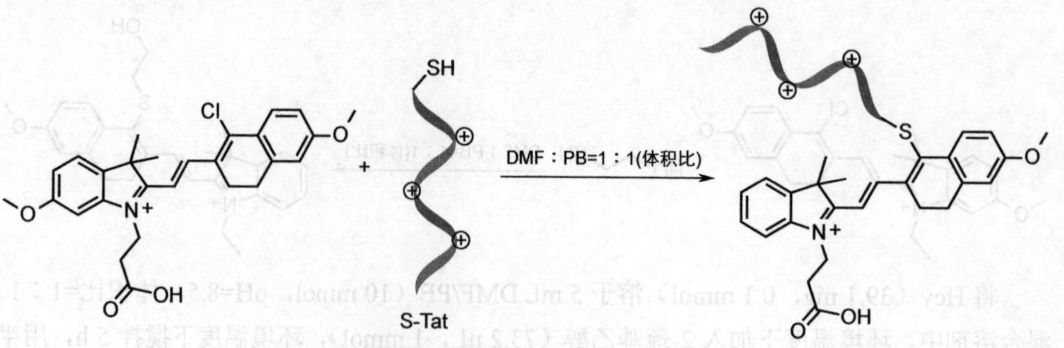

合成方法与 3.3.4.8 相似，原料为 COOH-Hcy（4.4 mg，10 μmol），色谱分离梯度为 H_2O 的含量为 95%～80%，梯度洗脱时间为 40 min。

MALDITOF (COOH-Hcy-STat): calculated COOH-Hcy-STat calculated 2112.21 $[M]^+$; found 2116.80。

3.3.4.10 Hcy-STat-F 的合成

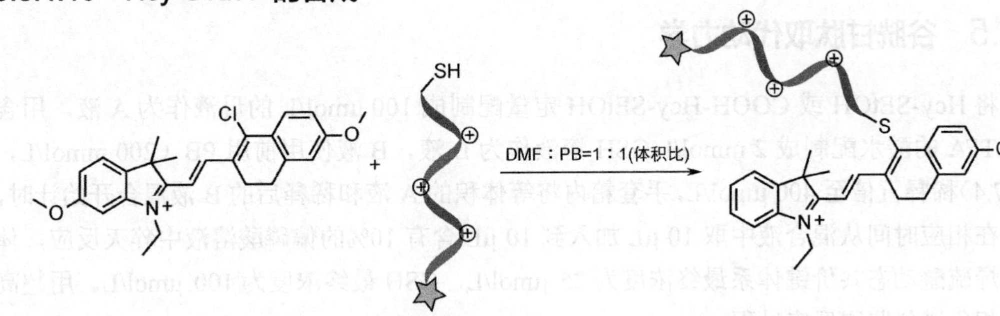

FAM-S-Tat

将 Hcy（3.9 mg，10 μmol）溶于 100 μL DMF，将 500 μL 溶有 2 mg 羧基荧光素偶联的穿透肽 FAM-Tat（序列 FAM-GCGGGRKKRRQRRR-OH）的 PBS（100 mmol/L，pH=7.4）溶液加入到上述体系中，37℃恒温摇床振荡反应 2 h，用半制备型高效液相色谱分离纯化，流动相梯度为 H_2O 的含量在 30%～80%，梯度洗脱时间为 40 min，用冷冻干燥机干燥。

MALDITOF(Hcy-STat-F): calculated 2068.22 $[M]^+$; found 2066.30。

3.3.4.11 FITC-S-S-FITC 的合成

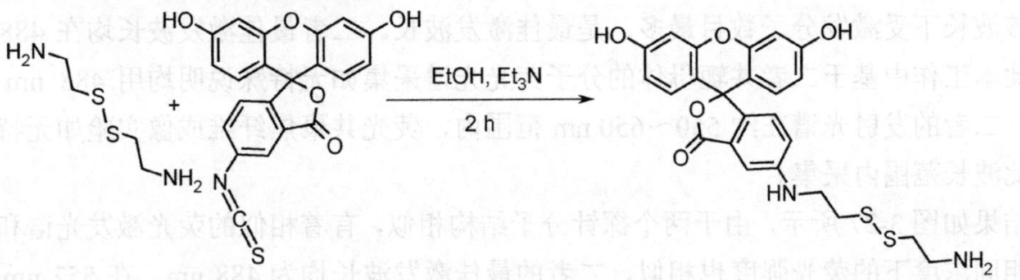

将异硫氰酸酯荧光素（0.0389 g, 0.1 mmol）溶于 2 mL 无水乙醇，依次加入三乙胺（0.4 mmol，40 mg）和胱胺二盐酸盐（0.0113 g, 0.05 mmol），室温反应 2 h，加入 15 mL 乙酸乙酯，于−20℃冰箱静置 1 h，析出固体离心分离，未纯化用于下一步合成。

3.3.4.12 Hcy-S-FITC 的合成

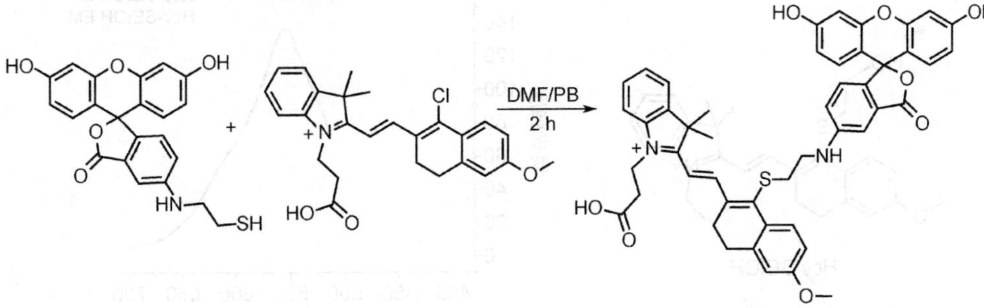

Hcy-S-FITC

将上述所得产物加入 TCEP（0.025g，0.1 mmol）还原巯基，20 min 后用制备型色谱纯化冻干，取 4.67 mg 还原态的 FITC-SH 溶于 2 mL DMF，另将 3.91 mg Hcy 及 2 mL PB（100 mmol/L，pH=7.4）加入混合体系，37℃恒温反应 2 h，用高效液相色谱纯化，流动相梯度为 H_2O 的含量在 75%～80%，40 min，冷冻干燥机干燥，得目标产物 Hcy-S-FITC。

MALDI-TOF (Hcy-S-FITC): calculated 822.27 $[M]^+$; found 821.53。

3.3.5 谷胱甘肽取代动力学

将 Hcy-SEtOH 或 COOH-Hcy-SEtOH 定量配制成 100 μmol/L 的母液作为 A 液，用含 0.1%TFA 的酸水配制成 2 mmol/L GSH 溶液作为 B 液，B 液使用前用 PB（200 mmol/L，pH=7.4）稀释五倍至 400 μmol/L，手套箱内将等体积的 A 液和稀释后的 B 液混合开始计时，分别在相应时间从混合液中取 10 μL 加入到 10 μL 含有 10%的偏磷酸溶液中猝灭反应，体系中烯硫醚动态共价键体系最终浓度为 25 μmol/L，GSH 最终浓度为 100 μmol/L。用超高效液相色谱仪监测反应过程。

3.3.6 结果与讨论

3.3.6.1 Hcy-SEtOH 基础光谱性能

首先考察了 Hcy-SEtOH 和 COOH-Hcy-SEtOH 的荧光激发光谱和发射光谱。如图 3-27 所示，二者由于共轭体系基本相同，因此荧光激发光谱和发射光谱均极为相似。激发光谱反映了在最佳发射波长下不同波长光激发基态分子发射荧光的情况，激发光谱最高点意味着在该波长下受激发分子数目最多，是最佳激发波长。二者最佳激发波长均在 488 nm 左右因此本工作中基于二者共轭母体的分子荧光光谱采集如无特殊说明均用 488 nm 激发光激发。二者的发射光谱在约 550～650 nm 范围内，荧光共聚焦纤维成像实验如无特殊说明均在此波长范围内采集。

结果如图 3-27 所示，由于两个探针分子结构相似，有着相似的荧光激发光谱和发射光谱，相同浓度下的荧光强度也相似，二者的最佳激发波长均为 488 nm，在 552 nm 处荧光强度达到最大值。近乎相同的光谱性能意味着，对于细胞实验，荧光共聚焦纤维成像所收集的荧光强度的差异是二者浓度差异导致的，成像结果可以用来分析相关探针在细胞内浓度的情况。

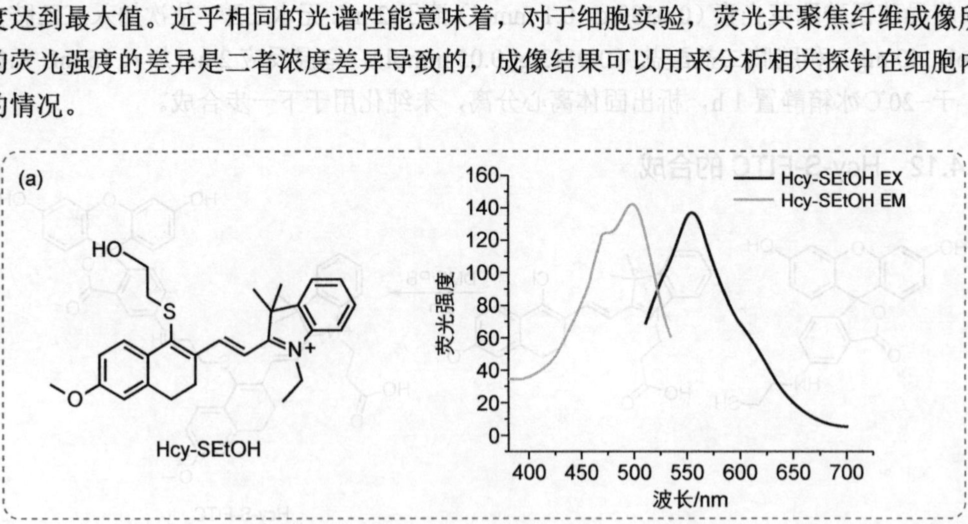

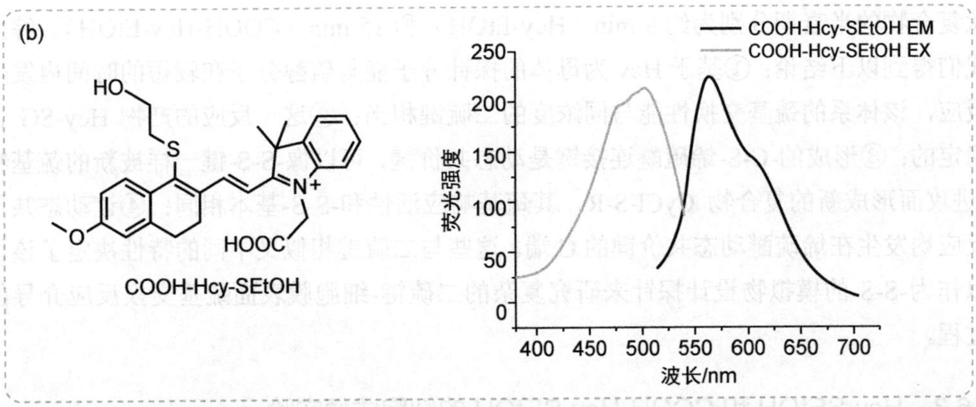

图 3-27 Hcy-SEtOH 及 COOH-Hcy-SEtOH 结构及荧光光谱

（a）Hcy-SEtOH 的结构及荧光激发（发射波长为 552 nm）和发射光谱（激发波长为 488 nm）；（b）COOH-Hcy-SEtOH 的结构及荧光激发（发射波长为 552 nm）和发射光谱（激发波长为 488 nm）

3.3.6.2 Hcy-SEtOH 稳定性及交换动力学研究

接下来，考察了烯硫醚动态共价键体系在磷酸缓冲溶液中的稳定性能及烯硫醚动态共价键与 GSH 的取代动力学。如图 3-28（a）所示，以 Hcy-SEtOH 为模板分子，首先通过超高效液相色谱仪（UPLC）监测了合成的 Hcy-SEtOH 分子的色谱流出曲线，然后体系中加入过量 GSH 反应后纯化得到谷胱甘肽取代产物 Hcy-SG，冷冻干燥后配成溶液稀释后重新用 UPLC 在相同时间程序下进行色谱分析，只得到一个 Hcy-SG 结合物的色谱峰，这意味着无论是 GSH 取代还是 EtSH 取代，其结合产物在水环境中均是能够稳定存在的。图 3-28（b）表明了在 PB（200 mmol/L，pH=7.4）缓冲溶液中，四倍过量的 GSH 对 Hcy 和 COOH-Hcy 的巯基乙醇取代物竞争性可逆动力学性质。结果显示，该烯硫醚动态共价键为竞争可逆的动态共价键，新的巯基物种 GSH 可以与 C 端的烯基发生 S_N2 的亲核取代反应生成新的 Hcy-SG 或 COOH-Hcy 复合物，在 EtSH 结合物浓度为 50 μmol/L，GSH 浓度为 200 μmol/L，反应溶剂为 PB（200 mmol/L，pH=7.4）缓冲溶液的情况下，GSH 取代 EtSH 形成新的谷胱

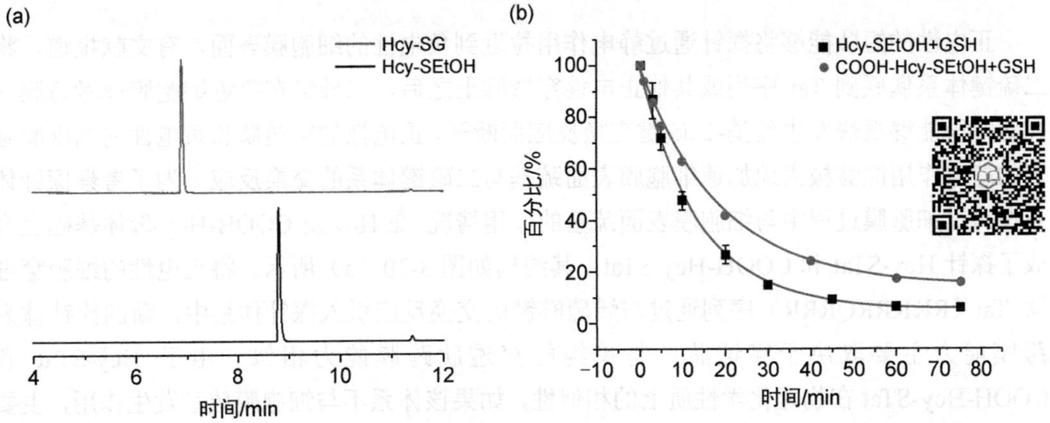

图 3-28 烯硫醚键稳定性及交换反应动力学

（a）Hcy-SEtOH 及与 GSH 反应后新形成的 Hcy-SG 的色谱图；（b）Hcy-SEtOH 和 COOH-Hcy-SEtOH（50 μmol/L）的 GSH（200 μmol/L）取代动力学（在 100 mmol/L，pH=7.4 的磷酸缓冲液中）曲线

甘肽复合物的半衰期分别为约 9 min（Hcy-EtOH）和 15 min（COOH-Hcy-EtOH）。综上实验我们得到以下结论：①基于 Hcy 为母体的探针分子能与硫醇分子在较短的时间内发生交换反应，该体系的巯基交换性能与同浓度的二硫键相当；②这一反应的产物 Hcy-SG 自身是稳定的；③形成的-C-S-烯硫醚连接键是动态共价键，可以像-S-S-键一样被新的巯基物种 RS^-进攻而形成新的复合物 CyCl-S-R，其巯基响应活性和-S-S-基本相同；④该动态共价交换反应均发生在烯硫醚动态共价键的 C 端。这些与二硫键相似又不同的特性决定了该体系可以作为-S-S-的模拟物设计探针来研究复杂的二硫键-细胞膜表面巯基交换反应介导的内化过程。

3.3.6.3 Hcy-SEtOH 和 COOH-Hcy-SEtOH 的细胞成像实验

接下来以 Hela 细胞为模型细胞考察了 Hcy-SEtOH 和 COOH-Hcy-SEtOH 的进细胞情况，这一实验的目的是更好地分析后续探针与细胞膜表面巯基的交换行为。分别将 10 μmol/L 的 Hcy-SEtOH 和 COOH-Hcy-SEtOH 与 HeLa 细胞在不含血清的培养基中共孵育 30min，通过荧光共聚焦显微成像系统进行成像分析，如图 3-29 所示，结果表明，相较于 Hcy-SetOH，羧基的引入使得二者的进细胞效率产生了巨大的差异，Hcy-SEtOH 有较好的膜通透性而羧基修饰后几乎没有跨膜能力。

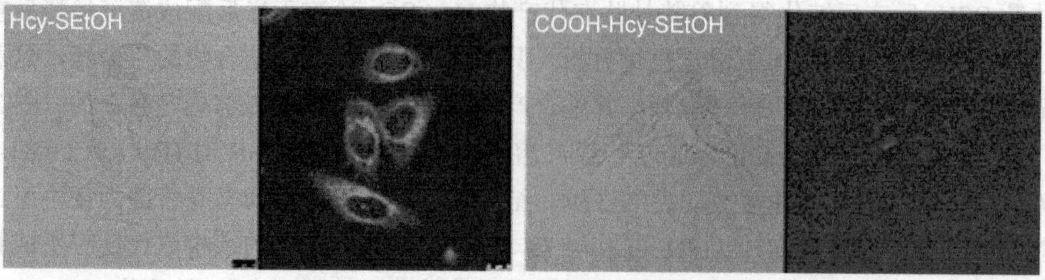

图 3-29 Hcy-SEtOH 和 COOH-Hcy-SEtOH 跨膜能力

3.3.6.4 Hcy-STat 和 COOH- Hcy-STat 的细胞成像实验

正电性的短肽能够将探针通过静电作用拉近到负电性的细胞膜表面，有文献报道，将二硫键体系偶联到 Tat 序列或其他正电性穿透肽上之后，二硫键在靠近细胞膜或者跨膜的初级阶段能够很快发生巯基-二硫键交换反应而断开，正电性的穿透肽和负电性的细胞膜强烈的静电作用能够极大地加速细胞膜表面巯基与二硫键体系的交换反应。为了考察探针体系在跨过细胞膜过程中与细胞膜表面巯基的作用情况，在 Hcy 及 COOH-Hcy 母体基础上合成了探针 Hcy-STat 和 COOH-Hcy-STat，其结构如图 3-30（a）所示。将正电性的细胞穿透肽 Tat（RKKRRQRRR）序列通过与烯硫醚键的交换反应引入探针体系中，新的探针体系跨膜能力主要取决于穿透肽，与单纯的穿透肽跨膜能力相似。由于 Hcy-STat 和 COOH-Hcy-STat 在物理化学性质上的相似性，如果该体系不与细胞膜巯基发生作用，主要靠穿透肽的跨膜能力将二者递送进细胞，则二者进入细胞的能力近乎相当，通过荧光共聚焦显微成像系统得到的细胞内荧光强度应近似相等。然而，如图 3-30（b）所示，以 HeLa 细胞为模型细胞，将 10 μmol/L 的探针体系与细胞共孵育研究荧光成像动力学，加入探针前将培养基换为PBS，结果表明随着时间的延长，Hcy-STat和COOH-Hcy-STat探针体系在细胞内的荧光表现出越来越明显的差异，30 min后逐渐达到平衡。二者进细胞的行为与Hcy-SEtOH和COOH-Hcy-SEtOH的进细胞情况极为相似，这让我们有了初步的推测，即穿透肽携带探针靠近细胞膜时与细胞膜表面巯基发生了交换反应，从而连接二者的烯硫醚动态共价键被打开，进而表现出了小分子固有的跨膜性质。

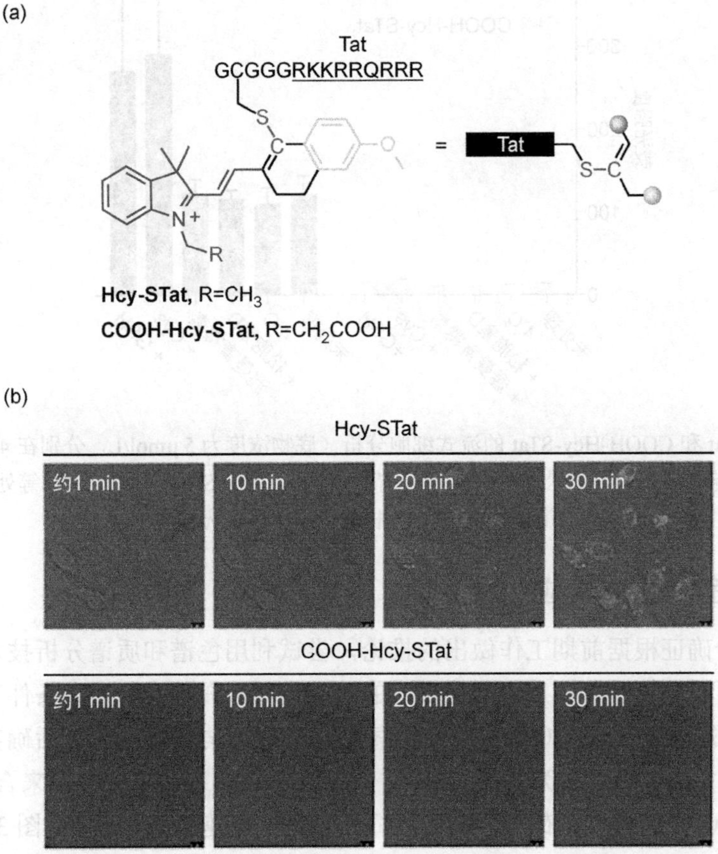

图3-30 Hcy-STat和COOH-Hcy-STat结构及其荧光共聚焦成像分析

（a）Hcy-STat和COOH-Hcy-STat的结构式及穿透肽序列；（b）Hcy-STat和COOH-Hcy-STat的荧光共聚焦成像（HeLa细胞，37℃孵育30 min）

3.3.6.5 Hcy-SEtOH和COOH-SEtOH的流式细胞分析

为了验证推论，接下来通过流式细胞技术对探针体系进入细胞的情况进行了分析。首先，众所周知，低温能够抑制细胞主动运输的过程，也就是说低温实验能够从一定程度上指证细胞内的探针是否通过内吞途径跨过细胞膜，结果（图3-31）显示，5 μmol/L的Hcy-STat和COOH-Hcy-STat在4℃的低温下以及37℃的条件下没有表现出明显的进细胞效率方面的差异。同时，内吞作用抑制剂松胞素D和胞饮作用抑制剂渥曼青霉素的加入相较于同样条件下不做处理的进细胞效率也没有差异，这也进一步证明二者不是通过内吞作用和大胞饮作用进入细胞的。而所选取的正电性的多肽序列并不具备通过扩散作用进入细胞的能力，这意味着在进入细胞前小分子探针与Tat穿透肽已经经过巯基交换反应分离。当往体系中加入小分子硫醇 GSH 和 Cys 时，Hcy-STat 进细胞效率有了明显提高，这基本上证实了在跨膜过程中首先经历了巯基交换反应。当正电性的穿透肽将探针体系拉近细胞膜表面后，细胞膜表面巯基与通过烯硫醚动态共价键桥连的 Tat 和小分子探针发生交换反应使其在靠近细胞膜时脱离了不能通过扩散而透膜的穿透肽，而最终通过扩散进入细胞。

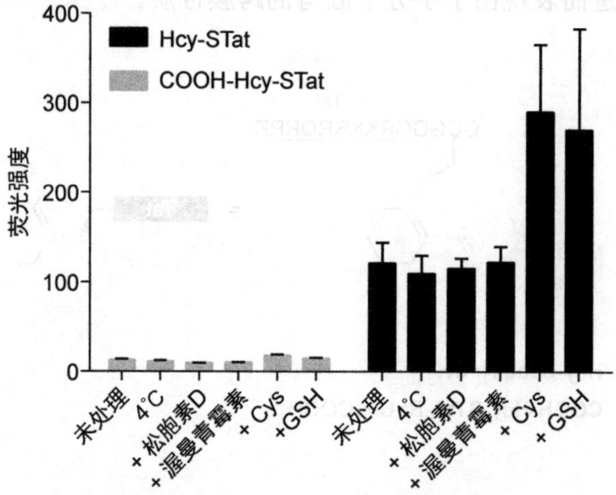

图 3-31 Hcy-STat 和 COOH-Hcy-STat 的流式细胞分析（底物浓度为 5 μmol/L，分别在 4℃及 37℃进行无细胞孵育处理，加松胞素 D 和渥曼青霉素，Cys 和 GSH 等小分子硫醇等处理条件下流式细胞技术分析单细胞平均荧光强度）

3.3.6.6 膜表面巯基交换反应物种分析

为了进一步确证根据前期工作做出的推论，尝试利用色谱和质谱分析技术设计实验捕捉在细胞膜表面与该探针体系发生交换反应的巯基物种。在相同的孵育条件下，通过培养液的 LC-MS 分析，如图 3-32（a）所示，观察到 Hcy-STat 与细胞共孵育后确实有与生物硫醇的交换产物，主要交换形式为其与 GSH 结合物 Hcy-SG，基于此，接下来合成出 Hcy-SG 与 COOH-Hcy-SG 并在相同的浓度及孵育条件下与 HeLa 细胞共孵育，通过图 3-32（b）所示

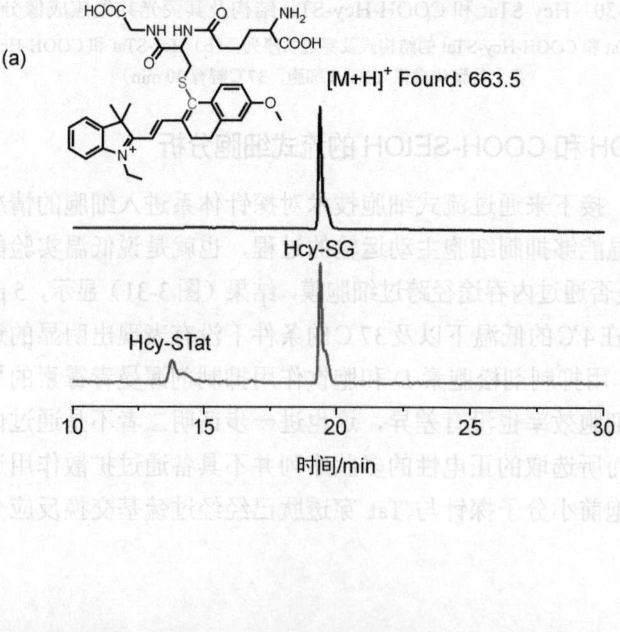

(b)

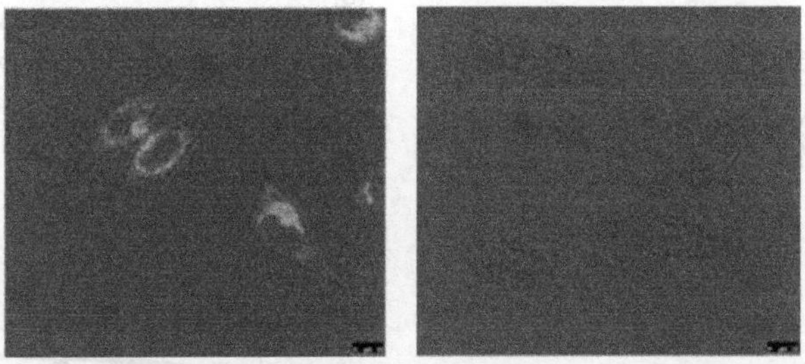

图 3-32 （a）Hcy-STat 孵育 HeLa 细胞培养液色谱分析（10 μmol/L 底物，黑线：Hcy-STat 在 PB 缓冲液中与过量 GSH 反应，红线：Hcy-STat 与 HeLa 细胞共孵育后的上清液）；（b）Hcy-STat 和 COOH-Hcy-STat 荧光共聚焦成像（10 μmol/L 底物，37℃共孵育 30 min）

的荧光共聚焦成像分析，结果与 Hcy-STat 和 COOH-Hcy-STat 成像结果相同。所有这些实验基本上确定一个事实，即当该烯硫醚共价键体系与细胞共孵育处理后，在跨膜过程中与细胞膜表面的小分子硫醇 GSH 发生快速的交换反应从而形成探针体系与 GSH 的复合物，也就是说小分子硫醇 GSH 广泛地参与到了外源性巯基活性物种在跨膜过程中的交换反应中来。

3.3.6.7 过膜机制探索

至此，本研究从分子层面揭示了外源性活性物质跨膜进入细胞过程中细胞膜表面 GSH 快速参与到了与烯硫醚动态共价键的交换反应，但是在细胞膜表面还是溶液中参与的以及什么时间参与进来的，是 GSH 直接与烯硫醚键探针体系反应还是和其它硫醇反应后 GSH 进一步发生二次交换？我们对此依然没有一个确定的答案。为了解答这个问题，首先又设计合成了一组新的基于荧光共振能量转移（FRET）猝灭型荧光探针。在 Hcy-STat 及 COOH-Hcy-STat 的基础上，在多肽的 N 端修饰荧光素（F）组成新的猝灭型探针体系 Hcy-STat-F 和 COOH-Hcy-STat-F,该探针体系由于荧光共振能量转移，荧光素的荧光被 Hcy 母体分子猝灭，当二者桥连的烯硫醚动态共价键被打开时，荧光可以得以恢复。同时作为控制实验另一组不含 Tat 的探针 Hcy-SF 和 COOH-Hcy-SF 也分别被设计合成出来，该组探针和含 Tat 探针一样，由烯硫醚动态共价键将 Hcy 母体和荧光素连接起来，相较于含有穿透肽的探针体系，该探针因较好的亲水性及荧光素染料带负电荷而较难靠近细胞膜。然后，对两组探针在细胞培养条件下的稳定性进行了考察，结果如图 3-33 所示，不含血清的培养基内，这两组探针在 6 h 之内均表现出了较好的稳定性，几乎没有荧光恢复，因此与细胞孵育之后产生的荧光信号均与细胞膜参与的交换反应有关。

接下来考察了四组通过烯硫醚动态共价键桥连的 FRET 体系在 GSH 缓冲液中的切断动力学，如图 3-34（a）所示，0.5 μmol/L 的 Hcy 衍生物在含有 100 μmol/L 谷胱甘肽的 PB（100 mmol/L，pH=7.4）缓冲液中荧光恢复动力学，该体系荧光的恢复是由于 GSH 将烯硫醚共价键连接的 FRET 体系打开，作为荧光团的荧光素和作为猝灭基团的 Hcy 母体分离后能量转移效率急剧下降，导致体系荧光恢复。因此，在 488 nm 激发光激发下，516 nm 处荧光素的荧光恢复速率指示了自由巯基与烯硫醚动态共价键的交换速率，结果表明，分子量更小的不含穿透肽的 Hcy-SF 和 COOH-Hcy-SF 由于空间位阻较小而具有更快的交换动力学。

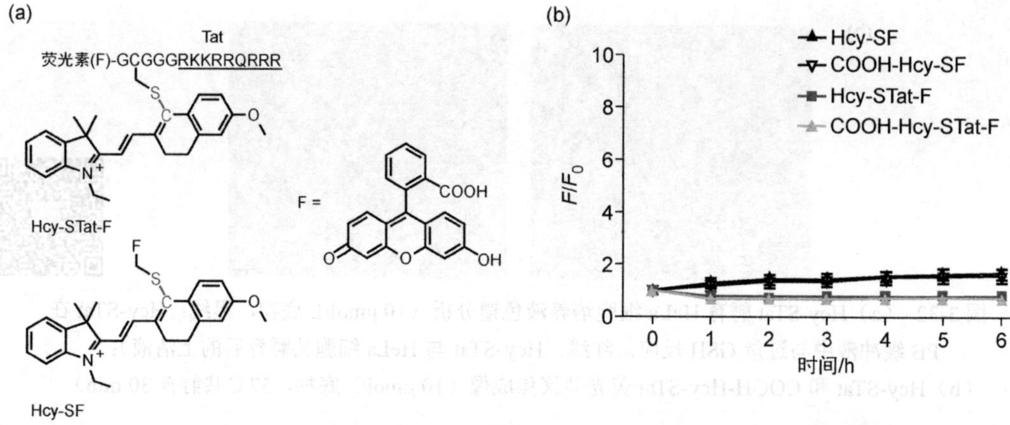

图 3-33 （a）Hcy-SF 和 Hcy-STat-F 结构式；（b）四种猝灭型探针在无血清介质中的稳定性

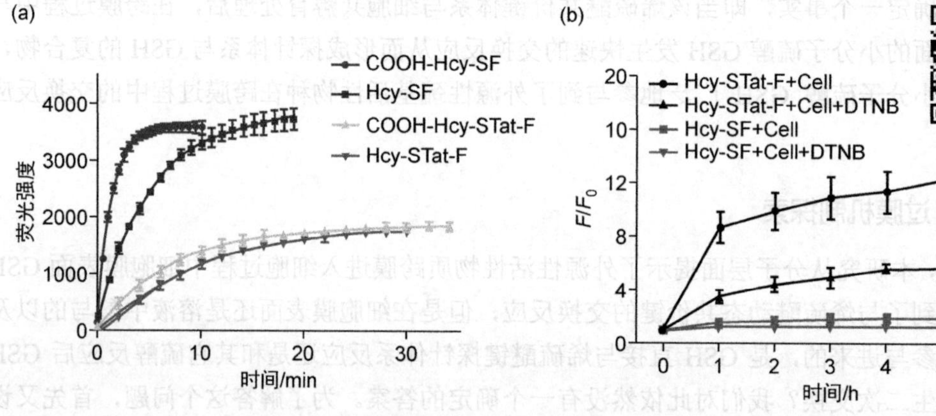

图 3-34 （a）Hcy 衍生物探针的荧光恢复动力学（底物浓度：0.5 μmol/L；谷胱甘肽浓度：100 μmol/L；介质：100 mmol/L，pH=7.4 的 PB 缓冲液；—●— 和 —■— 线的 F 代表 FITC，荧光激发波长 488nm，收集 516 nm 处荧光；—▼— 和 —▲— 的 F 代表 5-FAM，荧光激发波长 488nm，收集 525 nm 处荧光）；（b）Hcy-SF 和 Hcy-STat-F 及二者在 DTNB 屏蔽下与 HeLa 细胞共孵育荧光恢复动力学（底物浓度：0.1 μmol/L；DTNB 浓度：2 mmol/L）。

然而当 0.1 μmol/L 的探针猝灭体系 Hcy-STat 和 Hcy-SF 与 HeLa 细胞一起孵育时，发现原本有更快交换动力学的 Hcy-SF 反而荧光几乎没有恢复，Hcy-STat 在加入培养液与细胞共孵育后很快展现出了明显的荧光恢复，2 h 后达到平衡。二者相比最主要的区别在于 Hcy-STat 中正电荷的穿透肽能够将探针分子拉到细胞膜表面而 Hcy-SF 不能，这些荧光恢复数据表明，只有当探针到达细胞膜表面时才能与生物活性巯基发生交换反应。基于此，细胞膜外巯基蛋白上的巯基很可能是首先与烯硫醚键发生交换反应的巯基物种。

因此，为了验证推论，首先探针和 2 mmol/L 细胞膜巯基屏蔽试剂共孵育通过酶标仪监测细胞培养液中荧光恢复情况，结果如图 3-34（b）所示，培养液中的荧光强度有较为明显的减弱，这更进一步证明了巯基交换反应与细胞膜表面巯基蛋白的巯基直接相关。但是如图 3-35 所示，将细胞首先用 2 mmol/L DTNB 预孵育处理，然后洗细胞三次，加入 5 μmol/L 的探针分子，通过流式细胞技术监测细胞内探针的荧光强度，结果表明，DTNB 加入对细胞内探针分子的浓度没有太大的影响，这主要是因为进入细胞的分子主要是以 Hcy-SG 形式扩散进入细胞的，出现这一现象可能是因为细胞膜受到氧化应激刺激诱导胞内 GSH 溢出从而断裂硫醚键形成 Hcy-SG 复合物。这也进一步证明了 GSH 可能由于氧化还原应激参与到细胞膜表面巯基与巯基活性物质的交换反应中来。

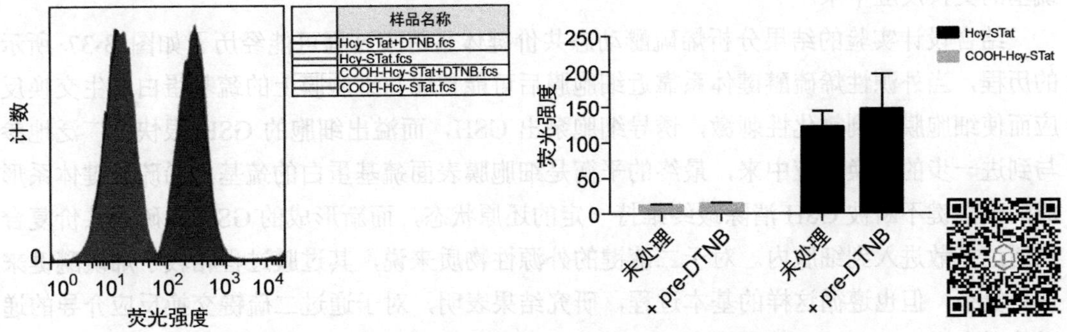

图 3-35　Hcy 衍生物探针的 DTNB 抑制试验（2 mmol/L 的 DTNB 预孵育 30 min 后用 5μmol/L Hcy-STat 或者 COOH-Hcy-STat 共孵育后用流式细胞技术分析荧光）

接下来，为了进一步印证交换反应发生在细胞膜表面，将 Hcy-STat 与 HeLa 细胞通过截留分子量为 1000 的半透膜进行物理性分离，由于 Hcy-STat 的分子量为 2066，所以无法通过分子量为 1 K 的半透膜，然而由细胞溢出的 GSH 分子能够通过半透膜，将 Hcy-STat 加入到半透膜上方的溶液中，结合色谱和质谱技术发现，当如图 3-36（a）中红线所示用半透

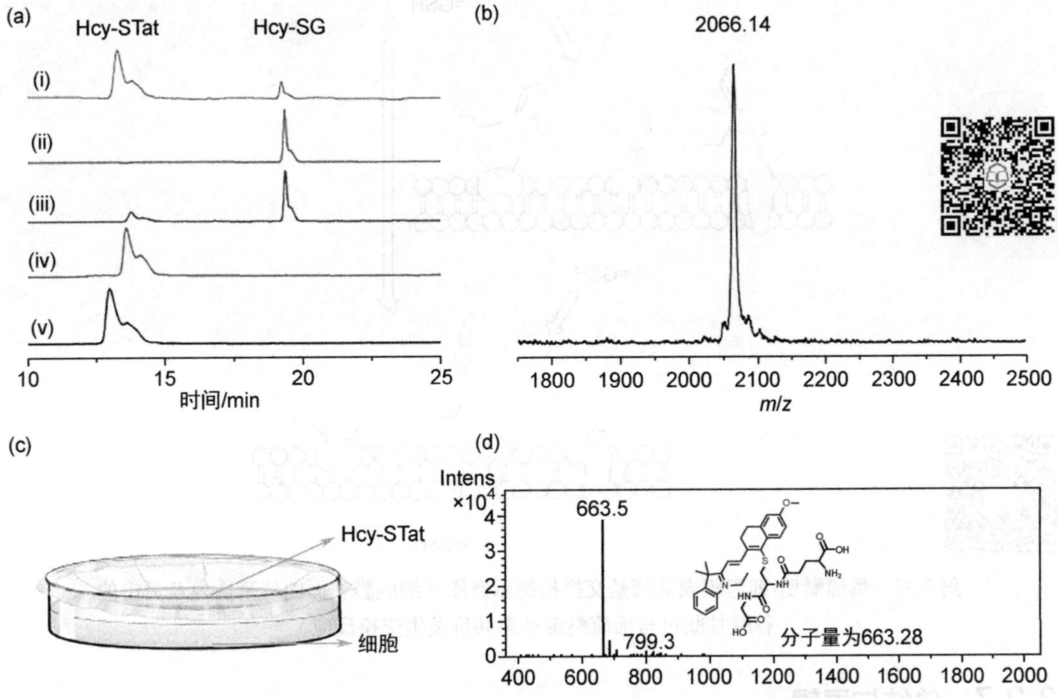

图 3-36　高效液相色谱及质谱技术表征 Hcy-SG 的形成

（a）色谱表征 Hcy-SG 的形成［（i）线：探针加入到细胞培养液后色谱分析；（ii）线：探针加入到含 1 mmol/L GSH 的 PBS 溶液后色谱分析；（iii）线：探针与细胞共孵育后色谱分析；（iv）线：将探针与细胞通过半透膜隔开后共孵育后色谱分析；（v）线：探针加入到 PBS 溶液后色谱分析］；（b）Hcy-STat 质谱表征；（c）半透膜隔离细胞实验示意图；（d）Hcy-SG 质谱表征

膜隔开细胞后几乎很难再观察到 Hcy-SG 的色谱峰。综合之前所有数据，可以发现，含有烯硫醚动态共价键的外源性物质与细胞膜外巯基的交换反应主要在细胞膜表面进行，相较于之前的研究，本工作最大的发现是细胞内溢出的 GSH 在很大程度上参与到了细胞膜表面巯基的交换反应中来。

结合设计实验的结果分析烯硫醚动态共价键体系跨膜过程可能经历了如图 3-37 所示的历程，当外源性烯硫醚键体系靠近细胞膜后可能首先与细胞膜上的巯基蛋白发生交换反应而使细胞膜受到氧化性刺激，诱导细胞泵出 GSH，而溢出细胞的 GSH 很快且广泛地参与到进一步的交换反应中来，最终的平衡是细胞膜表面巯基蛋白的巯基与烯硫醚键体系形成的硫醚键不断被 GSH 清除最终维持一定的还原状态，而新形成的 GSH 烯硫醚共价复合物通过扩散进入到细胞内。对于二硫键的外源性物质来说，其过膜过程相较于烯硫醚键来说更复杂，但也遵循这样的基本过程，研究结果表明，对于通过二硫键交换反应介导的递送体系来说，GSH 介入后的扩散也对递送过程有部分的贡献。

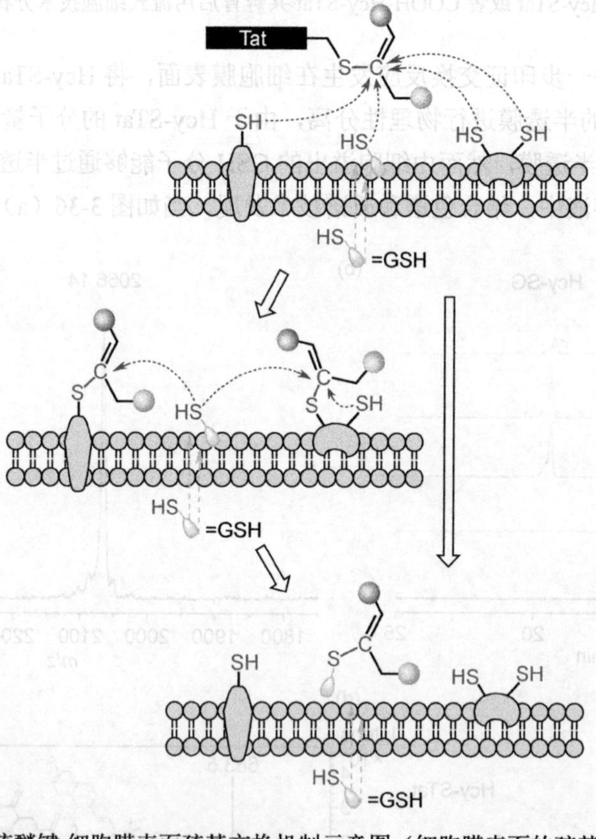

图 3-37　烯硫醚键-细胞膜表面巯基交换机制示意图（细胞膜表面的巯基蛋白及溢出的谷胱甘肽可与烯硫醚键动态共价发生交换反应）

3.3.7　总结与展望

总的来说，基于系统开发的烯硫醚动态共价体系，我们发展了与二硫键类似的同时具有反应方向性的烯硫醚动态共价键策略简化交换平衡，并合成一系列基于烯硫醚键的荧光探针探索了细胞膜表面巯基参与的外源性巯基活性分子跨过细胞膜过程的分子机制。通过实验可以得到以下结论：①烯硫醚键探针在跨膜过程中能够快速地与细胞膜表面巯基蛋白或者 GSH 发生交换反应，二硫键体系应该同样经历这一过程。②这一交换过程发生在细胞膜表面，GSH 也广泛地参与到交换反应过程中来。基于所构建的探针体系，通过二硫键类似物，揭示了复杂的细胞膜表面交换机制，启发我们在研究外源性二硫键体系及烯硫醚键体系时应充分考虑溢出的 GSH 与细胞膜表面巯基的相互影响，对更高效的二硫键及烯硫醚键递送体系的构建有一定的指导意义。对于研究 GSH 参与的细胞内外氧化还原平衡及多Ⅰ型药耐药蛋白相关的多药耐药机制同样有借鉴意义。

3.4 基于烯硫醚动态共价键探索细胞膜表面巯基受体介导增强跨膜运输机制

3.4.1 引言

3.4.1.1 细胞膜表面巯基化学生物学基础

细胞膜是维持细胞形态，控制细胞内外物质摄取和排出，保证细胞生命活动正常运行的天然屏障[79]。由磷脂双分子层构成基本骨架，蛋白质分子以不同的深度镶嵌、贯穿、覆盖在磷脂双分子层中或表面。其中很多膜表面蛋白初级结构中含有半胱氨酸残基，能够通过形成内部二硫键来折叠和稳定其三级结构。细胞膜表面巯基是抗细胞外氧化应激的重要功能基团，在不同细胞系中大量表达[80,81]。特别是在细胞外环境中遇到强氧化剂的分泌蛋白时，二硫键对蛋白质的稳定性有很大的贡献。成熟蛋白质中的二硫键可以通过巯基-二硫键交换、碱性水解或酸性水解裂解成巯基。

细胞的氧化还原状态处于动态平衡状态，不同细胞周期阶段和生物状态下其氧化还原状态也会发生改变。不同细胞器的氧化还原状态均不相同，细胞质以及质膜内外的氧化还原环境也存在巨大差异[82]。细胞膜外处于相对氧化的环境，但在细胞质中，还原性的谷胱甘肽（GSH）含量可以达到毫摩尔级别（1～10 mmol）。GSH 也被认为是调控细胞氧化还原状态最重要的还原性生物分子。转运的谷胱甘肽可以参与可能涉及细胞膜和细胞膜邻近区域的还原反应。因此在基于膜表面巯基的递送体系中，GSH 也极有可能参与到与巯基响应部件有关的反应而对递送效率产生影响。

此外，尽管细胞膜外环境具有相对氧化性质，但在各种蛋白质和细胞质膜上含巯基的酶中，氧化还原活性巯基的额外存在介导了细胞膜表面的二硫化物还原。细胞膜表面的氧化还原活性与质膜上氧化还原酶的水平密切相关。

在细胞中，巯基-二硫键交换就是由这一类名为巯基-二硫键氧化还原酶催化的。其中最具代表性的是蛋白质二硫键异构酶（PDI）[83]。PDI 可催化多种蛋白质、多肽、低分子量硫醇和二硫化物的巯基-二硫键交换反应。PDI 和其他氧化还原酶的活性依赖于一对半胱氨酸，它们通常排列在一个 Cys-X-X-Cys 中，该基序与较小的（10 kDa）氧化还原蛋白、硫氧还蛋白有相同的结构域。PDI 具有两个这样的硫氧还蛋白结构域（CGHC），它们是独立的且功能上不相等的，它们在二硫醇和二硫化物之间循环[31]。据报道，在病毒感染过程中，细胞膜表面巯基参与了一些病毒包膜与宿主细胞膜的膜融合增强，在肿瘤细胞侵袭过程中过表达。硫氧还蛋白家族被认为是调节这些过程的关键因素之一。而其他的一些含巯基膜蛋白，如整合素 αⅡbβ3、CD4 的受体蛋白等都有研究表明会对细胞的融合、黏附以及囊泡的分泌等功能都具有很大的影响。

细胞膜表面分布的这些巯基氨基酸以及蛋白质，都有一些证据证明与外源性物质的递送过程有着某种联系，但是具体参与的哪个过程，对递送效率有什么样的影响尚没有一种比较科学完善的说法。

3.4.1.2 细胞膜受体介导的药物递送体系

外源性生物活性分子（如分子药物及探针等）穿过细胞膜生物屏障进入细胞，并被细胞的靶点部位摄取，是进一步开展药物治疗、细胞成像和活性物监测的前提条件，因此，外源性生物活性分子的跨膜转运效率是制约分子药物和探针等绝大多数生物诊疗及传感分子发展的最主要因素。从提高跨膜转运效率的角度开展深入研究如设计分子药物和探针，不仅对药物或探针的设计和有效递送具有理论上的指导意义，而且在药物治疗、细胞成像和活性物监测等领域具有广阔的应用前景。

基于细胞膜表面巯基-二硫键交换反应介导的跨膜转运，由于其独一无二的化学生物学性能，目前已经成为该领域科学研究的热点。由于巯基广泛存在于细胞膜表面，因此，对外源性生物活性分子进行巯基修饰并形成二硫键，进而利用其与膜表面巯基的巯基-二硫键交换反应介导细胞内化而提高内化效率，已被证实是有效提高跨膜转运效率的典型模式，多个课题组也正在不断尝试设计各种类型的基于二硫键跨膜的探针和药物递送体系。

3.4.1.3 细胞膜表面巯基介导交换反应机制研究进展

从 1988 年发现在病毒感染过程中，细胞膜表面巯基参与了一些病毒包膜与宿主细胞膜的膜融合增强，在肿瘤细胞侵袭过程中过表达以来，人们越来越相信含有二硫键或巯基的多肽能与细胞膜表面的巯基发生交换反应，然后可能被困在膜中或被进一步内化[84]。不仅肽，而且其他合成生物分子，如寡核苷酸、纳米颗粒、聚合物、荧光染料或具有巯基活性部分的探针，都能表现出增强的细胞内化效率。然而，巯基介导的细胞摄取的确切机制尚不清楚。有一种假设是硫化生物分子可能与外表面巯基相互作用，然后通过标准的内吞途径通过质膜。还有另一种假设，即巯基介导的纳米颗粒摄取不依赖于如网格蛋白介导的内吞作用（CME）、小泡介导的内吞作用和大胞饮作用等经典的内吞作用。

同时巯基修饰的外源性生物分子与细胞膜表面的巯基发生作用的物种也尚不清楚，小分子巯基氨基酸与细胞膜表面的巯基蛋白，在跨膜的过程中究竟发生了什么样的反应，这一过程是否涉及了细胞膜表面巯基蛋白的氧化还原平衡，这些都是未知的信息。目前人们基于细胞膜表面巯基介导反应，已经设计出如各种环张力二硫化物[25]、CXC 基序[40]、聚二硫键[85,86]、马来酰亚胺[87]以及本书所涉及的烯硫醚动态共价键等各种修饰方式来提高外源性生物分子的跨膜效率。这些工作都是基于膜表面的巯基-二硫键交换反应来提高细胞递送效率的，这也激发了我们去探索膜表面具体的交换过程和机制的兴趣。到目前为止，基于二硫键修饰的生物活性分子与细胞膜表面巯基的巯基-二硫键交换反应的跨膜转运机制仍然不清，因而无法构建更加充分有效的跨膜转运体系。究其原因，主要在于巯基-二硫键交换反应本身，即巯基-二硫键交换反应是没有方向性的多级交换反应，构成二硫键的两个硫均能被硫醇负离子进攻还原从而形成新的二硫键，新形成的二硫键又可能被细胞膜表面其它的巯基进攻而形成新的二硫键，如此便形成复杂的多级平衡体系[88]。而细胞膜表面不同形态巯基的存在，又使这一复杂的多级平衡体系的形成成为必然。由于细胞膜表面巯基的存在形态是多种多样的，被细胞膜表面巯基捕获的生物活性分子形态也是多种多样的，其随后通过内化作用的跨膜机制和效率也因此不可控，导致巯基介导的跨膜转运效率和机制研究困难重重。简单讲，基于二硫键修饰的生物活性分子与细胞膜表面巯基的巯基-二硫键交换反应的跨膜转运包含两个主要过程：首先，细胞膜表面巯基通过硫醇负离子的形式进攻还原二硫键修饰的生物活性分子，最终通过新的二硫键的形成捕获生物活性分子；其次，通过细胞膜的内化作用将生物活性分子转运至膜内，并在细胞内物质的作用下释放出生物活性分子。由于细胞膜表面巯基的存在形态是多种多样的，基于二硫键交换反应被细胞膜表面巯基捕获的生物活性分子形态也是多种多样的，其随后通过内化作用的跨膜机制和效率也因此不可控，导致巯基介导的跨膜转运效率和机制研究困难重重。基于此，创新的研究思路是，选择合适的类二硫键交换反应体系，简化细胞膜表面巯基捕获生物活性分子形态的多样性，追求其单一性，进而抑制低效率的内化过程，优化高效率的内化过程，不仅可以有效提高生物活性分子的跨膜转运效率，也为相关的机制研究提供了可能。本课题组首次系统开发和研究了一类新型动态类二硫键共价键——烯硫醚动态共价键，基于这一动态共价体系，又发展了用二硫键类似的同时具有反应方向性的烯硫醚动态共价键策略简化交换平衡，并合成一系列基于烯硫醚键的荧光探针探索了细胞膜表面巯基参与的巯基活性外源性分子跨过细胞膜过程的分子机制。Gao 等通过功能性烯硫醚动态共价母体，利用该系列探针发现并证明了介导反应作用界面在细胞膜上且细胞溢出 GSH 广泛参与到内化过程中[89]。

Li 等也通过含不同巯基修饰的多肽构建的探针探索了细胞膜表面巯基介导跨膜内化的机制，发现了含有“CXC”motif 的探针具有最好的跨膜效率[40]，通过 PDI 抑制剂发现这一过程与膜表面 PDI 无关。但是由于细胞膜表面巯基交换反应是一个复杂的交换平衡网络，影响递送效率的最核心因素和关键过程仍不清楚，这也成为制约这一研究领域发展的瓶颈问题。

3.4.2 烯硫醚

3.4.2.1 研究思路

二硫键-细胞膜表面巯基介导内化的机制之所以至今仍知之甚少，主要的原因是二硫键-巯基交换反应是没有方向性的多级交换反应，最终形成复杂的多级平衡体系。而细胞膜表面不同形态巯基的存在，使这一复杂的多级平衡体系的形成成为必然，导致巯基介导的跨膜转运效率和机制研究几乎不可能成功。基于博士期间关于烯硫醚动态共价键的研究，利用巯基-烯硫醚交换反应的方向性，构建一系列基于烯硫醚动态共价键传感探针体系，与细胞膜表面巯基发生单一反应生成细胞膜表面捕获态的具有烯硫醚结构的跨膜主体分子，虽然该跨膜主体分子与细胞膜表面不同形态的巯基仍可进行单一的交换反应形成新的烯硫醚结构的跨膜分子，但反应可控且可监测，因此使相关的反应和跨膜机制研究成为可能。

合成双氰基取代芳基烯烃母体分子，通过羧基缩合反应偶联荧光团及穿膜肽，用柱色谱及高效液相色谱纯化母体分子并通过质谱（ESI-MS）和核磁共振谱进行结构表征。通过多肽合成仪合成多肽并利用生物偶联反应修饰相应的荧光团和猝灭剂，利用高效液相色谱和质谱技术（MALDI-TOF 和 ESI-MS）进行纯化和表征。

通过超高效液相色谱和荧光光谱技术考察所合成的探针体系的稳定性以及与不同浓度还原性巯基的取代反应动力学过程。首先通过超高效液相色谱监测并计算各类荧光探针体系与谷胱甘肽游离巯基发生单一亲核取代反应的速率常数以及中间反应的速率常数，监测中间体稳定时间，为细胞实验设计动力学梯度提供依据。其次，通过超高效液相色谱和荧光光谱技术实时监测含烯硫醚结构单元与游离巯基的交换反应的荧光恢复动力学，考察活性巯基分子存在下荧光共振能量转移体系的荧光恢复效率。最后，利用荧光光谱技术考察双探针体系的光谱变化，研究含烯硫醚结构单元与游离巯基的交换反应，为细胞实验中 C 端和 S 端荧光团的荧光收集通道的设置提供依据。

利用酶标仪、荧光共聚焦显微成像系统分别监测分析时间段内培养液及细胞膜上荧光信号基团的信息，这些信息能够反映出探针体系在靠近细胞膜的过程中所发生的巯基取代反应的时间、作用位点（细胞外、细胞膜或细胞质）。通过 LC-MS 技术分离分析不同时间段培养液中结合探针母体分子的巯基物种，进一步确认小分子生物硫醇（Cys、GSH 等）是否参与跨膜过程的取代反应，以及哪种生物硫醇分子在什么阶段参与了该反应。

烯硫醚键是一种新型的动态共价键，自身是不可逆的稳定共价键，但其与二硫键一样能和细胞膜表面的活性巯基发生类似的交换反应。但与二硫键不同，交换反应只发生在与巯基相连的 C 原子上，从而保证了对应交换反应的单一性和产物的唯一性。上述含烯硫醚结构的跨膜主体分子形成后，通过交换反应可形成新的含烯硫醚结构的跨膜主体分子。基于前期的研究，设想将复杂的巯基-二硫键交换反应用反应方向更为单一的巯基-烯硫醚键简化并捕获中间体，借助色谱和质谱技术表征探针结合物，以此来揭示外来巯基物种与细胞膜表面巯基反应机制。如图 3-38 所示，所设计探针的 X 取代烯烃结构单元与二硫键一样，能和细胞膜表面的活性巯基发生类似的交换反应并脱去 X 取代基，形成细胞膜表面巯基捕获态的含烯硫醚结构单元的生物活性跨膜主体分子。所不同的是，相较于活性巯基对二硫键两个硫各约 50%的进攻概率而言，细胞膜上的活性巯基通过硫醇负离子进攻该 X 取代烯烃结构单元时，取代反应只发生在与 X 取代基相连的 C 上，同时由于生物活性分子与 C 相连，细胞膜表面巯基捕获的具有烯硫醚结构单元的生物活性分子具有单一性，从机制上规避了巯基-二硫键交换反应的复杂的多级反应特性。虽然细胞膜表面其它形态的活性巯基仍然可以与含烯硫醚结构单元的生物活性分子发生交换反应，形成新的含烯硫醚结构单元的生物活性分子，但同样由于交换反应只发生在与生物活性分子相连的 C 上，反应的单一性和可控性极大地简化了最终的跨膜转运主体的种类。总体上，通过构建含 X 取代烯烃结构单元的跨膜及传感探针体系，该体系与细胞膜表面巯基反应的单一性有效限制了跨膜转运主体的种类；反应的可控和可监测特性从动力学角度保证了可捕获、表征上述过程中细胞膜表面捕获态的具有烯硫醚结构单元的生物活性分子，使相关的反应和跨膜机制研究成为可能。

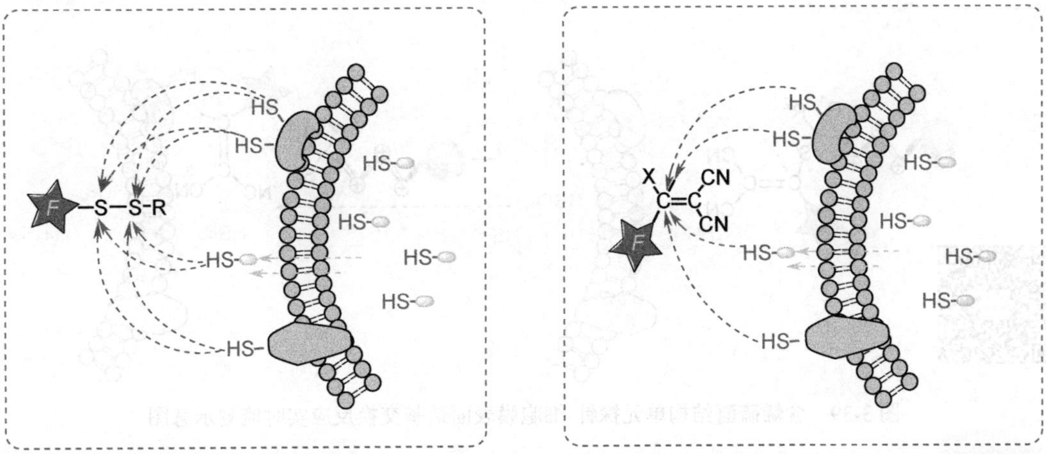

图 3-38　细胞膜表面基于二硫键和 X 取代烯烃结构的巯基交换反应特性

3.4.2.2　实验方案

（1）含烯硫醚结构单元交换反应的实时监测和表征

在烯硫醚结构单元基础上，在 C-S 键的 C 端和 S 端分别修饰疏水性 Bodipy 或亲水性的 OG 荧光团和引入荧光猝灭基团 Dabcyl 的巯基细胞穿透肽，偶氮类荧光猝灭基团 Dabcyl 通过 FRET 体系猝灭荧光体的荧光。其中，细胞膜穿膜肽分别通过半胱氨酸残基与双键相连，合成制备两种含不同亲疏水性质的烯硫醚结构单元的荧光猝灭/恢复型探针体系。通过核磁共振谱和质谱技术对合成的探针分子进行表征。

如图 3-39 所示构建的包含有烯硫醚响应部件的传感体系，基于荧光共振能量转移（FRET）的荧光猝灭/恢复体系，可指示新的含烯硫醚结构单元的跨膜主体的形成。细胞膜上的特定的活性巯基通过硫醇负离子进攻该烯硫醚结构单元时，取代反应只发生在与穿透肽相连的 C 上，生成单一的细胞膜表面含硫醚结构的中间体和含烯硫醚结构的跨膜主体，并通过核磁共振谱及质谱分析方法进行表征。

当细胞膜表面特定的活性巯基作用于上述含烯硫醚结构单元的荧光猝灭/恢复型探针体系时，通过交换反应捕获荧光探针分子，而引入荧光猝灭基团 Q 的巯基细胞穿透肽则被交换离去，从而破坏了基于 FRET 的荧光猝灭体系，荧光体得以释放出来，荧光发射得以恢复。同样，综合考虑细胞膜表面不同形态巯基可能发生的反应，其示例过程如图 3-40 所示。共孵育探针和细胞，当巯基取代反应发生时，FRET 体系荧光恢复。通过荧光共聚焦成像系统和酶标仪分别监测探针体系和控制体系（F 为疏水性荧光团，荧光猝灭基团 Q 直接与烯硫醚结构单元的巯基相连）的荧光变化情况，结合不同时间段培养液的激光共聚焦成像、荧光光谱和 LC-MS 技术对交换反应进行实时、原位监测并进一步探索细胞膜表面巯基介导反应的类型、动力学机制和进程。

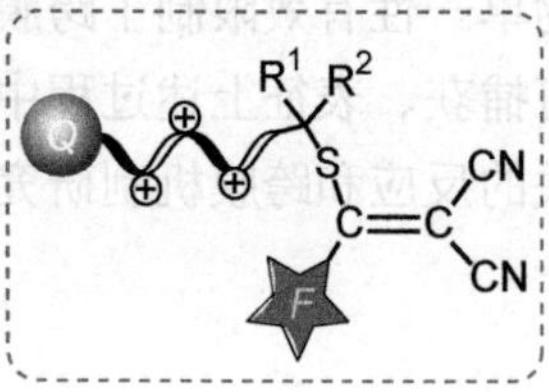

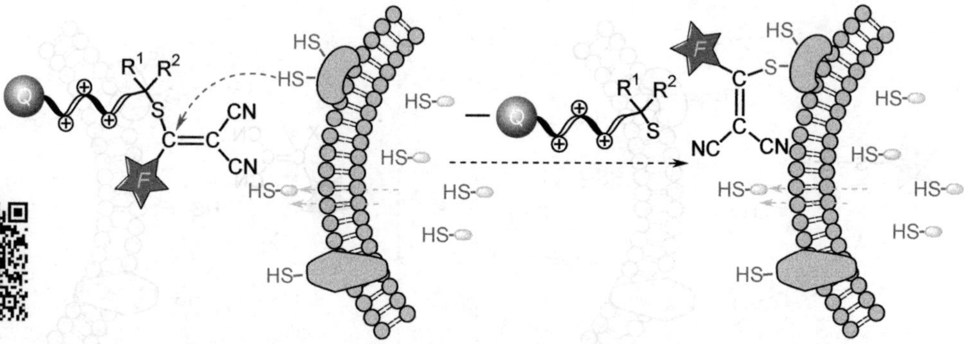

图 3-39　含烯硫醚结构单元探针-细胞膜表面巯基交换反应实时监测示意图

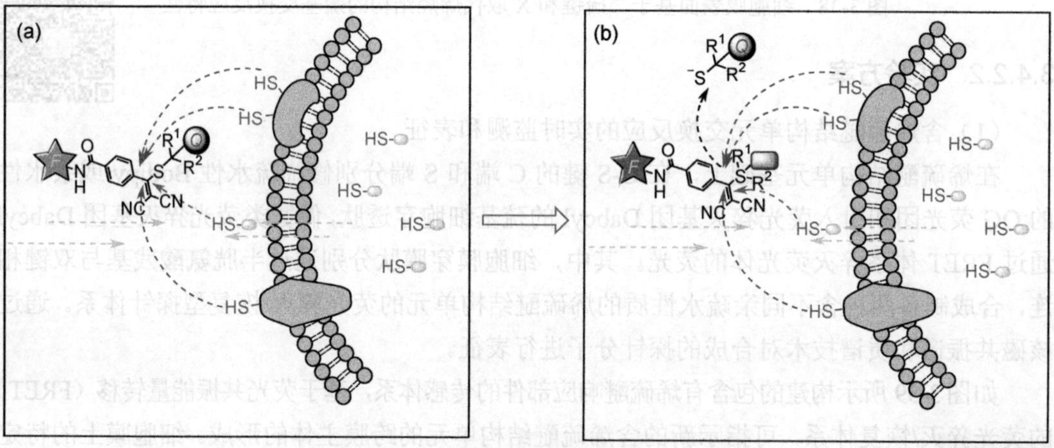

图 3-40　猝灭/恢复荧光探针动态响应示意图

（2）含烯硫醚结构单元交换反应的双探针实时监测和表征

进一步，将图 3-40（a）中的荧光猝灭基团 Q 换为另一荧光体，构建新的含烯硫醚结构单元的双探针实时监测和表征体系（图 3-41）。当该含双探针的烯硫醚结构单元与细胞膜表面巯基发生交换反应后，可以通过激光共聚焦成像系统对双荧光通道进行追踪监测，从而同时揭示新的烯硫醚及可能的二硫键的形成。

在双氰基取代的烯硫醚结构单元基础上，分别在 C-S 键的 C 端和 S 端修饰红光发射的 Rhodamine 和绿光发射的 FAM 两种荧光体分子，构建双荧光探针体系。其中 S 端通过 R^1 和 R^2 取代基调控巯基取代反应的动力学性质，利用荧光共聚焦成像技术和 LC-MS 技术对双荧光探针进行实时监测，结合不同时间段培养液的 LC-MS 分析，揭示不同时间段内 C 端和 S 端发生交换反应的类型和进程，进一步探索细胞膜表面巯基介导反应机制。

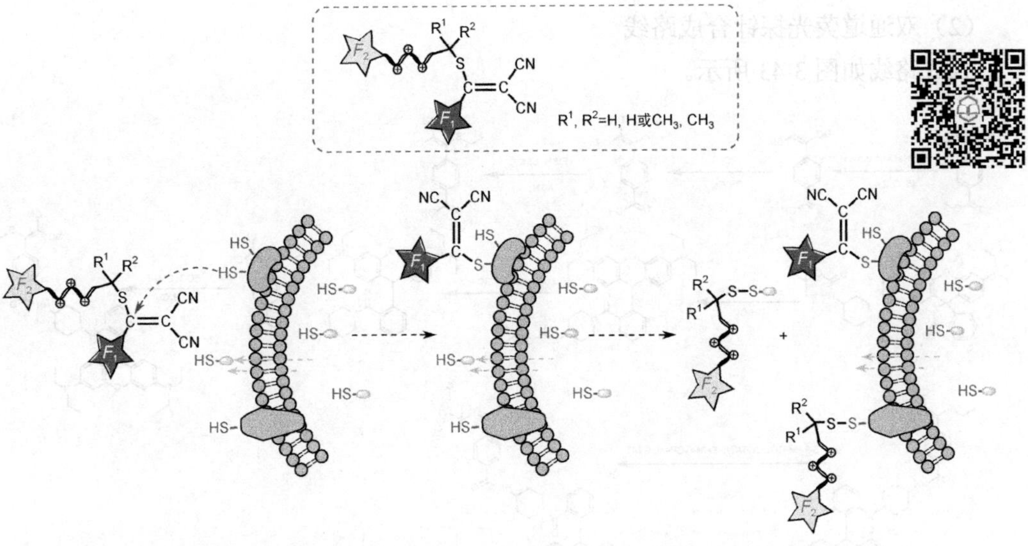

图 3-41 含烯硫醚结构单元探针-细胞膜表面巯基交换反应的双探针实时监测示意图

3.4.2.3 烯硫醚动态探针体系合成路线

（1）猝灭型荧光探针合成路线

合成路线如图 3-42 所示。

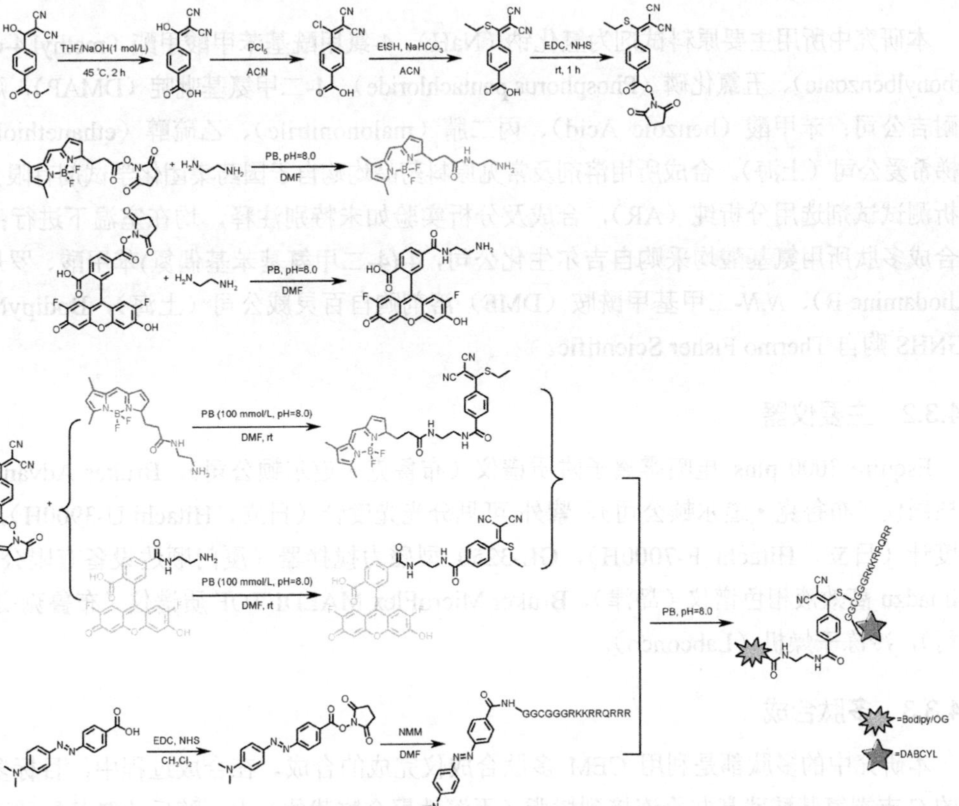

图 3-42 猝灭型荧光探针合成路线

（2）双通道荧光探针合成路线

合成路线如图 3-43 所示。

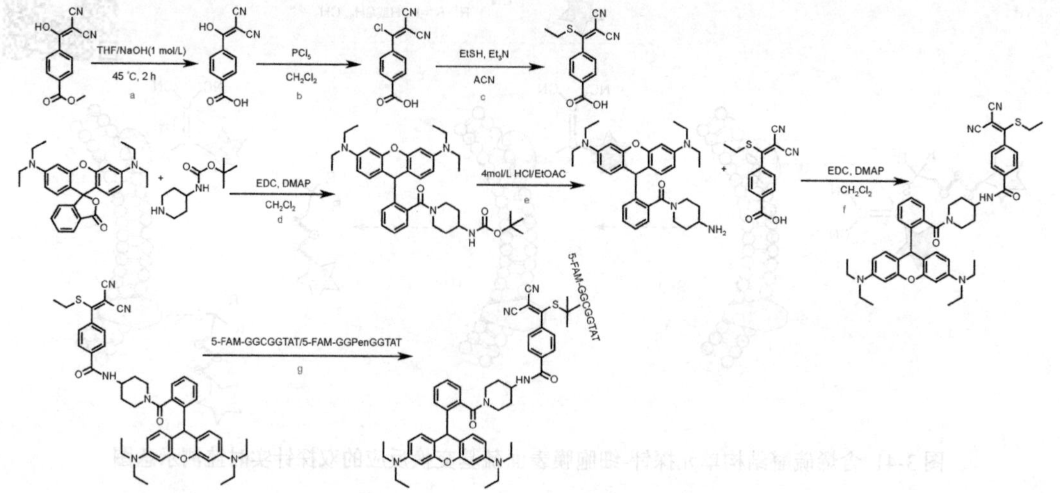

图 3-43　双通道荧光探针合成路线

3.4.3 烯硫醚动态探针体系合成

3.4.3.1 主要试剂

本研究中所用主要原料试剂为氢化钠（NaH）、4-氯甲酰基苯甲酸甲酯（methyl 4-chlorocarbonylbenzoate）、五氯化磷（Phosphorus pentachloride）、4-二甲氨基吡啶（DMAP），购自于安耐吉公司；苯甲酸（benzoic Acid）、丙二腈（malononitrile）、乙硫醇（ethanethiol），购自梯希爱公司（上海）。合成所用溶剂及常见原料药品均购自于国药集团化学试剂有限公司；分析测试试剂选用分析纯（AR），合成及分析实验如未特别注释，均在室温下进行；实验中合成多肽所用氨基酸均采购自吉尔生化公司，4-(4-二甲氨基苯基偶氮)苯甲酸、罗丹明 B（Rhodamine B）、*N*,*N*-二甲基甲酰胺（DMF）溶剂购自百灵威公司（上海），BodipyNHS、OGNHS 购自 Thermo Fisher Scientific。

3.4.3.2 主要仪器

Esquire 3000 plus 电喷雾离子阱质谱仪（布鲁克・道尔顿公司），Bruker Advance-500 型核磁仪（布鲁克・道尔顿公司），紫外-可见分光光度计（日立，Hitachi U-3900H），荧光光度计（日立，Hitachi F-7000H），GL-3250 型磁力搅拌器（厦门顺达设备有限公司），Shimadzu 高效液相色谱仪（岛津），Bruker MicroFlex MALDI-TOF 质谱仪（布鲁克·道尔顿公司），冷冻干燥机（Labconco）。

3.4.3.3 多肽合成

本研究中的多肽都是利用 CEM 多肽合成仪完成的合成。在合成过程中，目标多肽序列的 C 末端氨基酸残基共价连接到树脂（不溶性聚合物载体）上；随后的氨基酸残基中去除第一个残基的 N 端保护基团，通过过滤和洗涤纯化树脂结合的氨基酸，并引入下一个 N

端保护、C 端羧基活化形式的氨基酸；在形成新的肽键后，通过过滤和洗涤除去多余的活性氨基酸和可溶性副产物。这些步骤基本上以标准形式重复，直到树脂结合的目标受保护肽链组装完毕。在最后一步中，去除所有保护基团，并裂解与树脂连接的共价键以释放粗肽产品。通过 HPLC（高效液相色谱）进行多肽纯化，冻干定量进行后续的多肽反应。

所用溶液配制如下。

氨基酸的配制：将 N 端及侧链保护的 L-氨基酸溶于 DMF 配制成 0.2 mmol/L 的溶液，溶解时置于 37℃摇床半小时摇匀助溶，溶解较为困难的氨基酸如 Cys 等可以用涡旋手段助溶，注意不可超声以防氨基酸消旋。

偶联剂的配制：取 13.5 g HOBT 溶于 100 mL DMF 中配制成 1 mol/L 的溶液，取 14.2 g 固体 Oxyma 溶于 100 mL DMF 中配制成 1 mol/L 的溶液，取 7.8 mL DIC 溶于 92.2 mL 的 DMF 中配制成 500 mmol/L 的溶液。

脱保护剂的配制：将 20 mL 哌啶溶于 80 mL 的 DMF 中配制成 20 %哌啶溶液。

多肽切割液的配制：按顺序加入 87.5 mL TFA、5 mL MPS、2.5 mL H_2O、2.5 mL EDT、2.5 mL phenol，配制成 100 mL 标准切割液。

3.4.3.4 传感体系合成

（1）HO-CN_2COOMe 的合成

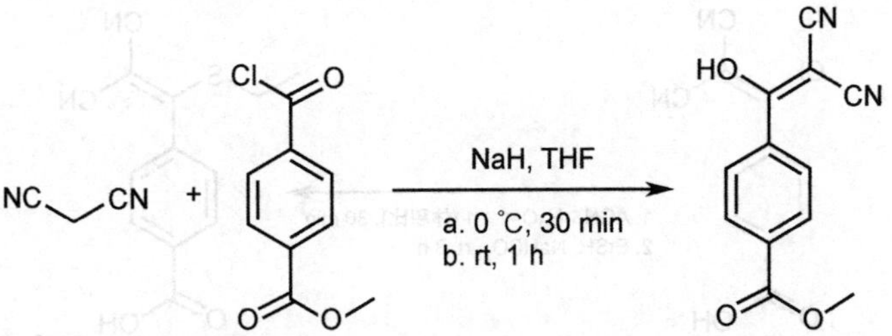

将 30 mL 无水四氢呋喃（THF）加入到有氢化钠（3.625 g, 150 mmol）的 150 mL 圆底烧瓶中，冰浴下将 50 mL 含丙二腈（5 g, 75.5 mmol）的无水四氢呋喃溶液缓慢滴加到反应体系中，超声 30 min，温度维持在 0℃以内。滴加结束后，缓慢滴加 20 mL 含对甲酸酯基苯甲酰氯（5.75 g，75.5 mmol）的四氢呋喃溶液，用液氮/乙醇浴维持温度在 0℃以下，滴加完毕后室温反应 1 h，旋蒸出大部分溶剂，冰浴下加入 50 mL 水，用 1 mol/L 盐酸溶液调节 pH 到 4～5，乙酸乙酯萃取三次，饱和氯化钠洗涤，无水硫酸钠干燥，旋蒸，得到纯净的白色固体，无需纯化直接用于下一步合成。

（2）HO-CN_2COOH 的合成

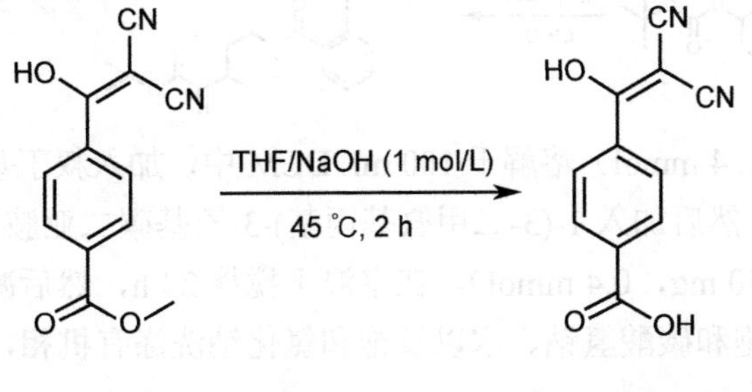

将上步所得产物溶于 50 mL THF/NaOH(1 mol/L)=1/1（体积比）的混合溶剂中，45℃水浴下反应 2 h，分液除去少量分层的四氢呋喃，旋蒸除去剩余溶剂中的四氢呋喃，加入 50 mL 水稀释，用乙酸乙酯洗涤除去未水解的 HO-CN_2COOMe，用 1 mol/L HCl 调节 pH 至 4～5，乙酸乙酯萃取三次，合并有机相，饱和氯化钠洗涤，无水硫酸钠干燥，旋蒸除去溶剂，真空干燥得到白色固体。反应式如下：

（3）Cl-CN_2COOH 的合成

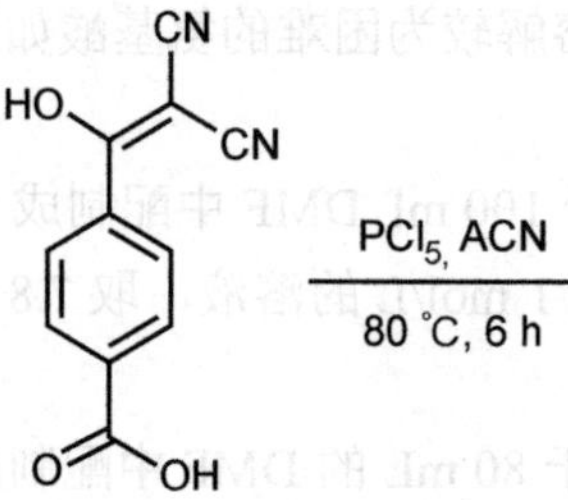

将 OH-CN_2COOH（535 mg, 2.5 mmol）溶于 30 mL 无水乙腈，体系中加入五氯化磷（1 g, 5 mmol)，超声混合均匀，氮气保护，80℃回流反应 6 h，反应完毕冷却至室温，旋蒸除去溶剂，残渣用乙酸乙酯溶解，分液漏斗中水洗三次，饱和氯化钠洗涤一次，无水硫酸钠干燥有机相，旋蒸除去溶剂，所得产物无需纯化投入下一步反应。

（4）EtS-CN_2COOH 的合成

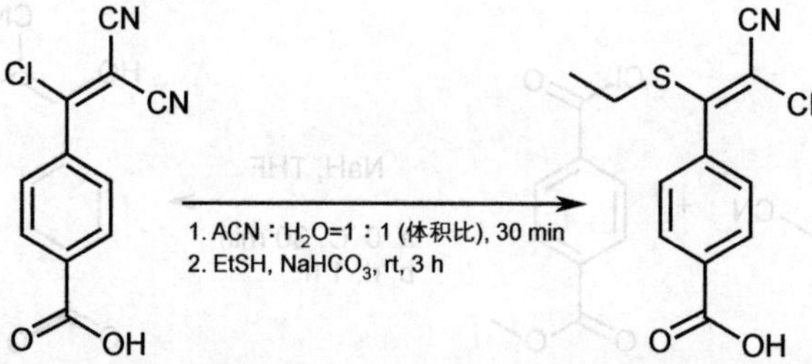

将上步所得 Cl-CN_2COOH 产物溶于 10 mL ACN∶H_2O=1∶1（体积比）混合溶剂中，室温反应 30 min，出现白色沉淀，依次加入乙硫醇（215 μL，3 mmol）及碳酸氢钠（0.65 g, 7.5 mmol)。室温下搅拌反应 3 h，用 1 mol/L HCl 调节 pH 值至 4～5，旋蒸除去溶剂，加入 40 mL 饱和食盐水，乙酸乙酯萃取三次，合并有机相，饱和氯化钠洗涤，有机相用无水硫酸钠干燥，得到白色固体。

（5）RB-NH_2 盐酸盐的合成

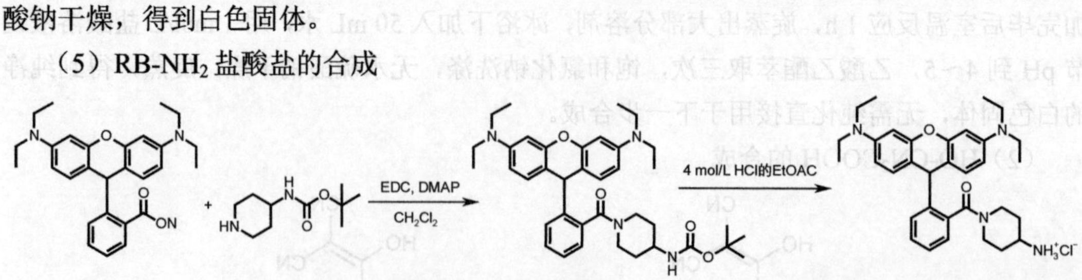

将罗丹明 B（2 g，4 mmol）溶解于 100 mL DCM 中，加入叔丁基哌啶-4-基氨基甲酸酯（960 mg，4.8 mmol)，然后加入 1-(3-二甲氨基丙基)-3-乙基碳二亚胺盐酸盐（1 g，5 mmol）和 4-二甲氨基吡啶（50 mg，0.4 mmol)，在室温下搅拌 24 h，然后减压浓缩，残留物用乙酸乙酯溶解，依次用饱和碳酸氢钠、水以及饱和氯化钠洗涤有机相，无水硫酸钠干燥，旋

蒸除去溶剂，真空干燥得到紫黑色 RB-NH_2（BOC）固体。将上述化合物加入 30 mL 的 4 mol/L HCl 的乙酸乙酯溶液中，室温搅拌 2 h，溶剂在减压下被除去。加入 10 mL 乙酸乙酯，浓缩后用共沸物去除 HCl。在真空条件下干燥，得到紫色粉末，直接使用。反应式如下：

（6）Bodipy-NH_2 的合成

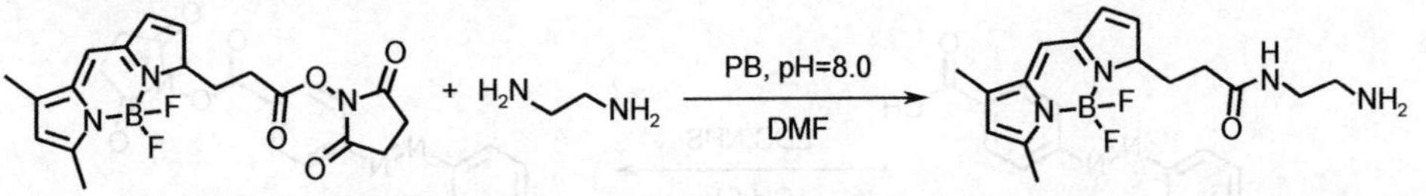

将 200 μL（10 mmol/L）溶于 DMSO 的 Bodipy-NHS（2 μmol）溶于 2 mL ACN/PB（200 mmol/L，pH=8.0，体积比为 1∶1）的混合溶剂中，体系中加入乙二胺（100 mol），室温反应 3 h，高效液相色谱纯化，冻干，得到红色 Bodipy-NH_2 固体。

（7）ADT-Bodipy 的合成

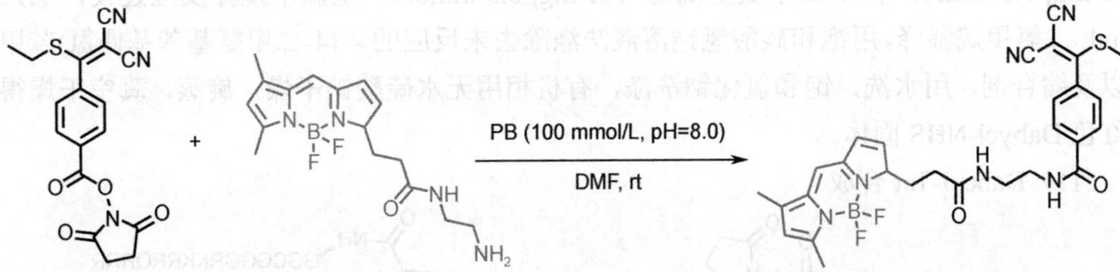

将上步所得 Bodipy-NH_2 溶于 1 mL DMF/PB（100 mmol/L，pH=8.0，体积比为 1∶2）的混合溶剂中，加入 ADT-NHS（1 mg，2.8 μmol），摇床振荡反应 2 h，高效液相色谱纯化，冷冻干燥机干燥，得到橘红色 ADT-Bodipy 固体。

（8）OG-NH_2 的合成

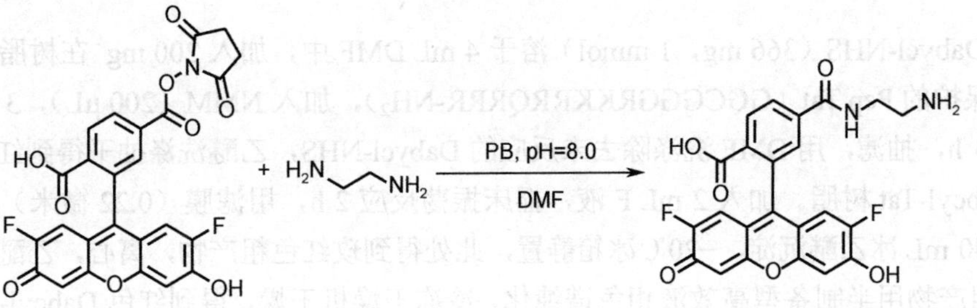

合成方法与 Bodipy-NH_2 类似，将 200 μL（10 mmol/L）溶于 DMSO 的 OG-NHS（2 μmol）溶于 2 mL ACN/PB（200 mmol/L，pH=8.0，体积比为 1∶1）的混合溶剂中，体系中加入乙二胺（100 mol），室温反应 3 h，高效液相色谱纯化，冻干，得到橘红色 OG-NH_2 固体。

（9）ADT-OG 的合成

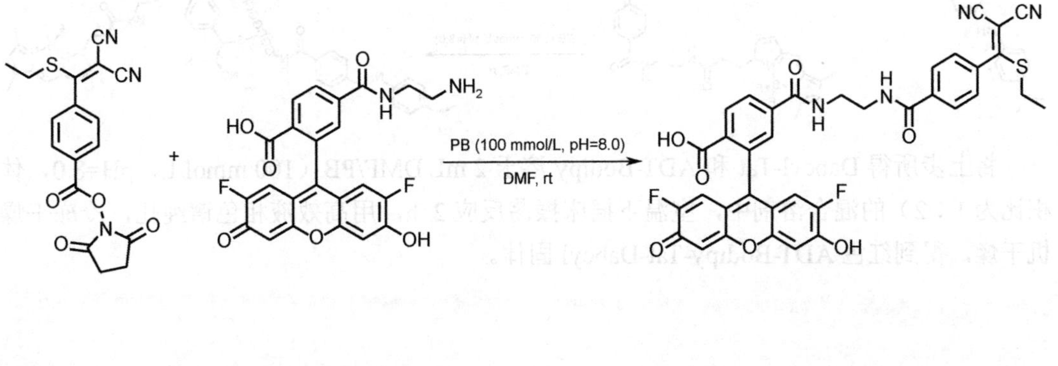

将上步所得 OG-NH_2 溶于 1 mL DMF/PB（100 mmol/L，pH=8.0，体积比为 1∶2）的混合溶剂中，加入 ADT-NHS（1mg，2.8 μmol），摇床振荡反应 2 h，高效液相色谱纯化，冷冻干燥机干燥，得到橘红色 ADT-OG 固体。

（10）Dabycl-NHS 的合成

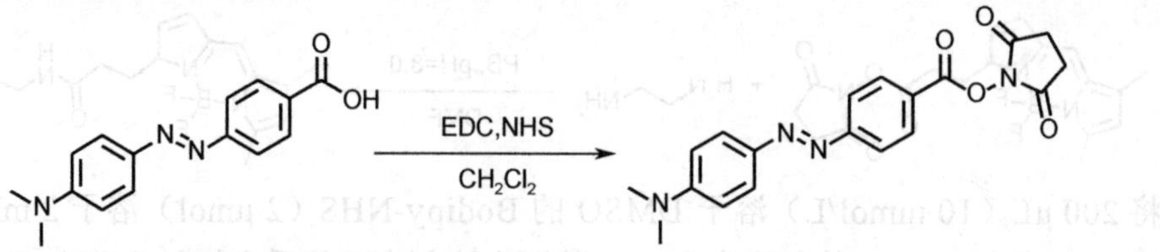

将 4-(4-二甲氨基苯基偶氮)苯甲酸（1.35 g，5 mmol）溶于 30 mL 二氯甲烷，然后依次加入 1-(3-二甲氨基丙基)-3-乙基碳二亚胺盐酸盐（1.15 g，6 mmol）、*N*-羟基琥珀酰亚胺（863 mg, 7.5 mmol）和 4-二甲氨基吡啶（61 mg, 0.5 mmol），室温下搅拌反应过夜，加入 20 mL 二氯甲烷稀释，用饱和碳酸氢钠溶液洗涤除去未反应的 4-(4-二甲氨基苯基偶氮)苯甲酸以及缩合剂，用水洗，饱和氯化钠洗涤，有机相用无水硫酸钠干燥，旋蒸，真空干燥得到红色 Dabycl-NHS 固体。

（11）Dabcyl-Tat 合成

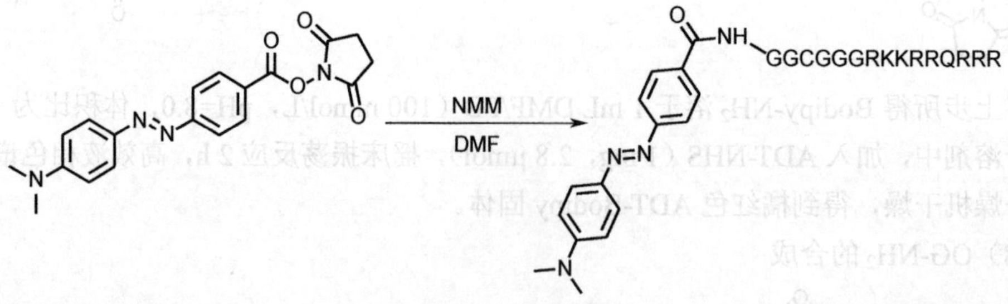

将 Dabycl-NHS（366 mg，1 mmol）溶于 4 mL DMF 中，加入 200 mg 在树脂上加载的氮端未保护的 Pep Tat（GGCGGGRKKRRQRRR-NH_2），加入 NMM（200 μL），3 D 摇床振荡反应 3 h，抽滤，用 DMF 洗涤除去未反应的 Dabycl-NHS，乙醚洗涤抽干得到红色固相加载的 Dabcyl-Tat 树脂。加入 2 mL F 液，摇床振荡反应 2 h，用滤膜（0.22 微米）超滤，切割液用 40 mL 冰乙醚沉淀，−20℃冰箱静置，此处得到玫红色粗产物，离心，乙醚洗涤沉淀三次，粗产物用半制备型高效液相色谱纯化，冷冻干燥机干燥，得到红色 Dabcyl-Tat 固体。反应式如下：

（12）ADT-Bodipy-Tat-Dabcyl 合成

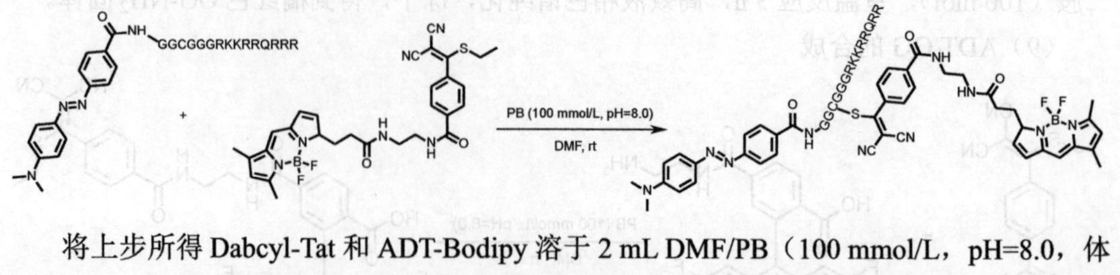

将上步所得 Dabcyl-Tat 和 ADT-Bodipy 溶于 2 mL DMF/PB（100 mmol/L，pH=8.0，体积比为 1∶2）的混合溶剂中，室温下摇床振荡反应 2 h，用高效液相色谱纯化，冷冻干燥机干燥，得到红色 ADT-Bodipy-Tat-Dabcyl 固体。

（13）ADT-OG-Tat-Dabcyl 合成

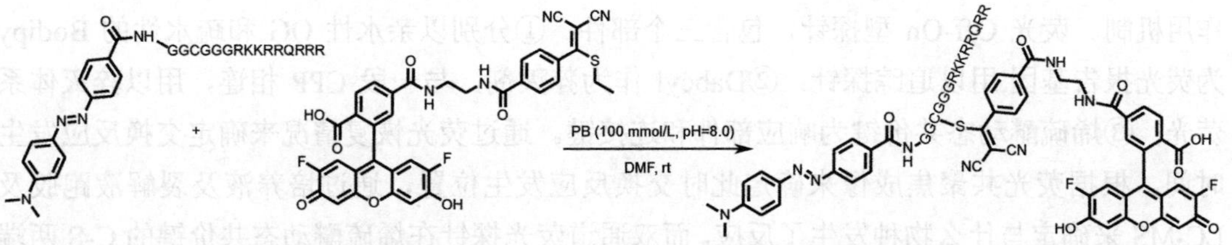

将 Dabcyl-Tat 和 ADT-OG 溶于 2 mL DMF/PB（100 mmol/L，pH=8.0，体积比为 1∶2）的混合溶剂中，室温下摇床振荡反应 2 h，用高效液相色谱纯化，冷冻干燥机干燥，得到红色 ADT-OG-Tat-Dabcyl 固体。

（14）ADT-RB 合成

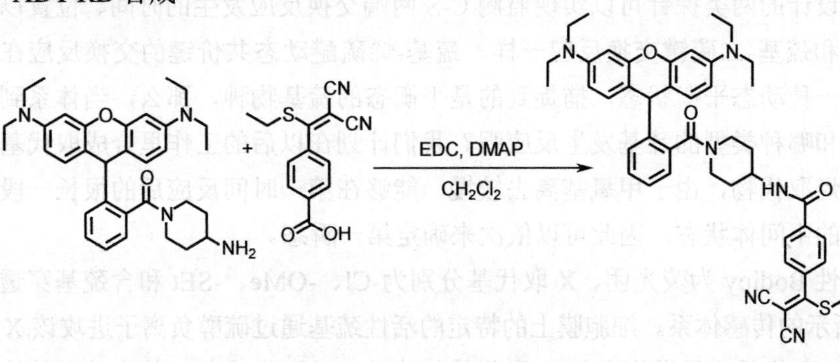

将 RB-NH$_2$（263 mg，0.5 mmol）、EtS-CN$_2$COOH（160 mg，0.6 mmol）和 4-二甲氨基吡啶（6 mg，0.05 mmol）溶于 50 mL CH$_2$Cl$_2$，室温下反应过夜，用饱和碳酸氢钠溶液洗涤除去过量的 EtS-CN$_2$COOH 以及缩合剂，水洗，饱和氯化钠洗涤，有机相用无水硫酸钠干燥，旋蒸，真空干燥得到紫红色 ADT-RB 固体。

（15）ADT-RB-Tat-FAM 的合成

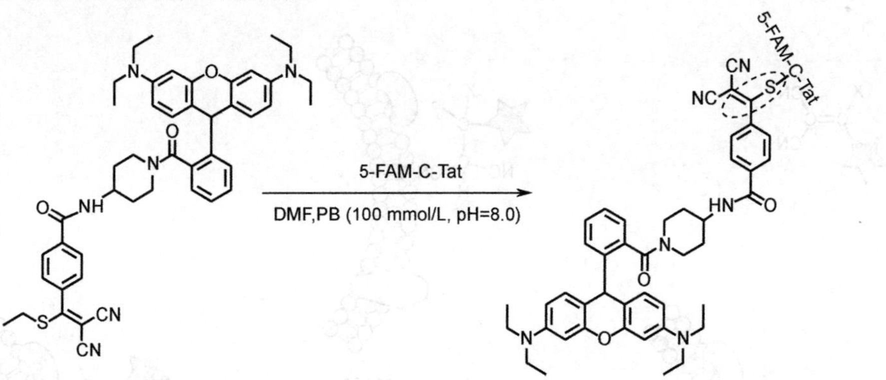

将 ADT-RB 和 5-FAM-C-Tat 溶于 2 mL DMF/PB（100 mmol/L，pH=8.0，体积比为 1∶2）的混合溶剂中，室温下摇床振荡反应 2 h, 高效液相色谱纯化，冷冻干燥机干燥，得到紫红色 ADT-RB-TAT-FAM 固体。

3.4.4 总结与展望

本研究工作基于烯硫醚动态共价键合成了荧光 Off-On 型探针和双通道两种类型的探

针来研究细胞膜表面巯基受体在含巯基响应部件的外源性物质跨膜运输时与膜表面巯基的作用机制。荧光 Off-On 型探针，包含三个部件：①分别以亲水性 OG 和疏水性的 Bodipy 为荧光报告基团,用以追踪探针；②Dabcyl 作为猝灭剂，与一段 CPP 相连，用以猝灭体系荧光；③烯硫醚动态共价键为响应部件和连接键。通过荧光恢复情况来确定交换反应发生时间，根据荧光共聚焦成像来确定此时交换反应发生位置，通过培养液及裂解液跑胶及 LC-MS 来确定与什么物种发生了反应。而双通道荧光探针在烯硫醚动态共价键的 C-S 两端分别修饰发射绿光的 FAM 和发射红光的罗丹明，在烯硫醚键与膜表面巯基发生交换反应断裂之前，由于 FRET，整体呈现罗丹明的红光，当反应发生时，可以分别通过红光通道和绿光通道来同时监测 C-S 两端的跨膜情况。

通过所设计的两类探针可以实现监测 C-S 两端交换反应发生的时间、位置以及物种的信息，但是和巯基-二硫键交换反应一样，巯基-烯硫醚动态共价键的交换反应在细胞膜表面上也处于一种动态平衡状态，捕捉到的是平衡态的巯基物种，那么，当体系到达细胞膜表面时首先和哪种类型的巯基发生反应呢？我们计划在以后的工作里合成取代基为甲氧基的二氰基烯烃取代物，由于甲氧基离去较慢，能够在第一时间反应后的很长一段时间里维持巯基惰性的中间体状态，因此可以依次来确定第一瞬态。

以疏水性 Bodipy 为荧光团、X 取代基分别为-Cl、-OMe、-SEt 和含巯基穿透肽等构建如图 3-44 所示的传感体系。细胞膜上的特定的活性巯基通过硫醇负离子进攻该 X 取代烯烃结构单元时，取代反应只发生在与 X 取代基相连的 C 上，生成单一的含硫醚结构的细胞膜表面捕获态荧光传感中间体分子；该中间体分子由于 X 取代基的不同，脱去 X 取代基进一步形成含烯硫醚结构的细胞膜表面捕获态荧光传感分子的速率有显著差异，由此可设计不同 X 取代体系，分别捕获含硫醚结构的中间体和含烯硫醚结构的跨膜主体，并通过核磁共振谱及质谱分析方法进行表征。

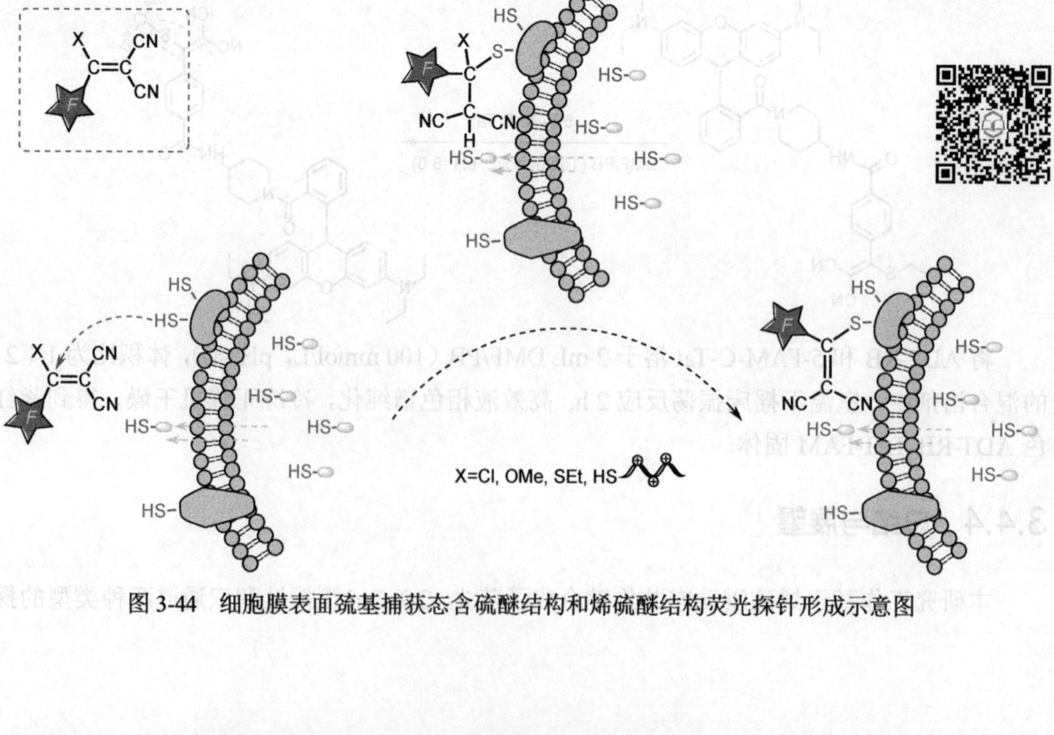

图 3-44　细胞膜表面巯基捕获态含硫醚结构和烯硫醚结构荧光探针形成示意图

前期研究表明，X 取代基分别为-Cl、-OMe、-SEt 和含巯基穿透肽等时，其与细胞膜表面巯基发生取代反应后，X 取代烯烃结构单元脱去 X 取代基形成烯硫醚结构单元的速率存在显著差别。当 X 取代基为-OMe 时，其脱去形成烯硫醚结构单元的速率远远小于 X 取代基为-Cl、-SEt 和含巯基穿透肽等时的脱去速率，后者的速率是前者速率的近 1000 倍。基于此，构建不同的取代体系，可以分别捕获含硫醚结构的中间体和含烯硫醚结构跨膜主体，开展相关机制研究。在甲氧基离去之前，探针与细胞膜附近的巯基物种通过不可逆共价键形成稳定的四面体中间态，这一中间态能稳定存在且不与其它巯基发生进一步的交换反应。拟通过激光共聚焦成像、分子荧光光谱和液-质联用技术（LC-MS），监测和分析含硫醚结构单元的中间体及其分布，并确定与其发生反应的细胞膜表面的巯基形态和种类。当甲氧基离去之后，形成含烯硫醚结构的跨膜主体，拟继续监测培养液及细胞膜表面的物种及荧光变化，实际上可捕获并监测含烯硫醚结构跨膜主体的形成以及可能通过交换反应形成的新的含烯硫醚结构的跨膜主体。

具体研究示例如图 3-45（a）所示。虽然特定的细胞膜表面巯基与探针的反应具有单一性，但细胞膜表面具有不同形态的巯基，还存在游离态的巯基化合物，因此，同时发生类似反应是可能的。首先，孵育细胞之前用 PBS 洗涤细胞，以去除细胞外围代谢出的小分

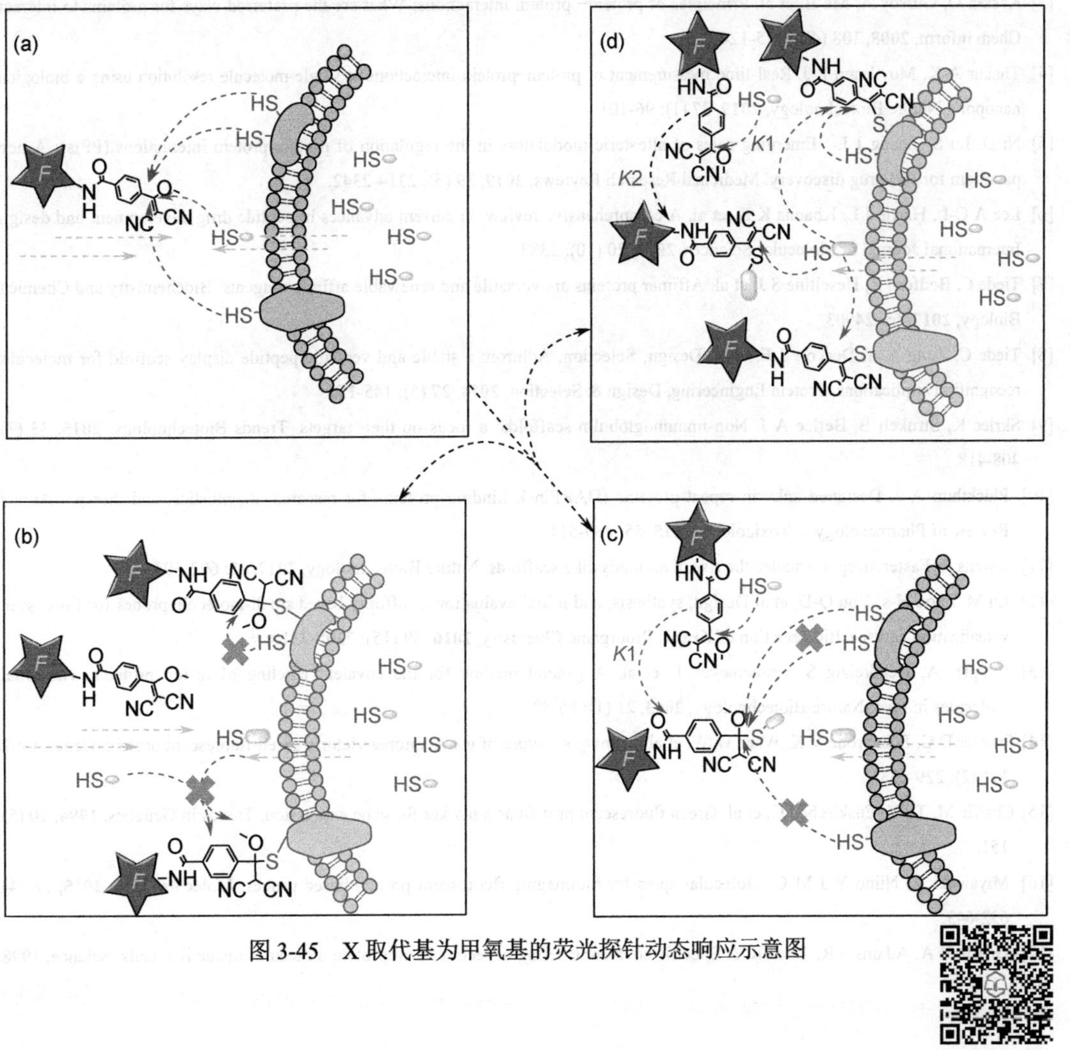

图 3-45　X 取代基为甲氧基的荧光探针动态响应示意图

子生物硫醇，然后加入探针与细胞共孵育。当探针靠近细胞膜时，可能与膜表面不同形态巯基反应形成硫醚结构单元，在甲氧基离去之前，硫醚结构单元不能与其他还原态巯基反应从而形成相对稳定的四面体中间态［图 3-45（b），（c）］，取培养液进行 LC-MS 及荧光光谱分析，确认是否与小分子硫醇发生交换反应。同时，通过激光共聚焦显微成像系统分析探针是否与膜表面锚定的巯基蛋白作用，结合两者的分析结果，可以得出探针分子首先与哪种类型的巯基发生反应。然后，将含探针的培养液洗去换成培养基并继续孵育至甲氧基离去，形成烯硫醚结构单元，该烯硫醚结构单元随后可以被其它活性巯基进攻从而形成新的烯硫醚键，如图 3-45（d），在此期间通过酶标仪监测培养液的荧光变化并结合 LC-MS 进行分析，结合激光共聚焦成像系统监测细胞膜表面探针的荧光变化，可以进一步探究相关介导反应的机制。

参考文献

[1] Uetz P, Giot L, Cagney G, et al. A comprehensive analysis of protein−protein interactions in Saccharomyces cerevisiae. Nature, **2000**, 403 (6770): 623-627.

[2] Cochran A G J. Antagonists of protein−protein interactions. Chemistry & Biology, **2000**, 7 (4): R85-R94.

[3] Keskin O, Gursoy A, Ma B, et al. Principles of protein− protein interactions: What are the preferred ways for proteins to interact. Chem inform, **2008**, 108 (4): 1225-1244.

[4] Thakur A K, Movileanu L J. Real-time measurement of protein−protein interactions at single-molecule resolution using a biological nanopore. Nature Biotechnology, **2019**, 37 (1): 96-101.

[5] Ni D, Lu S, Zhang J J. Emerging roles of allosteric modulators in the regulation of protein-protein interactions (PPIs): A new paradigm for PPI drug discovery. Medicinal Research Reviews, **2019**, 39 (6): 2314-2342.

[6] Lee A C-L, Harris J L, Khanna K K, et al. A comprehensive review on current advances in peptide drug development and design. International Journal of Molecular Sciences, **2019**, 20 (10): 2383.

[7] Tiede C, Bedford R, Heseltine S J, et al. Affimer proteins are versatile and renewable affinity reagents. Biochemistry and Chemical Biology, **2017**, 6: e24903.

[8] Tiede C, Tang A A, Deacon S E, et al. Design; Selection, Adhiron: a stable and versatile peptide display scaffold for molecular recognition applications. Protein Engineering, Design & Selection, **2014**, 27 (5): 145-155.

[9] Škrlec K, Štrukelj B, Berlec A J. Non-immunoglobulin scaffolds: a focus on their targets. Trends Biotechnology, **2015**, 33 (7): 408-418.

[10] Plückthun A J. Designed ankyrin repeat proteins (DARPins): binding proteins for research, diagnostics, and therapy. Annual Review of Pharmacology & Toxicology, **2015**, 55: 489-511.

[11] Owens B. Faster, deeper, smaller-the rise of antibody-like scaffolds. Nature Biotechnology, **2017**, 35: 602-603.

[12] Lu M, Zhou H-s, You Q-D, et al Design, synthesis, and initial evaluation of affinity-based small-molecule probes for fluorescent visualization and specific detection of Keap1. Bioorganic Chemistry, **2016**, 59 (15): 7305-7310.

[13] Keppler A, Gendreizig S, Gronemeyer T, et al. A general method for the covalent labeling of fusion proteins with small molecules in vivo. Nature Biotechnology, **2003**, 21 (1): 86-89.

[14] Prasher D C, Eckenrode V K, Ward W W, et al. Primary structure of the Aequorea victoria green-fluorescent protein. Gene., **1992**, 111 (2): 229-233.

[15] Chalfie M, Tu Y, Euskirchen G, et al. Green fluorescent protein as a marker for gene expression. Trends in Genetics, **1994**, 10 (5): 151.

[16] Miyawaki A, Niino Y J M C. Molecular spies for bioimaging-fluorescent protein-based probes. Molecular Cell, **2015**, 58 (4): 632-643.

[17] Griffin B A, Adams S R, Tsien R Y. Specific covalent labeling of recombinant protein molecules inside live cells. Science, **1998**,

281 (5374): 269-272.

[18] de Veer S J, Weidmann J, Craik D J. Cyclotides as tools in chemical biology. Accounts of Chemical Research, **2017**, 50 (7): 1557-1565.

[19] Homma M, Takei Y, Murata A, et al. A ratiometric fluorescent molecular probe for visualization of mitochondrial temperature in living cells. Chem comm., **2015**, 51 (28): 6194-6197.

[20] Shan L, Xue J, Guo J, et al. Improved targeting of ligand-modified adenovirus as a new near infrared fluorescence tumor imaging probe. Bioconjug Chem., **2011**, 22 (4): 567-581.

[21] Yang M, Yau H C, Chan H L. Adsorption kinetics and ligand-binding properties of thiol-modified double-stranded DNA on a gold surface. Langmuir, **1998**, 14 (21): 6121-6129.

[22] Cheng Z Y, Zhang J F, Ballou D P, et al. Reactivity of thioredoxin as a protein thiol-disulfide oxidoreductase. Chem Rev., **2011**, 111(9): 5768-5783.

[23] Dalle-Donne I, Rossi R, Colombo G, et al. Protein S-glutathionylation: a regulatory device from bacteria to humans. Trends Biochem Sci., **2009**, 34(2): 85-96.

[24] Fass D, Thorpe C. Chemistry and enzymology of disulfide cross-linking in proteins. Chem Rev., **2018**, 118(3): 293-322.

[25] Gasparini G, Sargsyan G, Bang E K, et al. Ring tension applied to thiol-mediated cellular uptake. Angew Chem Int Ed Engl., **2015**, 54(25): 7328-7331.

[26] Jiang X M, Fitzgerald M, Grant C M, et al. Redox control of exofacial protein thiols/disulfides by protein disulfide isomerase. Journal of Biological Chemistry, **1999**, 274(4): 2416-2423.

[27] Liu C L, Guo J, Zhang X, et al. Cysteine protease cathepsins in cardiovascular disease: from basic research to clinical trials. Nat Rev Cardiol., **2018**, 15(6): 351-370.

[28] Requejo R, Hurd T R, Costa N J, et al. Cysteine residues exposed on protein surfaces are the dominant intramitochondrial thiol and may protect against oxidative damage. Febs J., **2010**, 277(6): 1465-1480.

[29] Riemer J, Bulleid N, Herrmann J M. Disulfide formation in the ER and mitochondria: Two solutions to a common process. Science, **2009**, 324(5932): 1284-1287.

[30] Torres A G, Gait M J. Exploiting cell surface thiols to enhance cellular uptake. Trends Biotechnol, **2012**, 30(4): 185-190.

[31] Jensen K S, Hansen R E, Winther J R. Kinetic and thermodynamic aspects of cellular thiol-disulfide redox regulation. Antioxid Redox Sign, **2009**, 11(5): 1047-1058.

[32] Delaunay A, Pflieger D, Barrault M B, et al. A thiol peroxidase is an H_2O_2 receptor and redox-transducer in gene activation. Cell, **2002**, 111(4): 471-481.

[33] Nakamura T, Lipton S A. Redox modulation by S-nitrosylation contributes to protein misfolding, mitochondrial dynamics, and neuronal synaptic damage in neurodegenerative diseases. Cell Death Differ, **2011**, 18(9): 1478-1486.

[34] Nietzel T, Mostertz J, Hochgrofe F, et al. Redox regulation of mitochondrial proteins and proteomes by cysteine thiol switches. Mitochondrion, **2017**, 33: 72-83.

[35] Zhang Y T, Huang Y F, Huo F J, et al. A green method for the synthesis of coumarin dye and its application to hypochlorite recognition. Dyes Pigments, **2022**, 201: 110223.

[36] Lee S Y, Li J, Zhou X, et al. Recent progress on the development of glutathione (GSH) selective fluorescent and colorimetric probes. Coordin Chem Rev., **2018**, 366: 29-68.

[37] Ryser H J, Levy E M, Mandel R, et al. Inhibition of human- immunodeficiency-virus infection by agents that interere with thiol-disulfide interchange upon virus-receptor interaction. P NATL ACAD SCI USA., **1994**, 91(10): 4559-4563.

[38] Requejo R, Chouchani E T, James A M, et al. Quantification and identification of mitochondrial proteins containing vicinal dithiols. Arch Biochem Biophys, **2010**, 504(2): 228-235.

[39] Yi M C, Khosla C. Thiol-disulfide exchange reactions in the mammalian extracellular environment. Annu Rev Chem Biomol Eng, **2016**, 7: 197-222.

[40] Li T, Gao W, Liang J, et al. Biscysteine-bearing peptide probes to reveal extracellular thiol-disulfide exchange reactions promoting cellular uptake. Anal Chem., **2017**, 89(16): 8501-8508.

[41] Nagy P. Kinetics and mechanisms of thiol-disulfide exchange covering direct substitution and thiol oxidation-mediated pathways. Antioxid Redox Signal, **2013**, 18(13): 1623-1641.

[42] Sugatani J, Steinhelper M E, Saito K, et al. Potential involvement of vicinal sulfhydryls in stimulus-induced rabbit platelet activation. J Biol Chem., **1987**, 262(35): 16995-17001.

[43] Applegate M A B, Humphries K M, Szweda L I. Reversible inhibition of alpha- ketoglutarate dehydrogenase by hydrogen peroxide: Glutathionylation and protection of lipoic acid. Biochemistry-Us., **2008**, 47(1): 473-478.

[44] Haendeler J. Thioredoxin-1 and posttranslational modifications. Antioxid Redox Sign, **2006**, 8(9-10): 1723-1728.

[45] Hansen J M, Go Y M, Jones D P. Nuclear and mitochondrial compartmentation of oxidative stress and redox signaling. Annu Rev Pharmacol, **2006**, 46: 215-234.

[46] Oldberg R F, Epstein C J, Anfinsen C B. Acceleration of reactivation of reduced bovine pancreatic ribonuclease by a microsomal system from rat liver. J. Biol. Chem., **1963**, 238: 628-635.

[47] Bennett T A, Edwards B S, Sklar L A, et al. Sulfhydryl regulation of l-selectin shedding: phenylarsine oxide promotes activationindependent l-selectin shedding from leukocytes. J. Immunol., **2000**, 164: 4120-4129.

[48] Yoshimori T, Semba T, Takemoto H, et al. Protein disulfide-isomerase in rat exocrine pancreatic cells is exported from the endoplasmic reticulum despite possessing the retention signal. J. Biol. Chem., **1990**, 265: 15984−15990.

[49] Terada K, Manchikalapudi P, Noiva R, et al. Secretion, surface localization, turnover, and steady state expression of protein disulfide isomerase in rat hepatocytes. J. Biol Chem., **1995**, 391: 20410-20416.

[50] Jiang X Q, Chen J W, Wang J, et al. Quantitative real-time imaging of glutathione. Nature Communications, **2017**, 8: 16087.

[51] Huang C S, Jia T, Tang M F, et al. Selective and ratiometric fluorescent trapping and quantification of protein vicinal dithiols and in situ dynamic tracing in living cells. J. Am. Chem. Soc., **2014**,136: 14237-14244.

[52] Chen Y C, Clouthier C M, Keillor J W, et al. Coumarin-based fluorogenic probes for no-wash protein labeling. Angew. Chem. Int. Ed., **2014**, 53: 1-5.

[53] Wang Y Y, Yang Y F, Zhong Y G, et al. Development of a red fluorescent light-up probe for highly selective and sensitive detection of vicinal dithiol-containing proteins in living cells. Chem. Sci., **2016**, 7: 518−524.

[54] Lee M H, Jeon H Mi, Han J H, et al. Toward a chemical marker for inflammatory disease: A fluorescent probe for membrane-localized thioredoxin. J. Am. Chem. Soc., **2014**, 136: 8430-8437.

[55] Chen M Z, Moily N S, Bridgford J L, et al. A thiol probe for measuring unfolded protein load and proteostasis in cells. Nat Commun., **2017**, 8: 474.

[56] Chevalier A, Silva D A, Rocklin G J, et al. Massively parallel de novo protein design for targeted therapeutics. Nature, **2017**, 550: 74.

[57] Ji Y B, Majumder S, Millard M, et al. In vivo activation of the p53 tumor suppressor pathway by an engineered cyclotide. Journal of the American Chemical Society, **2013**, 135 (31): 11623-11633.

[58] Kintzing J R, Cochran J R. Engineered knottin peptides as diagnostics, therapeutics, and drug delivery vehicles. Current Opinion in Chemical Biology, 2016, 34: 143-150.

[59] Shen H Z, Liu D L, Wu K, et al. Structures of human Na(v)1.7 channel in complex with auxiliary subunits and animal toxins. Science, **2019**, 363 (6433): 1303-1308.

[60] Gongora-Benitez M, Tulla-Puche J, Albericio F. Multifaceted roles of disulfide bonds. Peptides as therapeutics. Chem Rev., **2014**, 114 (2): 901-926.

[61] Azzarito V, Long K, Murphy N S, et al. Inhibition of α-helix-mediated protein−protein interactions using designed molecules. Nature Chemistry, **2013**, 5 (3): 161-173.

[62] Smith G P J A C I E. Phage display: Simple evolution in a petri dish (Nobel lecture). Angewandte Chemie, **2019**, 58 (41): **14428-14437.**

[63] Arap M A J G, Biology M. Phage display technology: applications and innovations. Clin Biochem., **2005**, 28 (1): 1-9.

[64] Azzazy H M, Highsmith Jr W E. Phage display technology: clinical applications and recent innovations. Clinical Biochemistry, **2002**, 35 (6): 425-445.

[65] Lin P, Yao H, Zha J, et al. Ordered and isomerically stable bicyclic peptide scaffolds constrained through cystine bridges and proline turns. Chembiochem., **2019**, 20 (12): 1514-1518.

[66] Getz J A, Cheneval O, Craik D J, et al. Design of a cyclotide antagonist of neuropilin-1 and-2 that potently inhibits endothelial cell migration. Acs Chemical Biology, **2013**, 8 (6): 1147-1154.

[67] Silverman A P, Levin A M, Lahti J L, et al. Engineered cystine-knot peptides that bind alpha(v)beta(3) integrin with antibody-like affinities. Journal of Molecular Biology, **2009**, 385 (4): 1064-1075.

[68] Yang X, Lennard K R, He C, et al. A lanthipeptide library used to identify a protein-protein interaction inhibitor. Nature Chemical Biology, **2018**, 14 (4): 375-380.

[69] Andersen K A, Smith T P, Lomax J E, et al. Boronic acid for the traceless delivery of proteins into cells. ACS Chem. Biol., **2016**, 9: 319-969.

[70] Ellis G A, Palte M J, Raines R T. Boronatemediated biologic delivery. J. Am. Chem. Soc., 2012,134: 3631-3634.

[71] Piest M, Ankone M, Engbersen J F J. Carbohydrate-interactive pDNA and siRNA gene vectors based on boronic acid functionalized poly(amido amine)s. J. Controlled Release, **2013**, 169: 266–275.

[72] Lehner R, Liu K, Wang X, et al. Efficient receptor mediated siRNA delivery in vitro by folic acid targeted pentablock copolymer-based micelleplexes. Biomacromolecules, **2017**, 18: 2654-2662.

[73] Zhu P, Jin L. Evaluating protein-protein interaction (PPI) networks for diseases pathway, target discovery, and drug-design using 'In silico Pharmacology'. Current protein & peptide science., **2018**, 19: 211-220.

[74] Zong L L, Bartolami E, Abegg D, et al. Epidithiodiketopiperazines: strain-promoted thiol-mediated cellular uptake at the highest tension. ACS Cent. Sci., **2017**, 3: 449–453.

[75] Donoghue N, Yam P T W, Jiang X M, et al. Disulfide exchange in domain 2 of CD4 is required for entry of HIV-1. Protein Sci., **2000**, 9: 2436-2445.

[76] Huang C S, Jia T, Tang M F, et al. Selective and ratiometric fluorescent trapping and quantification of protein vicinal dithiols and in situ dynamic tracing in living cells. J. Am. Chem. Soc., **2014**,136: 14237-14244.

[77] Lv Y, Yang B, Li Y M, et al. Folate-conjugated amphiphilic block copolymer micelle for targeted and redox-responsive delivery of doxorubicin. Journal of Biomaterials science, Polymer edition, **2018**, 29: 92-106.

[78] Onga W K, Wonga W FF, Anga C Y, et al. Dual-responsive liposome as an efficient vehicle for drug delivery. Journal of Controlled Release, **2017**, 259: e5-e195.

[79] Azan A, Gaillìegue F, Mir L M, et al. Cell membrane electropulsation: chemical analysis of cell membrane modifications and associated transport mechanisms. Advances in anatomy, embryology, and cell biology, **2017**, 227: 59-71.

[80] Suzuki M, Hirota M, Hagino S, et al. Evaluation of changes of cell-surface thiols as a new biomarker for in vitro sensitization test. Toxicology in Vitro An International Journal Published in Association with Bibra., **2009**, 23 (4): 687-696.

[81] Garibaldi S, Barisione C, Marengo B, et al. Advanced oxidation protein products-modified albumin induces differentiation of RAW264.7 macrophages into dendritic-like cells which is modulated by cell surface thiols. Toxins, **2017**, 9 (1): 27.

[82] Brülisauer L, Gauthier M A, Leroux J C. Disulfide-containing parenteral delivery systems and their redox-biological fate. Journal of Controlled Release, **2014**, 195: 147-154.

[83] Wilkinson B, Gilbert H F. Protein disulfide isomerase. Biochim Biophys Acta., **2004**, 1699 (1-2): 35-44.

[84] Green M, Loewenstein P M. Autonomous functional domains of chemically synthesized human immunodeficiency virus tat trans-activator protein. Cell, **1988**, 55 (6): 1179-1188.

[85] Gasparini G, Bang E K, Molinard G, et al. Cellular uptake of substrate-initiated cell-penetrating poly(disulfide)s. J. Am. Chem. Soc., **2014**, 136: 6069-6074.

[86] Bang E K, Gasparini G, Molinard G, et al. Substrate-initiated synthesis of cell-penetrating poly(disulfide)s. J. Am. Chem. Soc., **2013**, 135: 2088-2091.

[87] Li T, Takeoka S. Enhanced cellular uptake of maleimide-modified liposomes via thiol-mediated transport. Int J Nanomedicine, **2014**, 9: 2849-2861

[88] Mainathambika B S, Bardwell J C. Disulfide-linked protein folding pathways. Annual Review of Cell and Developmental Biology, **2008**, 24: 211-235.

[89] Gao W, Li T, Wang J H, et al. Thioether-bonded fluorescent probes for deciphering thiolmediated exchange reactions on the cell surface. Anal. Chem., **2017**, 89: 937-944.

第4章

烯硫醚动态共价键在药物递送领域的应用探究

4.1 基于烯硫醚动态共价连接键的非内化药物递送体系构建

4.1.1 引言

癌症的化学疗法通常是将具有癌细胞毒性的药物分子负载到响应的抗体、纳米颗粒、脂质体、微胶囊、聚合物等[1-4]载药平台上，然后通过修饰癌细胞靶向部件递送富集到肿瘤的病灶部位并进入到癌细胞内部从而导致癌细胞的凋亡。这些传统载体一般都要经过细胞的内吞作用进入内涵体继而形成溶酶体最终在细胞内将药物分子释放出来。这种基于内化的递送模式虽然在历史上占据了很长的时间，到目前为止仍是设计递送体系的主要选择，但其中仍有很多的问题亟待解决。以图4-1所示的抗体-药物偶联递送体系为例，抗体要偶联药物一起进入细胞，很容易在一些器官比如肝脏累积从而加重其负担。另外由于渗透过程比较久，会出现所谓的抗原屏障效应，在降低药物治疗效果的同时，还会给很多正常的组织带来伤害。

近年来，有学者提出在肿瘤细胞等作用靶点胞外释放药物，然后药物再通过扩散作用进入细胞的非内化药物递送系统（NIDS）的概念。和传统递送系统一样，携带药物的载体分子首先通过靶向功能部件富集到作用靶点，通过环境响应性连接键的刺激响应将药物分子释放出来，然后疏水性的药物分子通过扩散作用进入细胞，并导致细胞凋亡。非内化的药物递送系统的载体可以是和传统递送系统相同的脂质体、聚合物、抗体等，但一般都会通过一个在胞外能够触发断键的连接键与药物偶联。由于抗癌药物大多是一些疏水的小分子，一旦在病灶的胞外释放，相较于内化型的递送体系来说，这些小分子可以毫无障碍地扩散进癌细胞而发挥药效，递送效率大大提高。同时，由于小分子扩散进入细胞的速度要

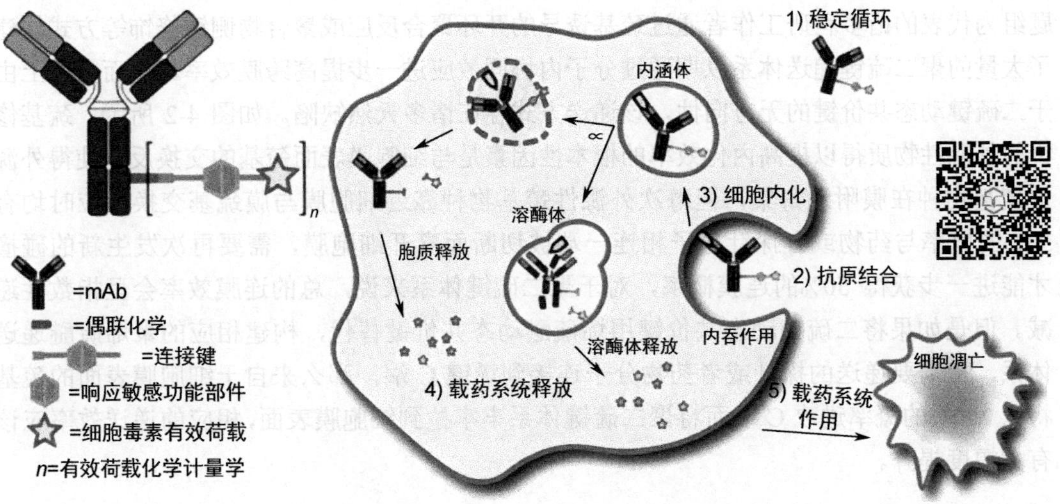

图 4-1 抗体-药物偶联模型及其递送原理示意图[6]

远远快于内吞，这种快速的药物扩散会引起病灶部位所谓的旁观者效应，即当外源性的自杀基因转染癌细胞后，被转染的细胞带有自杀基因，使得邻近的未感染细胞也被前体药物杀伤[5]，从而更加促进药效的发挥。

但另外，被 NIDS 释放后的药物分子通过扩散方式进入细胞从而杀死细胞，同时以扩散方式穿过细胞膜是没有选择性的，这也意味着如果载药体系在未到达病灶部位的循环周期内，如果出现提前释放而引起的泄漏，其对正常细胞的负面影响也是很大的。所以要搭建保护性更强的载药体系来维持到达靶点前的载体-药物复合物的稳定性[6]。

聚(寡聚乙二醇酯甲基丙烯酸)（POEGMA）是由寡聚乙二醇甲醚甲基丙烯酸酯（OEGMA）聚合形成的，包含 PEG 侧链的刷状聚合物。作为聚合物-药物复合物的骨架，首先，其中所含的 PEG 侧链一方面增加了载药体系的亲水性，另一方面由于抗癌药物大多为疏水性药物，当其偶联到亲水性的 PEG 侧链之间时，能够屏蔽掉许多和疏水性蛋白的非特异性吸附，提高药物利用率。其次，OEGMA 可以通过很成熟的方法来聚合其他含活性官能团或者活性分子的单体，得到分散性好、分子大小及单体比例可控的共聚物。再次，其多接枝的刷状结构能够在到达靶点前对药物分子起到很好的保护作用。

要实现药物分子在肿瘤细胞外释放，就要根据肿瘤细胞的特点选择合适的可断裂型连接键将药物和载体分子进行组装。二硫键作为一种可被细胞膜表面巯基切断的动态共价键，很适合用于非内化的药物递送体系。

4.1.2 研究思路及合成路线

4.1.2.1 研究思路

近些年来，基于细胞膜表面天然受体巯基蛋白上巯基与外源性巯基活性物质的交换反应而发展的各种递送方式成为各类药物跨膜递送领域的研究热点，特别是基于细胞膜表面巯基-多重二硫键交换反应而构建的活性巯基修饰的递送及控释体系备受青睐。以 Gailte 课题组为代表的诸多科研工作者通过巯基诱导的开环聚合反应或聚合物侧链修饰等方式构建了大量的聚二硫键递送体系以期通过分子内协同效应进一步提高跨膜效率。然而实际上由于二硫键动态共价键的无方向性，该递送方式存在诸多天然缺陷。如图 4-2 所示，巯基修饰的外源性物质得以提高内化效率的根本性因素是与细胞膜表面巯基的交换反应使得外源性巯基物种在膜附近富集，但每次外源性巯基物种靠近细胞膜与膜巯基交换反应时均有50%的概率与药物或者探针分子相连一端被切断而离开细胞膜，需要再次发生新的碰撞才能进一步获得 50%的连膜概率，对于聚二硫键体系来说，总的连膜效率会呈指数性递减。但是如果将二硫键动态共价键用烯硫醚动态共价键替代，构建相应的聚烯硫醚递送体系，把需要递送的探针或者药物分子连接到烯键 C 端，那么来自于细胞膜表面的巯基将以 100%的概率进攻 C 端而将聚二硫键体系牢牢拉到细胞膜表面，相应的递送效率应该有大幅度提升。

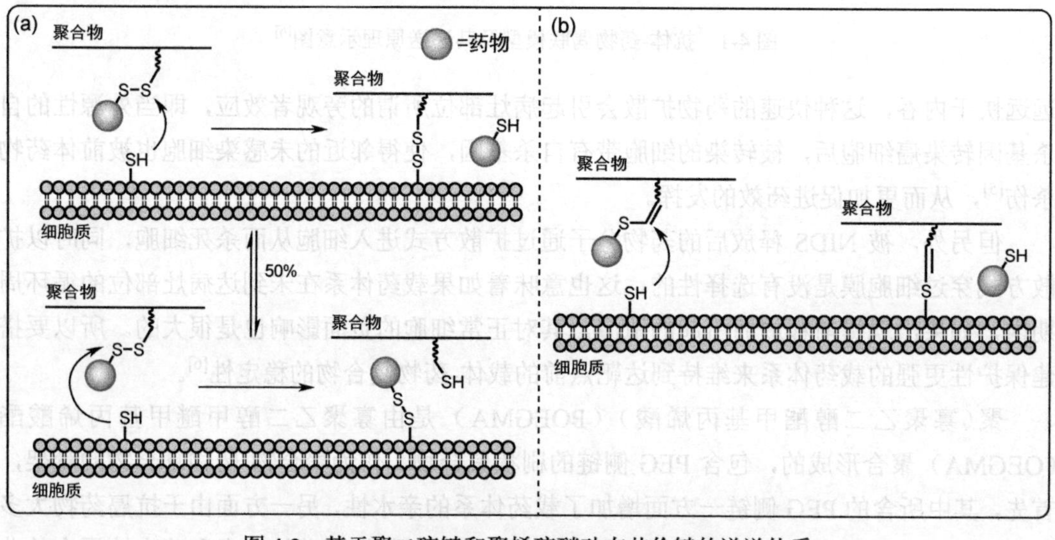

图 4-2 基于聚二硫键和聚烯硫醚动态共价键的递送体系

（a）基于聚二硫键的药物递送体系与细胞膜表面巯基蛋白作用模式；（b）基于聚烯硫醚动态共价键的药物递送体系与细胞膜表面巯基蛋白作用模式

本课题组报道了以二硫键为连接键，OEGMA 作为侧链和含药物（以 BODIPY 来模拟疏水性抗癌药物）的单体共聚而构建非内化的载药体系。通过几组不同的对照探针，还实现了对递送过程的实时监测。但是该体系所选用的二硫连接键，具有与巯基交换反应的无方向性、多级反应等特点，使得聚合物与细胞膜的巯基结合中间态很不稳定，这就意味着通过细胞膜表面巯基与聚合物二硫键交换而每释放一个药物分子，均需要聚合物与膜巯基重新碰撞反应，而且还有 50%的概率是药物分子连接在膜上的，需要小分子硫醇进一步进攻才能释放出其与小分子硫醇的复合物进而扩散入细胞，这使得递送效率大大降低。

为了克服这些缺点，本课题组拟采用本工作系统研究的烯硫醚动态共价键代替二硫键，如第二章介绍的，其与二硫键的对称结构不同，相较于二硫键，烯硫醚动态共价键与巯基的反应为 S_N2 的亲核取代反应，硫负离子选择性进攻烯硫醚动态共价键的烯烃一端，这种选择性反应给我们的启发就是，以烯硫醚动态共价键作为连接键，将烯烃端通过偶联反应修饰到聚合物上，疏水性药物分子通过巯基与之连接，当聚合物体系携带疏水性药物或探针分子靠近细胞膜时，一方面膜表面的巯基负离子只能进攻以非断裂性的酰胺键连接在聚合物上的烯硫醚动态共价键的烯烃端，进而以 100% 的概率释放出疏水性药物分子进而扩散进入细胞。另一方面，当聚合物上的一个烯硫醚动态共价键与细胞膜表面巯基反应结合后，与之相邻的分子由于邻位共价键的形成而离膜更近，由于分子内协同效应，碰撞概率大大提高，并且会像拉拉链一样引发一连串的快速的连锁反应，之前与之相连的硫碳键聚合物也更难被细胞膜外围其它巯基进攻而从膜上解离，递送效率也会因之而进一步提高。

4.1.2.2 非内化药物递送体系合成路线

合成路线如图 4-3 所示。

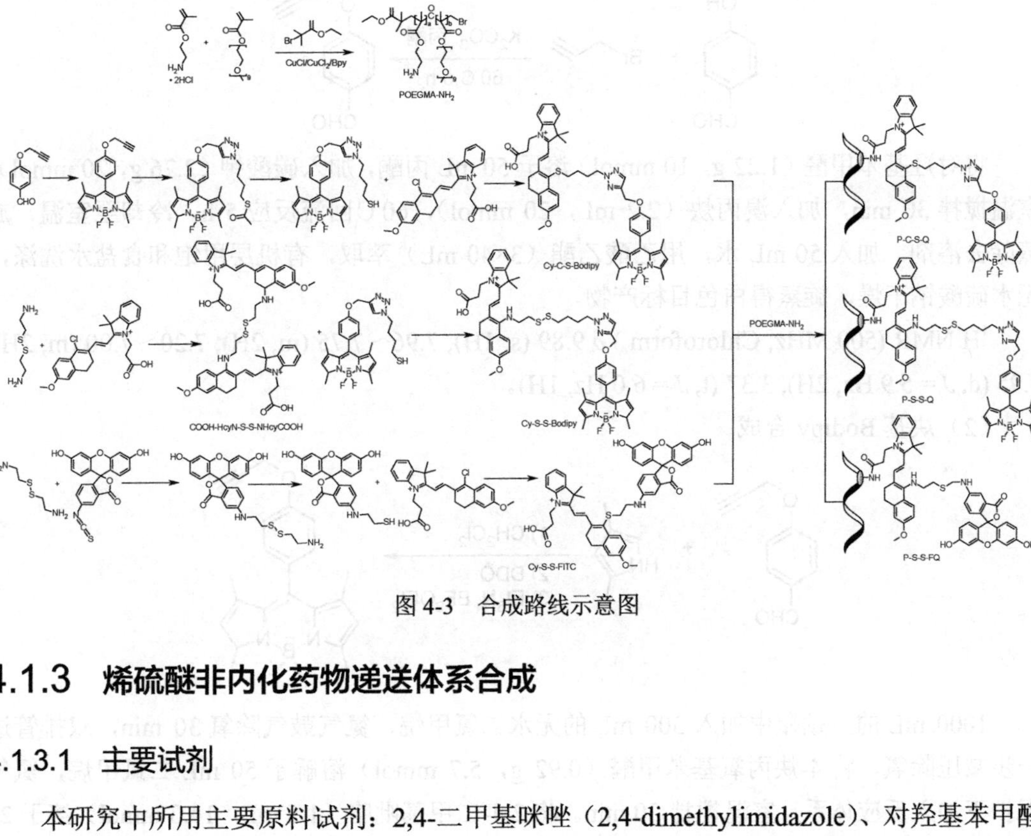

图 4-3 合成路线示意图

4.1.3 烯硫醚非内化药物递送体系合成

4.1.3.1 主要试剂

本研究中所用主要原料试剂：2,4-二甲基咪唑（2,4-dimethylimidazole）、对羟基苯甲醛（*p*-hydroxybenzaldehyde）、巯基乙胺（mercapto-ethylamine）、6-甲氧基-1-萘满酮（6-methoxy-1-tetralone）、抗坏血酸（维生素 C）、异硫氰酸酯荧光素（FITC）、2,3,3-三甲基-3-氢吲哚（2,3,3-trimethylindolenine）、溴乙烷（bromoethane），2-巯基乙醇（bromoethane）、三氯氧磷（phosphorus oxychloride）、4-二甲氨基吡啶（DMAP），购自梯希爱公司（上海）；二氯二氰基苯醌（DDQ）、4-叠氮丁基硫代乙酸酯［*S*-(4-azidopentyl)ethanethioate］购自于百灵威公司（上海）；合成所用溶剂及常见原料药品均购自于国药集团化学试剂有限公司；分析测试试剂选用分析纯（AR），合成及分析实验如未特别注释，均在室温下进行；*N*,*N*-二甲基甲酰胺（DMF）溶剂购自百灵威公司（上海）。

4.1.3.2 实验仪器

Esquire 3000 plus 电喷雾离子阱质谱仪（布鲁克·道尔顿公司），Bruker Advance-500 型核磁仪（布鲁克·道尔顿公司），紫外-可见分光光度计（日立，Hitachi U-3900H），荧光光度计（日立，Hitachi F-7000H），U-3900H DHG-9036A 型电热恒温鼓风干燥箱（上海精宏实验设备有限公司），GL-3250 型磁力搅拌器（厦门顺达设备有限公司），TECNAI F-30 透射电子显微镜（日立）。

4.1.3.3 烯硫醚动态共价给药体系合成步骤

（1）4-炔丙氧基苯甲醛的合成

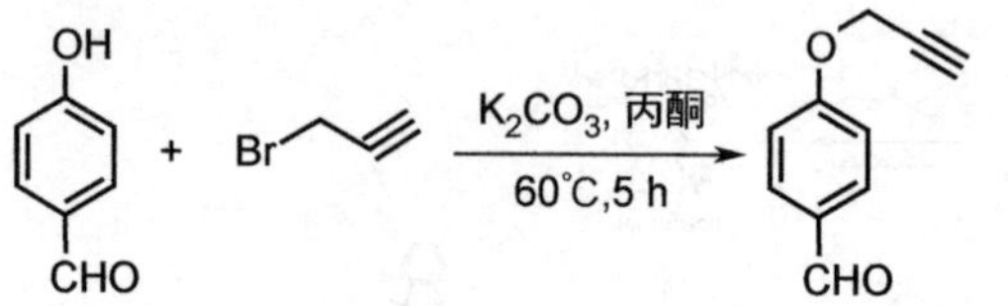

将对羟基苯甲醛（1.22 g，10 mmol）溶于 50 mL 丙酮，加入碳酸钾（2.76 g，20 mmol），室温搅拌 30 min，加入溴丙炔（2.2 mL，20 mmol），60℃回流反应 5 h，冷却至室温，旋蒸除去溶剂，加入 50 mL 水，用乙酸乙酯（3×40 mL）萃取，有机层用饱和食盐水洗涤，无水硫酸钠干燥，旋蒸得白色目标产物。

^{1}H NMR (500 MHz, Chloroform) δ 9.89 (s, 1H), 7.96～7.75 (m, 2H), 7.20～7.00 (m, 2H), 4.95 (d, J = 5.9 Hz, 2H), 3.37 (t, J = 6.0 Hz, 1H)。

（2）炔基 Bodipy 合成

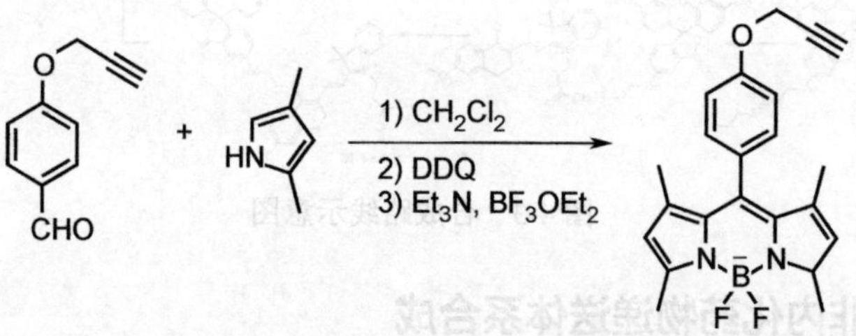

1000 mL 的三颈瓶中加入 300 mL 的无水二氯甲烷，氮气鼓气除氧 30 min，双排管进一步减压除氧，将 4-炔丙氧基苯甲醛（0.92 g，5.7 mmol）溶解于 50 mL 二氯甲烷，氮气保护下加入反应体系，室温搅拌 30 min。将 2,4-二甲基吡咯（1.5 mL，14.3 mmol）溶于 20 mL 二氯甲烷中于氮气保护下加入上述体系，10 min 后再加入 600 μL TFA，室温避光搅拌过夜。将二氯二氰基苯醌（DDQ，1.7 g，7.54 mmol）溶解于 100 mL CH_2Cl_2 中并加入反应体系，30 min 后加入 5.8 mL 三乙胺，待产生的白色烟雾消散后逐滴加入 10 mL 三氟化硼乙醚（BF_3·OEt_2），15 min 完成，室温下继续搅拌 1 h。旋转蒸发除去溶剂，以二氯甲烷为展开剂用柱色谱纯化得到深红色炔基 Bodipy 固体。

^{1}H NMR (400 MHz, CD_3OD) δ 7.22(d, 2H), 7.11(d, 2H), 5.98(s, 2H), 4.77(d, 2H), 2.56(s, 6H), 1.43(s, 6H)。

（3）巯基 Bodipy 的合成

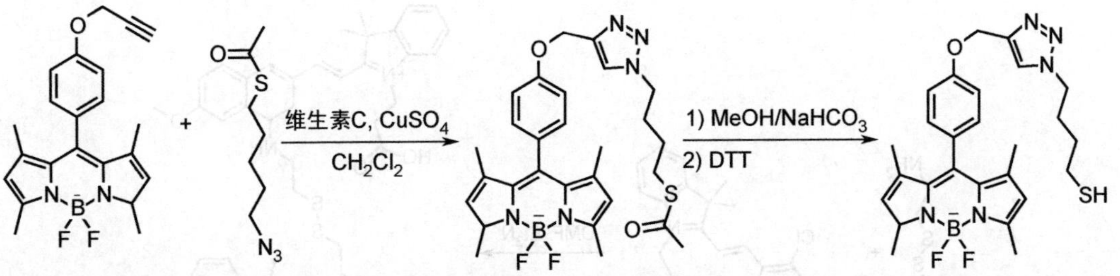

在装有炔基 Bodipy（23 mg 0.06 mmol）、五水硫酸铜（150 mg，0.40 mmol）的 50 mL 圆底烧瓶中加入 20 mL 甲醇与二氯甲烷的混合溶剂（1∶1，体积比），超声溶解固体，双排管减压除氧置换氮气，将 4-叠氮丁基硫代乙酸酯（10.5 μL，0.06 mmol）和抗坏血酸钠（0.6 g，0.3 mmol）加入反应体系，氮气保护，室温避光反应 6 h，离心除去抗坏血酸钠及硫酸铜，旋蒸得到乙酰保护的巯基 Bodipy 粗产物。以石油醚/乙酸乙酯为洗脱剂用柱色谱纯化（体积比由 8∶1 到 3∶1 梯度洗脱），旋蒸浓缩得深红色固体。直接在固体残渣中加入 20 mL $NaHCO_3$ 的甲醇饱和溶液，双排管除氧后氮气保护下室温反应过夜，旋蒸除去溶剂，加入 30 mL CH_2Cl_2 提取产物，离心除去 $NaHCO_3$，旋蒸除去溶剂，用柱色谱纯化。从石油醚∶乙酸乙酯=10∶1 到纯乙酸乙酯梯度洗脱，得到氧化态巯基 Bodipy 分子。将得到的二硫键体系用乙腈溶解加入过量 DTT 还原，用柱色谱纯化，得到还原态巯基 Bodipy。

^{1}H NMR (500 MHz, MeOD) δ 8.75 (d, J = 15.8 Hz, 1H), 7.86 (ddd, J = 9.7 Hz, 7.6 Hz, 6.3 Hz, 2H), 7.82～7.77 (m, 1H), 7.69～7.62 (m, 2H), 7.33 (t, J = 14.0 Hz, 1H), 7.00～6.93 (m, 2H), 4.90 (t, J = 6.6 Hz, 2H), 4.15 (s, 1H), 3.91 (d, J = 5.8 Hz, 3H), 3.04 (t, J = 6.6 Hz, 4H), 3.12～2.98 (m, 4H), 2.96 (dd, J = 8.9 Hz, 6.0 Hz, 2H), 1.86 (s, 6H)。

（4）Cy-C-S-Bodipy 合成

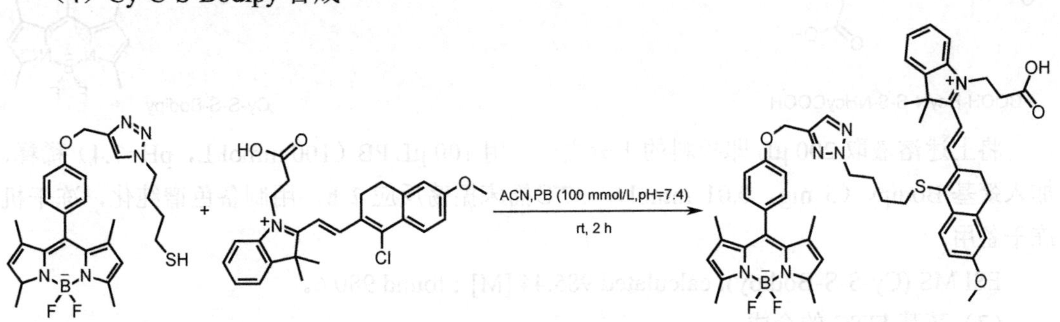

将 Bodipy-SH（5.1 mg，0.01 mmol）溶于 1 mL 甲醇，与 1 mL COOH-Hcy（4.4 mg，0.01 mmol）的甲醇溶液混合后加入到 4 mL PB（100 mmol/L，pH=7.4）中，室温反应 24 h。旋干溶剂后用少量二氯甲烷溶解，柱色谱纯化。洗脱剂为 CH_2Cl_2 和 MeOH，从 10∶1 到 6∶1 梯度洗脱，得紫红色固体产物。所用 COOH-Hcy 合成方法与第三章介绍的相同，在此不再赘述。

ESI MS(Cy-C-S-Bodipy): calculated 910.42 $[M]^+$; found 909.8。

（5）COOH-Hcy-NH_2 的合成

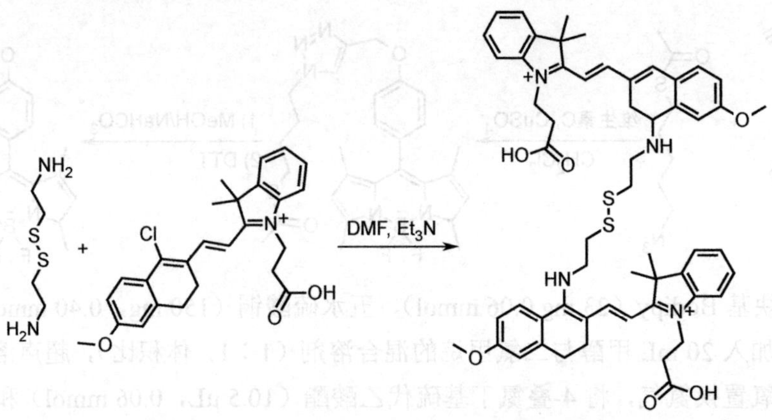

COOH-HcyN-S-S-NHcyCOOH

将胱胺二盐酸盐（5.6 mg，0.025 mmol）与 COOH-Hcy（22 mg，0.05 mmol）固体加入到 5 mL 的圆底烧瓶中，用 2 mL DMF 溶解，加入 3 μL 三乙胺，室温下搅拌反应 6 h 至胱胺反应消耗完全，无需纯化直接投入下一步反应。

（6）Cy-S-S-Bodipy 的合成

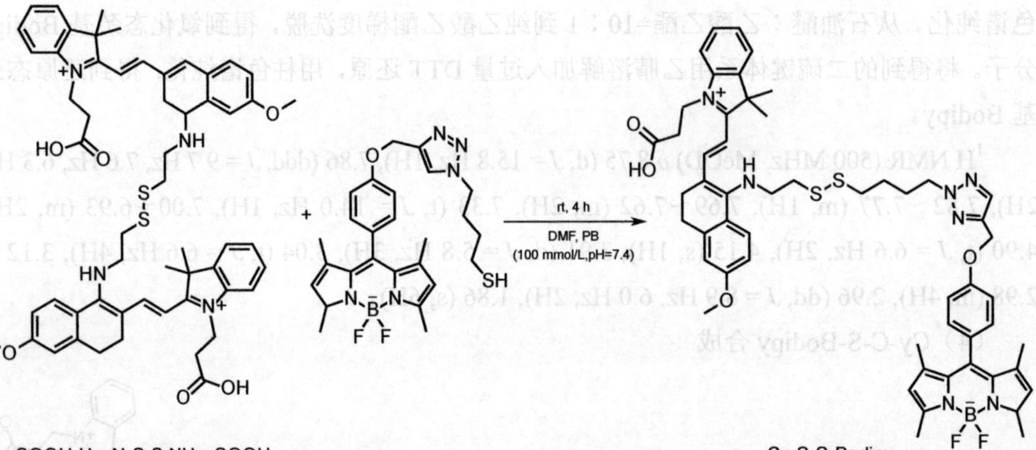

COOH-HcyN-S-S-NHcyCOOH　　Cy-S-S-Bodipy

将上述溶液取 200 μL 即投料的十分之一，用 100 μL PB（100 mmol/L，pH=7.4）稀释，加入巯基 Bodipy（5 mg，0.01 mmol），37℃摇床振荡反应 2 h，用制备色谱纯化，冻干机冻干备用。

ESI MS (Cy-S-S-Bodipy): calculated 985.44 $[M]^+$; found 980.6。

（7）巯基 FITC 的合成

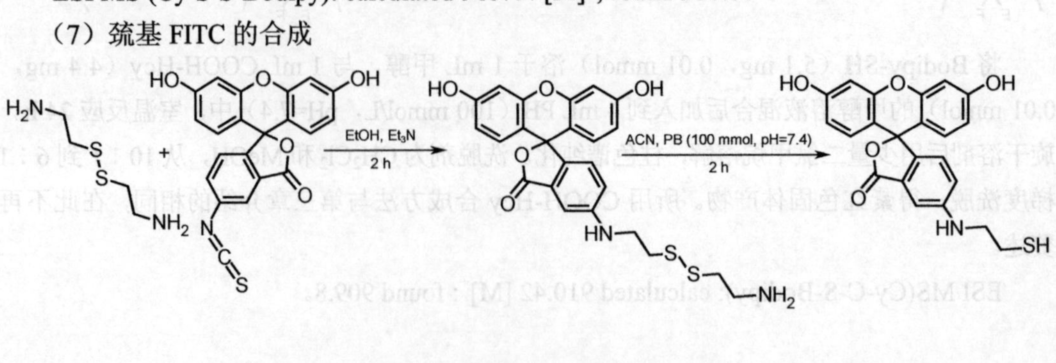

将 FITC（389 mg，0.1 mmol）加入到 5 mL 无水乙醇中，搅拌下将三乙胺（200 mg，2 mmol）滴加到上述溶液中，搅拌 5 min 后加入胱胺盐酸盐（270 mg，1.2 mmol），室温反应 2 h，加入 40 mL 乙酸乙酯，−20℃冰箱冷却后有固体析出，离心除去溶剂，用少量乙酸乙酯洗涤沉淀后取十分之一溶于 5 mL 乙腈和 PB（100 mmol，pH=7.4）的混合溶剂，加入 25 mg 二硫苏糖醇还原二硫键，用制备型色谱纯化，得还原型巯基 FITC，用冷冻干燥机冻干，DMSO 溶解紫外定量备用。

ESI MS (FITC-SH): calculated 407.08 $[M]^+$; found 406.6。

（8）Cy-S-S-FITC 的合成

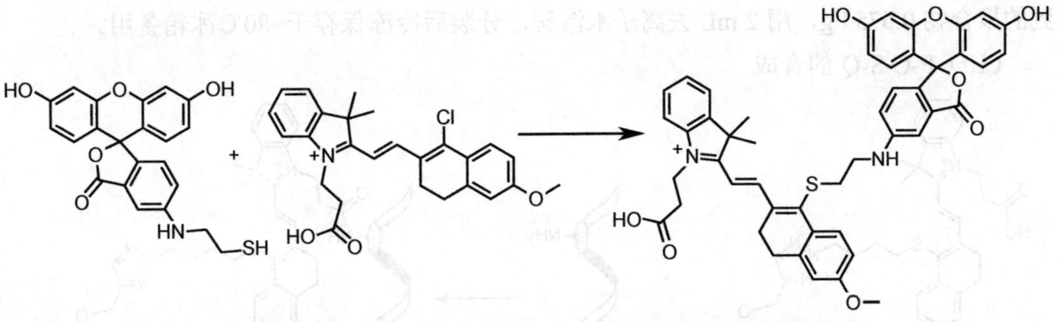

将 100 μL FITC-SH（10 mmol/L，溶于 ACN，其中有 0.1% TFA）和 100 μLCOOH-Hcy（10 mmol/L，溶于 ACN）加入到 1 mL 磷酸缓冲液中，37℃下摇床反应 2 h，用制备型高效液相色谱纯化，冷冻干燥机冻干后用少量 DMSO 溶解，紫外-可见吸收光谱定量后备用。

ESI MS (Cy-S-S-FITC): calculated 807.27 $[M]^+$; found 806.8。

（9）POEGMA 的合成

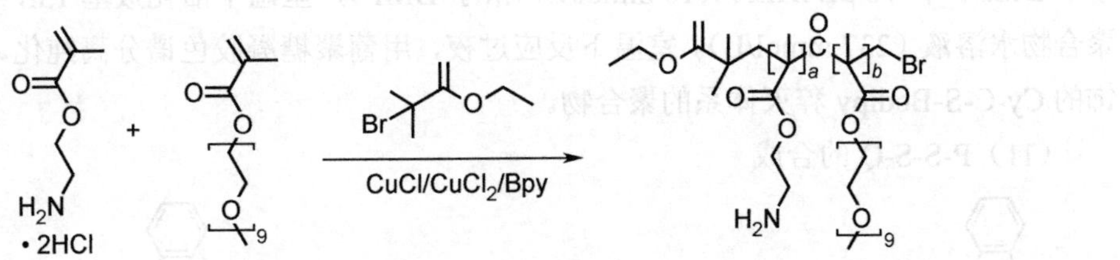

准备两个 10 mL 的 Schlenk 瓶 A 和瓶 B，瓶 A 用于制备无氧的去离子水，瓶 B 用作反应容器。首先将 7 mL 去离子水加入到瓶 A 中，同时将 926 μL（2.0 mmol）单体聚乙二醇甲醚甲基丙烯酸酯、146.8 mg（0.8 mmol）单体 2-氨基乙基甲基丙烯酸酯、25 μL（0.01 mmol）引发剂 2-溴-2-甲基丙酸乙酯加入到 Schlenk 瓶 B 中。分别将两个瓶子连接到双排管上后置于盛有液氮的杜瓦瓶数分钟至瓶中溶液完全凝固，通过双排管用真空油泵抽真空 5 min 后置于 30℃水中将体系内冰融化，再次置于液氮中冷凝并用双排管抽真空，如此反复同样的操作 7～8 次，不断冻融以除去体系中的氧气，直至再次溶解时几乎没有气泡产生。在最后一次抽完真空后向体系中通入氮气，保持与氮气接通 10 min 以上。

催化剂制作：将 51.1 mg 氯化铜、171.8 mg 联吡啶和 5 mg 氯化亚铜加入到一个 10 mL 的单口圆底烧瓶 C 中，用胶塞密封瓶口，将瓶子通过注射器针头与双排管相连，反复抽真空并置换氮气 7～8 次直至瓶中几乎没有氧气。用除过氧气的注射器快速从 A 瓶中抽取 5mL

新制作的无氧去离子水并立即通过胶塞注射入烧瓶C中溶解催化剂体系，超声振荡至体系变为黑褐色表明催化剂制作成功。

超声后的混合溶液即为催化剂，用双排管抽真空并置换氮气多次以保证催化剂瓶内无氧。用除过氧气的注射器快速抽取1 mL催化剂并立即注射进Schlenk瓶B中。催化剂瓶补充氮气后用封口膜和凡士林密封胶塞后冷冻保存于冰箱。将瓶B置于25℃水浴中恒温反应过夜直至反应体系颜色由深褐色变为浅蓝色，表明催化剂全部被氧化，即可终止反应。取200 μL反应体系旋干溶剂，用氘代水溶解用于核磁共振谱表征，其余反应溶液装进10 KD透析袋中置于乙醇和水混合溶剂中透析2～3天，旋蒸除去溶剂即得到透明油状聚合物。得到的聚合物0.6754 g，用2 mL去离子水溶解，分装后冷冻保存于−80℃冰箱备用。

（10）P-C-S-Q的合成

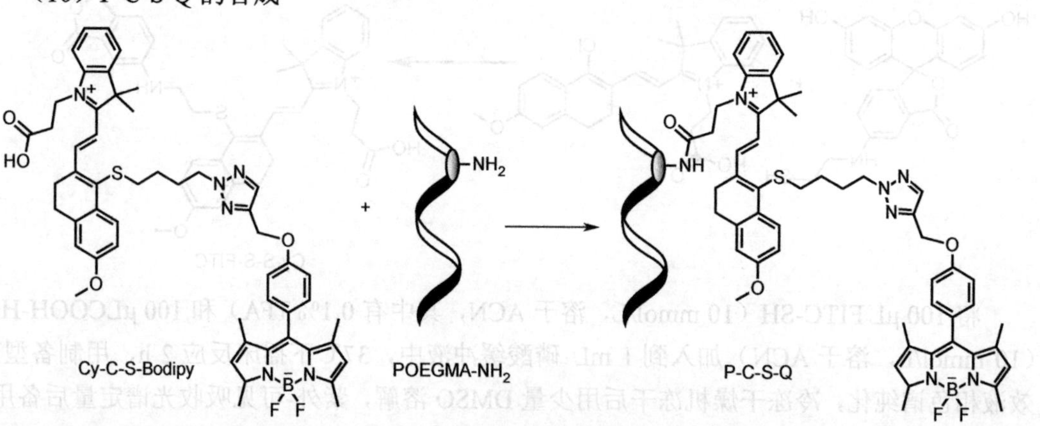

在300 μL Cy-C-S-Bodipy（130 μmol/L，溶于DMF）中加入47 μL HATU（10 mmol/L，溶于DMF）和78 μL DIEA（10 mmol/L，溶于DMF），室温下活化羧基1 h，加入1.32 μL聚合物水溶液（237 mmol/L）。室温下反应过夜，用葡聚糖凝胶色谱分离纯化，得到侧链修饰的Cy-C-S-Bodipy猝灭体系的聚合物。

（11）P-S-S-Q的合成

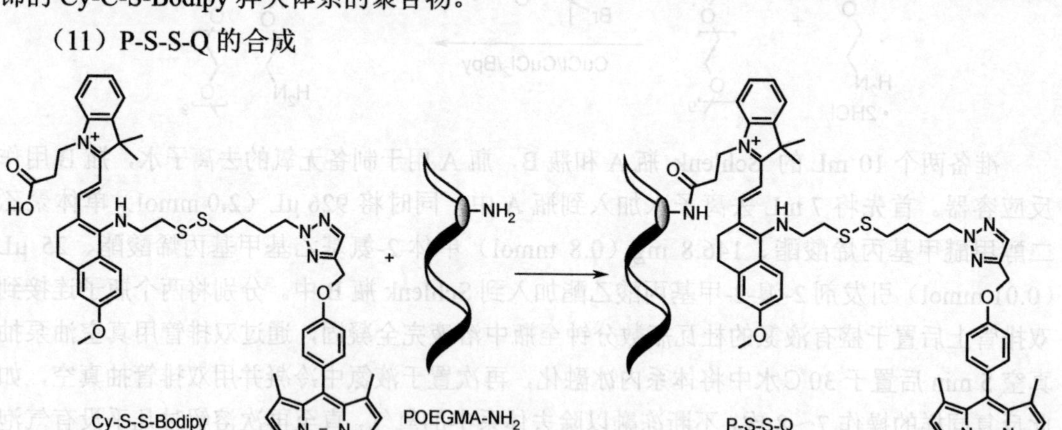

在300 μL Cy-S-S-Bodipy（130 μmol/L，溶于DMF）中加入47 μL HATU（10 mmol/L，溶于DMF）和78 μL DIEA（10 mmol/L，溶于DMF），室温下活化羧基1 h，加入1.32 μL聚合物水溶液（237 mmol/L）。室温下反应过夜，用葡聚糖凝胶色谱分离纯化，得到侧链修

饰的 Cy-S-S-Bodipy 猝灭体系的聚合物。

4.1.4 聚合物 POEGMA 分子量及聚合度计算

如图 4-4 所示，聚合物 POEGMA 的核磁共振图谱：^{1}H NMR（500 MHz，D_2O）δ 6.13（s，1H），6.09（s，2H），5.73～5.69（m，1H），5.67（s，2H），3.38～3.24（m，15H）。通过核磁共振图谱中聚合和未聚合单体积分面积以及氨基单体与 PEG 单体烯键氢的比例可以计算得到 POEGMA 的转化率为 51.97%，聚合度为 104，氨基单体聚合个数平均为 41.3，聚合物的分子量为 58840。

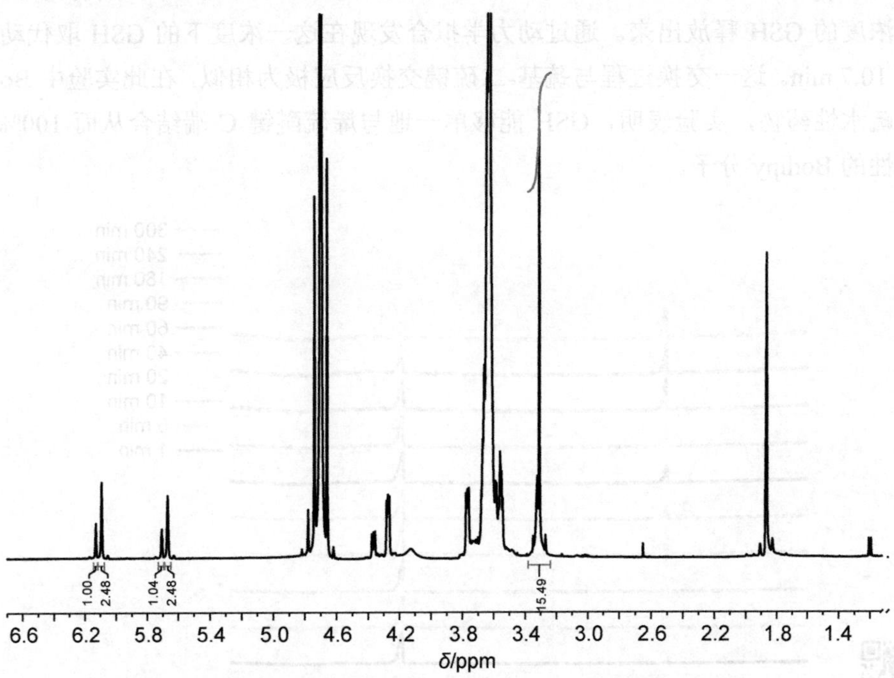

图 4-4 POEGMA 的 ^{1}H NMR 核磁共振图谱（500 MHz，D_2O）

4.1.5 给药体系修饰效率表征

合成两种聚合物猝灭体系并用凝胶色谱纯化后通过紫外-可见吸收光谱定量 Cy-C-S-Bodipy 和 Cy-C-S-Bodipy 部件的浓度分别为 4.2 μmol/L 和 5.1 μmol/L，体积分别为 23.9 mL 和 18 mL，据此可以计算出修饰上的猝灭体系总的物质的量，由于聚合物分子量很大，所用纯化方法有较高的回收率。因此假设在合成和纯化过程中没有损失，则可以通过修饰上的猝灭体系与聚合物的物质的量之比来求算侧链修饰上猝灭体系的个数。通过此方法求算出修饰上 Cy-C-S-Bodipy 和 Cy-C-S-Bodipy 的个数分别为 13.25 和 12.09。

4.1.6 S-C 及 S-S 猝灭体系的 GSH 还原动力学

将 Cy-C-S-Bodipy 定量配制成 200 μmol/L 的母液作为 A 液，GSH 用含 0.1% TFA 的酸

水配制成 4 mmol/L GSH 溶液作为 B 液，手套箱内将 A 液和 B 液混合开始计时，分别在 30 s、1 min、5 min、10 min、20 min、40 min、60 min、90 min、180 min、240 min、300 min、360 min 时从混合液中取 10 μL 加入到 10 μL 10%的偏磷酸溶液中猝灭反应，体系中烯硫醚动态共价键体系最终浓度为 25 μmol/L，GSH 最终浓度为 1 mmol/L。用超高效液相色谱监测反应过程，所得结果如图 4-5 所示，1 mmol/L 的 GSH 在生理 pH 下将连接猝灭体系的烯硫醚动态共价键打开形成新的烯硫醚动态共价化合物 GSH-CyClCOOH（6.4 min）。原来的猝灭体系 Cy-C-S-Bodipy 逐渐解离，在色谱上表现为 11.1 min 的色谱峰逐渐降低，而新的烯硫醚复合物 GSH-CyClCOOH 逐渐形成。通过不同时间点色谱流出曲线，还可以监测到 Bodipy 被 GSH 分子竞争性交换下来的过程，随着时间的延长，所有的 Bodipy 分子被高浓度的 GSH 释放出来。通过动力学拟合发现在这一浓度下的 GSH 取代动力学半衰期为 10.7 min。这一交换过程与巯基-二硫键交换反应极为相似，在此实验中 Bodipy 用来模拟疏水性药物，实验表明，GSH 能够单一地与烯硫醚键 C 端结合从而 100%地释放出疏水性的 Bodipy 分子。

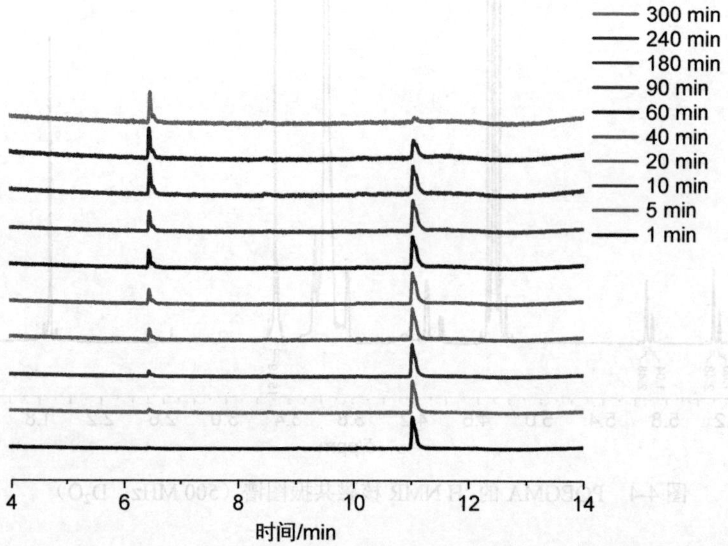

图 4-5 Cy-C-S-Bodipy（50 μmol/L）在 1 mmol/L GSH 的 PB（200 mmol/L，pH 7.4）中的还原动力学

与 GSH 对烯硫醚动态共价键还原动力学相似，接下来考察了同样条件下其对结构相似的二硫键的还原动力学（图 4-6）。将 Cy-S-S-Bodipy 定量配制成 200 μmol/L 的母液作为 A 液，GSH 用含 0.1% TFA 的酸水配制成 4 mmol/L GSH 溶液作为 B 液，手套箱内将 A 液和 B 液混合开始计时，分别在 30 s、1 min、5 min、10 min、20 min、40 min、90 min、180 min、360 min 时从混合液中取 10 μL 加入到 10 μL 10%的偏磷酸溶液中猝灭反应，体系中二硫键体系最终浓度为 25 μmol/L，GSH 最终浓度为 1 mmol/L 。用超高效液相色谱监测反应过程，所得结果与 GSH 对烯硫醚动态共价键的还原性质相似，但相较于与烯硫醚动态共价键的反应，GSH 在切断以二硫键为连接键的猝灭体系时新生成了多个副产物。同样条件下 GSH 对二硫键取代动力学半衰期为相近的 6.4 min。

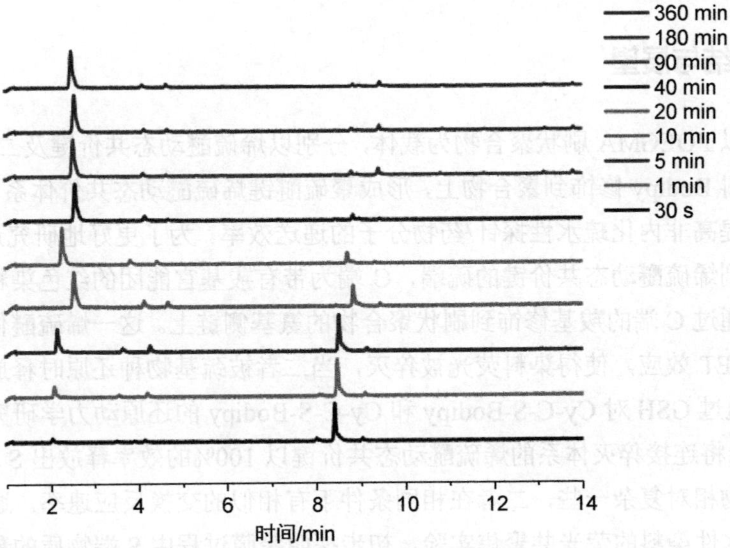

图 4-6　Cy-S-S-Bodipy（50 μmol/L）在 1 mmol/L GSH 的 PB（200 mmol/L，pH 7.4）中的还原动力学

4.1.7　烯硫醚载药系统给药内化机制研究

将相同浓度的带负电荷并且亲水性的 FITC 分子（跨膜能力较弱）和亲脂性的 Bodipy 分子（跨膜能力较强）分别通过-C-S-键修饰到 POEGMA 刷状聚合物载体分子上，分别和 MCF7 细胞一起孵育，初步结果（图 4-7）表明该递送体系能够在较短的时间内实现药物分子模拟物的释放，亲水性模拟物 FITC 和亲脂性模拟物 Bodipy 表现出较大的差异，主要原因是切断的 FITC 分子带两个负电荷并且脂溶性较差，而 Bodipy 分子为亲脂性分子可以顺利通过扩散作用进入细胞，这一差异也进一步表明，这种递送方式是在细胞外释放出药物分子，而药物载体并未进入细胞的非内化递送方式。

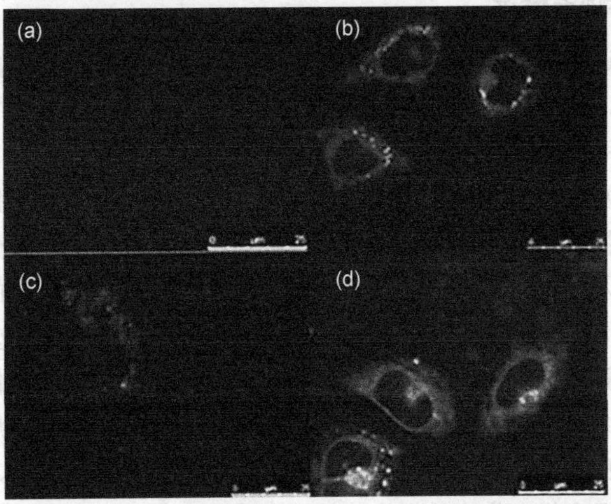

图 4-7　基于烯硫醚动态共价键的递送体系与 MCF7 细胞共聚焦成像实验

（a）POEGMA-C-S-FITC 共孵育 4 h；（b）POEGMA-C-S-Bodipy 共孵育 4 h；
（c）POEGMA-C-S-FITC 共孵育 24 h；（d）POEGMA-C-S-Bodipy 共孵育 24 h

4.1.8 总结与展望

本研究以 POEGMA 刷状聚合物为载体，分别以烯硫醚动态共价键及二硫键为连接键，将疏水性染料 Bodipy 修饰到聚合物上，形成聚硫醚键烯硫醚动态共价体系，希望通过分子内协同效应提高非内化疏水性探针/药物分子的递送效率。为了更好地研究递送过程，将染料分子修饰到烯硫醚动态共价键的硫端，C 端为带有羧基官能团的红色染料，二者以烯硫醚键连接后通过 C 端的羧基修饰到刷状聚合物的氨基侧链上。这一烯硫醚体系由于两个染料之间的 FRET 效应，使得染料荧光被猝灭，当二者被巯基物种还原时释放出荧光分子而恢复荧光。通过 GSH 对 Cy-C-S-Bodipy 和 Cy-C-S-Bodipy 的还原动力学研究发现，GSH 在生理 pH 下能将连接猝灭体系的烯硫醚动态共价键以 100%的效率释放出 S 端物种，而二硫键的还原产物相对复杂一些，二者在相同条件下有相似的交换反应速率。通过在 S 端分别修饰亲、疏水性染料的荧光共聚焦实验，初步探明跨膜过程中 S 端物质的释放主要在膜外进行，尤其适用于非内化的药物/探针递送体系。

由于时间因素尚有一些研究实验比如同样浓度的 C-S 和 S-S 动态共价键作连接键时递送效率的比较、改变侧链修饰数量后递送效率的差异等，仍会在后续进行深入的研究。

4.2 膜表面巯基受体–烯硫醚动态共价键交换反应介导跨膜递送体系构建

4.2.1 引言

4.2.1.1 药物递送体系概况

生物活性物质进入细胞是发挥作用的先决条件，但作为原始生命向细胞进化所获得的重要形态特征之一，细胞膜是防止细胞外物质自由进入细胞的屏障，它保证了细胞内环境的相对稳定，使各种生化反应能够有序运行[7-9]。为了完成特定的生理功能，细胞膜可以选择性地与周围环境发生信息、物质与能量的交换用以获得所需物质和排出代谢废物。由于细胞这一选择性的物质转运体系，许多外源性物质特别是一些生物大分子比如多肽、蛋白质和寡核苷酸等进入细胞需要克服细胞膜这一防御性屏障[10-11]。相应的，对于靶点在胞内的药物而言，如何突破这一天然的生理屏障是首先要解决的问题。细胞膜是选择透过性的，不支持不同药物跨膜吸收的通用机制。一种药物必须是高度亲脂性或体积非常小，才能有机会通过脂溶性的细胞膜屏障。这些限制意味着药物开发的种类和疾病的药物治疗方法由于无法跨越细胞自身的生理防御屏障而大大受限。许多新的治疗方法，如基因和蛋白质治疗已经逐渐展现出很多优于化疗的优势。基因疗法是通过一定方式将外源基因导入靶细胞内来发挥治疗效果的一种新型疗法，外源基因的核酸序列决定了其在细胞中行使的功能，核酸序列的特异性赋予了基因治疗广泛的应用前景[12-14]。作为生物大分子的蛋白质药物也因为其良好的生物相容性、高的靶点特异性以及生物可降解性能等优势已经在临床展现出了很大的潜力，针对各种流行疾病的疫苗和抗体药物也成为最安全有效预防相应疾病的手段。然而，对于从事研究的科学家和制药业来说，由于细胞不渗透肽和寡核苷酸的性质这些疗法和药物的研发面临一个重大挑战。

4.2.1.2 基于细胞质膜作用的药物递送体系

外源性生物活性分子的跨膜转运效率已经成为制约分子药物和探针等绝大多数生物诊疗及传感分子发展的最主要因素。从提高跨膜转运效率的角度开展深入研究如设计分子药物和探针，对药物或探针的设计和有效递送具有理论上的指导意义。由脂类、蛋白质和糖类等组成的细胞膜，通过严格的膜生物机制调控外源性生物活性分子进出细胞的过程。一些生物活性大分子比如蛋白质、抗体、纳米颗粒等很难透过细胞膜进入到胞内。针对如何更高效地提高跨膜转运效率这一科学难题，科研工作者进行了诸多的努力和尝试，一系列基于外源性生物活性分子与细胞膜作用从而提高跨膜转运效率的体系研究已经取得了较大进展，并揭示出药物和探针开发的潜在发展方向。

通常外源性药物或者探针分子进入细胞的方法有被动扩散和主动运输两种。一般一些疏水性小分子药物可以通过扩散作用渗透进入细胞。对于大多数亲水性物质或者生物大分子物质来说，一般通过内吞机制和膜易位机制进入细胞[1]。为了使大分子药物进入细胞，一般通过将药物修饰或者包裹到载体如聚合物、纳米颗粒、脂质体或者多肽上来提高其循环稳定性以及跨膜效率[15]。通常高分子或者纳米载体药物通过内吞的方式进入细胞，而与细胞质膜有较好相容性的脂质体载体药物通过膜融合方式进入细胞。目前制药以及科研领域提高载体药物或者大分子探针进细胞效率的主要方式包括以下几个方面：①疏水基团修饰[16-18]：由于细胞质膜的骨架是磷脂双分子层，因此疏水基团修饰能够增强载体和细胞膜之间的亲和力，从而提高复合物的细胞摄入水平。②细胞穿膜肽（CPP）修饰[19,20]：CPP是一类能够穿透细胞膜的短肽，一般由不超过30个的氨基酸组成。目前已经有多种多肽、蛋白质及核酸等生物大分子通过CPP携带进入细胞，提高细胞摄入水平的研究被报道出来，也已经有基于这一策略的药物递送体系进入到临床试验阶段。③基于膜表面受体的修饰策略[21,22]：细胞膜表面分布有大量的能够和特定配体发生作用的蛋白质。在外源性分子表面修饰能够和受体特异性结合的小分子，能够大大提高和细胞膜的结合常数，进而显著提高外源性活性物质的跨膜转运效率。由于不同细胞膜的受体表达具有差异性，因此能够调控活性物质在特异性细胞中的摄入水平。

目前，基于细胞膜表面受体介导的递送方式包括一些非共价的静电作用和亲和作用，比如最早开发出来的细胞穿透肽与负电性质的细胞膜的静电作用[23]以及亲和性配体（如叶酸受体介导的内吞作用[24]以及生物素-亲和素的亲和作用）等，通过对递送体系进行生物素、叶酸等修饰，能够与细胞膜表面相应受体产生非共价弱相互作用而显著提高跨膜效率。另外，结合细胞膜表面蛋白的特点，基于硼酸酯交换、巯基-二硫键交换以及腙键的交换反应，具有不同响应活性及递送效果的递送体系也不断地被开发出来。由于这些递送体系是通过共价键与细胞膜表面受体作用的，与膜表面的结合能力更强，因而往往表现出更好的递送效果，目前这一类方法正在引起科研工作者以及制药行业的关注。

（1）基于非共价弱相互作用递送体系

① 基于细胞穿透肽（CPP）递送体系

在 1988 年，肽不依赖膜受体穿越细胞膜的非凡能力被揭示出来[25]。被称为 Tat 的人类免疫缺陷病毒 1 型（HIV-1）基因组的转录激活因子被证明以一种无毒高效的方式进入细胞[26]。根据这些特性，Tat 被称为第一细胞穿透肽(CPP)。CPPs 已被证明能够将具有生物活性的物质运送到细胞内部，其已被用作实验室工具。然而，人们相信它们的真正潜力在于治疗领域。附着在 CPPs 上的治疗药物可以被运送到细胞内的靶点，从而克服了质膜设定的进入限制。自发现 Tat 以来，具有细胞穿透能力的已知肽的数量不断增加，2003 年，第一种基于 CPP-drug 的药物达到了二期临床试验阶段。

自 20 多年前 Tat 被发现以来，HIV-1Tat 转导结构域 RKKRRQRRR 跨细胞膜转运结合物的潜力引起了相当多的科学关注[27]。HIV-1 Tat 由 9 个氨基酸组成，其中 6 个是精氨酸，2 个是赖氨酸，唯一没有正电荷的残基是位于 6 位的谷氨酰胺。由于具有高效的细胞膜穿透能力，细胞穿透肽（CPPs）有望成为使用于治疗或诊断的药物进入细胞的候选药物。这些亲水性的聚阳离子多肽，可以单独进入细胞，也可以连接到不可跨膜转运的大分子上，如药物、荧光团、蛋白质、siRNA、质粒 DNA 或量子点，这些大分子经过穿透肽修饰后，都能穿过细胞膜屏障[28-30]。为了更加高效地利用这一递送方法，人们正在努力探索 CPPs 跨膜机制，并设计和合成效率更高、毒性更小的 CPPs。

细胞膜是脂溶性的磷酸双分子层，最亲水的聚阳离子 CPPs 如何跨越疏水膜屏障的问题引起了学术界的广泛兴趣，富含精氨酸的穿透肽也被非正式地称为精氨酸魔法。由于有关进程难以捉摸、充满活力，其细胞摄取的机制尚存争议，关于其提高跨膜效率原理的辩论一直持续到今天，目前倾向于内吞(即胞内吞)或通过膜被动扩散，这取决于浓度等递送条件。最近，越来越多的实验和模拟结果支持了这样一种观点，即当 CPPs 的浓度较高时，直接易位而占主导地位。这种易位机制表明，带正电荷的氨基酸如精氨酸等与膜两侧的磷酸基发生强烈的相互作用，使膜结构发生扭曲，在膜上形成亲水的通道。然后，部分 CPPs 通过亲水通道移位到细胞内膜上。根据这一机理，人们努力寻找新的 CPPs 或其他条件，使膜容易产生亲水性通道。这些工作包括 CPPs 的氨基酸类型和序列的变化，以及它们的二级结构和聚集程度的变化。此外，对细胞膜的组成、应力以及外加电场也进行了研究。

目前，基于 CPPs 的递送体系不断地被构建出来，人们对其跨膜机制也有了越来越清晰的认识。然而，CPPs 往往表现出细胞毒性，这可能与其引起的细胞膜非正常的扰动和破坏有关。同时，基于 CPPs 设计出来的递送体系经常被困在核内体中[31]，递送的药物或者探针分子也很难发挥作用。很多课题组也在致力于如何改进 CPPs 来降低其生物毒性，提高递送物质的生物利用度以及进一步提高其递送效率。

② 化学改性修饰大分子递送体系

通过化学改性可以克服胞内递送过程中的各个屏障。一些常见的正交反应基团用于载体连接蛋白质，比如亲和素（avidin）和生物素（biotin）之间可以通过非共价的方式结合，且结合力很强（K_d 小于 10^{-15} mol/L）。多聚组氨酸标签（His-tag）是蛋白质合成过程中融合的一段小肽，His-tag 对多种金属离子具有很高的亲和能力，利用 Ni-IDA、Ni-NTA 和 Ni^{2+} 金属离子亲和层析柱可以特异性地结合具有 His-tag 的蛋白质，从而将含有 His-tag 的蛋白质纯化出来。Ni-NTA 结合 His-tag 标记的蛋白质的能力也很强（K_d小于 10^{-7} M），四嗪（Tz）可以和反式环辛炔（TCO）反应形成共价键。因此有课题组通过将 biotin、Ni-NTA 和 Tz 连接到载体上，将 avidin、His-tag 和 TCO 连接到蛋白质上，从而实现多种蛋白质的胞内递送[32,33]。

（2）基于动态共价相互作用的药物递送体系

许多生物药物的应用由于细胞传递效率低而受到限制。先前克服这一局限性的努力主要集中在使用阳离子域肽（如细胞穿透肽、穿透蛋白）或非肽（如 PAMAM 树状大分子和聚乙烯亚胺）来增强化疗药物与阴离子细胞膜表面之间的吸引力。天然配体（如叶酸和 RGD 三肽、生物素）也被用于通过靶向药物到特定的细胞膜表面受体来促进细胞传递。虽然这些方法取得了一些成功，但是需要额外的释放策略。近些年来，基于细胞膜表面天然受体的增长型递送方式成为各类药物跨膜递送领域的研究热点。动态共价键如二硫键、酰腙键以及硼酸酯等能够与细胞膜表面的含巯基蛋白、含氨基蛋白以及糖蛋白在生理条件下发生交换反应并且分别对氧化还原环境、pH 以及其他种类的糖蛋白敏感，在特定条件下能够被交换下来，从而使得该类化学键具备提高药物递送和释放能力的潜力。

① 邻位二醇-硼酸酯交换

硼酸很容易与糖类的 1,2-和 1,3-二醇形成硼酸酯，细胞膜表面覆盖着一层厚厚的多糖，称为多糖包被，其结构中包含有大量的 1,2-和 1,3-二醇官能团[34-35]。基于此，可以将硼酸酯官能团对生物大分子进行修饰，经过修饰的递送体系可以和细胞膜表面的糖蛋白发生作用形成新的硼酸酯从而将递送物质富集到细胞膜表面从而提高递送效率。基于偶联聚乙烯亚胺的硼酸修饰递送体系已被证明可以增强 DNA 转染，又有多个工作报道特定结构硼酸酯修饰能够介导蛋白质进入哺乳动物细胞的细胞质。

此外，硼酸盐与人类生理相容，广泛地出现在化疗药物和其他疗法中。同时，硼酸盐的特性使它们作为药物传递介质具有吸引力。首先，核内体在成熟时酸性更强。在协同作用中，硼酸盐对糖类的亲和力随着 pH 值的降低而降低。此外，随之而来的络合损失导致硼酸盐变得更疏水。这些特性可以促进胞浆的易位。其次，硼酸盐不是阳离子，避免了阳离子域引起的非特异性库仑相互作用，可导致体内高比率的肾小球滤过和调节。最后，许多疾病都与细胞膜表面糖基化的改变有关，对特定糖基化具有特异性的硼酸可以作为靶向给药策略的基础[34]。

因此作为一种与细胞膜表面糖基受体作用的递送方式，将治疗药物进行硼酸修饰靶向于多糖包被将增强其细胞传递能力。

② 巯基-二硫键交换

蛋白质中存在的二硫键对于维持蛋白质的结构和功能起到了很关键的作用。细胞膜的很多跨膜蛋白、位于膜外与细胞膜共价结合的蛋白质（如糖基化磷脂酰肌醇连接蛋白）和膜外与细胞膜非共价结合的蛋白质都含有很多反应性巯基，参与很多胞外巯基-二硫键的交换反应（图 4-8），已经报道了质膜上二硫键交换反应的几个作用，包括激活细胞内信号通路和改变蛋白质功能。早期的文献发现，一些病毒，如 Sindbis 病毒和 HIV[36]，似乎需要还原病毒包膜糖蛋白中的关键二硫键，与靶细胞膜表面发生这种交换反应，以实现细胞感染过程中病毒 RNA 的膜融合和递送。这些发现表明，细胞膜表面巯基可能介导了细胞内化细胞外化合物的一种自然机制。2012 年 Michael J. Gait 提出利用细胞膜表面巯基-二硫键交换反应可以增加材料分子进细胞效率，并建议在将来的合成生物分子的设计中应该考虑用巯基修饰，以优化细胞递送[37]。随后很多基于在材料分子上修饰巯基，利用与细胞膜表面巯基发生交换反应来提高细胞递送效率的工作被相继发表出来，比如在寡核苷酸、CPPs、多肽、纳米颗粒、聚合物、荧光染料和功能性磁共振成像复合材料等上修饰巯基反应基团，在多种细胞系以及活体小鼠体内都基本实现了药物递送、荧光成像、MRI 细胞标记等多方面的应用。

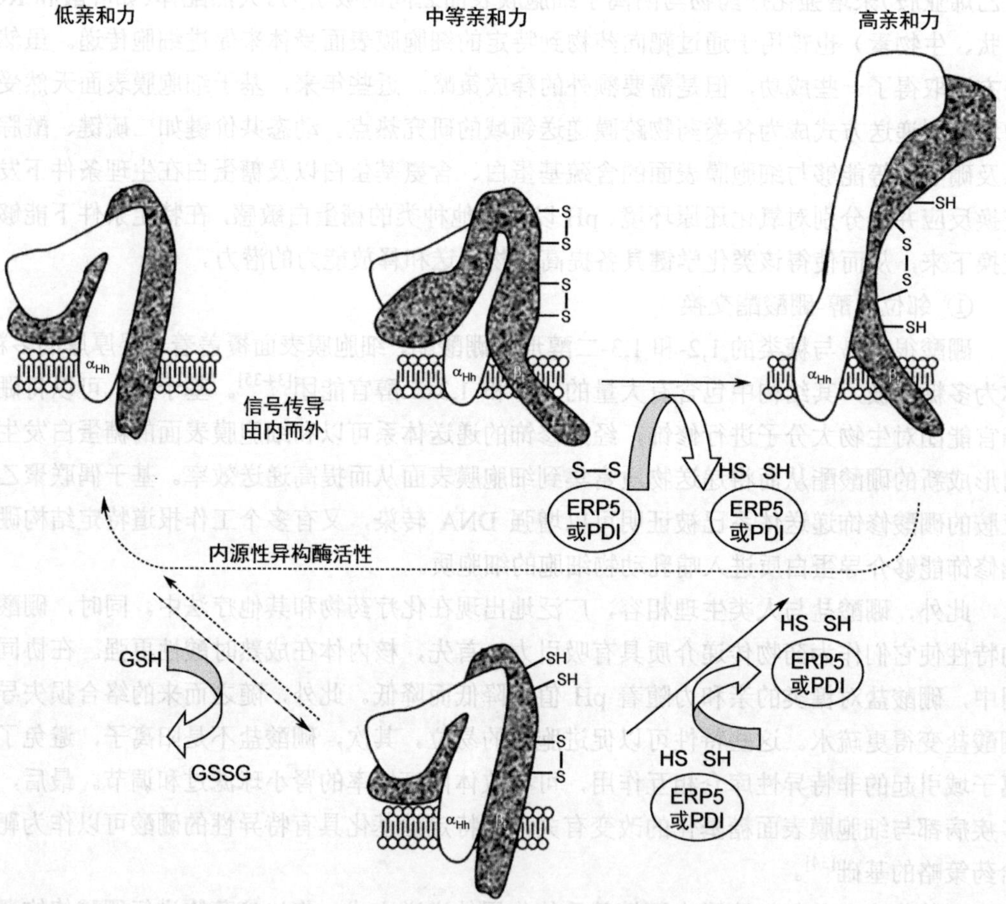

图 4-8 巯基-二硫键交换

基于细胞膜表面巯基-二硫键交换反应的递送及控释体系由于细胞膜上存在大量巯基受体分子和蛋白质，同时细胞内外巨大的 GSH 浓度差异而备受关注[38]，因此基于细胞膜表面巯基-二硫键交换反应提高递送效率的诸多体系被报道出来。基于细胞膜表面巯基-二硫键交换反应介导的跨膜转运，由于其独一无二的化学生物学性能，目前已经成为该领域科学研究的热点。由于巯基广泛存在于细胞膜表面，因此，对外源性生物活性分子进行巯基化修饰并形成二硫键，进而利用其与膜表面巯基的巯基-二硫键交换反应介导细胞内化而提高内化效率，已被证实是有效的提高跨膜转运效率的典型模式，多个课题组也正在不断尝试设计各种类型的基于二硫键跨膜的探针和药物递送体系[39]。

Stefan Matile 课题组发表了一项将这两个方面结合起来应用于提高材料分子进细胞效率的工作，即合成了一种含巯基的底物引发的开环二硫化物交换反应合成的聚二硫化物细胞穿透材料[40]。该反应体系包括三个部件，第一个部件是修饰了巯基的探针或药物作为引发剂，第二个部件是含有胍基的二硫化物单体，最后一个部件是碘乙酰胺终止剂。反应的过程是：首先引发剂上的巯基进攻单体的二硫键，形成混合共价二硫键后，单体剩余的那个活性巯基又会去进攻下一个单体的二硫键，如此重复后最后用碘乙酰胺终止剂终止反应，从而生成一个富含胍基阳离子的聚二硫化物细胞穿透材料。该方法既保留了“精氨酸魔法”中关键基团聚胍基来拉近细胞以提高进细胞效率，又将原来的穿透肽酰胺骨架换成聚二硫键骨架，一是利用细胞膜表面和该材料的巯基-二硫键交换反应提高进细胞效率，二是进入细胞后二硫键很容易被还原后释放药物，避免了传统细胞穿透肽进入细胞后难以降解的细胞毒性。而且该方法根据需要可以通过改变单体的疏水性和二硫键交换动力学来实现连接的探针进入细胞内的定位，是定位于胞浆、细胞核还是溶酶体。而且该方法中探针或药物并没有进行任何修饰，因此药物释放更加简单，方法快速方便。随后 Stefan Matile 课题组又探索了环二硫化物中环张力对巯基介导的细胞摄取效率的影响，发现随着环张力的增加，细胞摄取效率逐渐增加[41]。并发表了一项工作，利用二硫代二酮哌嗪（ETPs）（二硫键二面角接近 0°），将这种尽可能高的环张力应用于促进巯基介导的摄取，并成功实现了将其有效地输送到细胞质和细胞核[42]。

Wu 课题组报道了一种基于 CGC 基序修饰来提高跨膜转运效率的策略。当递送体系修饰上 CGC 基序后，与非半胱氨酸类似物相比，含有 CGC 的阳离子肽的细胞摄取效率提高了约 20～50 倍，与 CGGC/CC 和单半胱氨酸类似物相比，细胞摄取效率提高了约 3～10 倍[43]。该课题组基于这一策略，通过对一种迷你蛋白的 CXC 基序修饰，成功实现了该蛋白质的高效跨膜转运[44]。

目前，穿透细胞膜的聚二硫醚正成为未来穿透细胞膜的分子，因为它们的胞质降解释放底物并消除毒性。然而，到目前为止，细胞膜穿透性聚二硫醚主要用于基因转染的非共价多聚物，而其制备方法很难实现底物的共价附着，这是 CPPs 的主要缺点之一。

③ 巯基-烯硫醚交换

C-S 键是一种常见的共价键，其中具有动态共价键性质的主要有缩硫醛交换和巯基-烯迈克尔加成反应两类。基于巯基-烯迈克尔加成反应的化学键很多被用于检测谷胱甘肽、半胱氨酸、同型半胱氨酸等生物硫醇分子。巯基能够与烯硫醚键发生交换反应从而形成新的烯硫醚键，这也就意味着烯硫醚动态共价键可以与细胞膜表面的巯基受体作用。

基于细胞膜表面巯基-二硫键交换反应（图 4-9）来提高生物大分子进入细胞的效率特别是基于 CXC 基序以及聚二硫键的递送体系是目前被证实效率较高递送方式，已经在实验室层面被验证是一种行之有效的策略。然而实际上由于二硫键动态共价键的无方向性，该递送方式存在以下天然缺陷：巯基修饰的外源性物质得以提高内化效率的根本性因素是与细胞膜表面巯基的交换反应使得外源性巯基物种在膜附近富集，但每次外源性巯基物种靠近细胞膜与膜巯基发生交换反应时均有 50%概率发生与药物或者探针分子相连一端被切断而离开细胞膜，需要再次发生新的碰撞才能进一步获得 50%的连膜概率，对于聚二硫键体系来说，总的连膜效率会呈指数性递减。但是如果将二硫键动态共价键用烯硫醚动态共价键替代，构建相应的聚烯硫醚递送体系，把需要递送的探针或者药物分子连接到烯键 C 端，那么由于细胞膜表面巯基与烯硫醚动态共价键交换反应的方向性，来自于细胞膜表面的巯基将以 100%的概率进攻 C 端而将聚二硫键体系牢牢拉到细胞膜表面，相应的递送效率应该有大幅度提升。

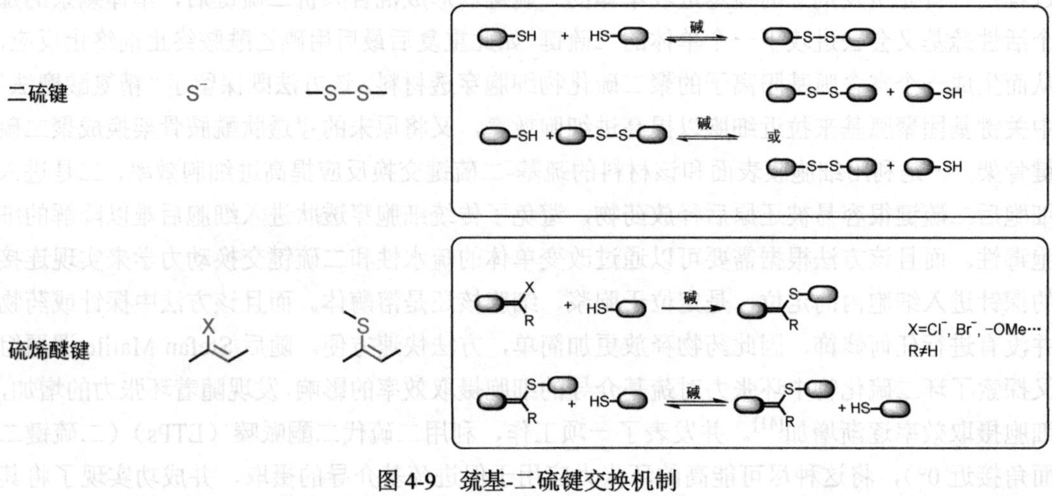

图 4-9　巯基-二硫键交换机制

4.2.2　设计思路及研究内容

由于细胞膜表面广泛分布着多种巯基受体蛋白，这些蛋白在维持蛋白质三维结构、调控细胞膜性能的同时，能够与外源性巯基活性物种发生氧化还原反应。受基于膜巯基受体的巯基-二硫键交换反应能够介导提高递送效率的启发，本工作分别基于巯基-烯迈克尔加成反应以及巯基-烯硫醚 S_N2 亲核取代反应，设计了两种类型能够与膜巯基发生共价反应的功能基团。其中基于烯硫醚的递送体系能够与膜表面巯基发生交换反应形成递送体系，与膜表面巯基蛋白的共价连接物使得递送体系能够在细胞膜表面富集从而提高进细胞效率。烯硫醚动态共价键是一类氧化还原响应性的动态共价键，能够被其他巯基物种交换从而形成新的烯硫醚动态共价体系。因此，当递送体系进入细胞后，由于胞内高浓度的 GSH，很容易将该体系从膜释放进而提高所递送生物大分子的生物利用率。

同时，考虑到细胞膜表面少量游离的巯基氨基酸如半胱氨酸和谷胱甘肽，也可能与已经连膜的烯硫醚动态共价键发生交换反应，进而切断体系与细胞膜之间的共价连接，并形成更加亲水的谷胱甘肽复合物，进一步增强进细胞效率（由于细胞膜表面巯基氨基酸含量较低，同时递送体系与细胞膜表面巯基存在共价键-静电作用的协同作用，游离巯基氨基酸的干扰会比较小）。本研究工作又设计了一种基于苯基二氰基烯烃的巯基-烯迈克尔加成递送体系。苯基二氰基烯烃与巯基的反应是一种自发可逆的反应，携带有该功能部件的递送体系接近细胞膜以后能够和膜上巯基发生迈克尔加成反应从而形成共价连接进而使膜表面浓度提高，同时如果有游离的巯基氨基酸切断该连接形成亲水性复合物，当该体系离开膜表面时由于巯基氨基酸浓度的降低，该复合体系会自发解离从而恢复其疏水性质。

本研究工作初步以细胞穿透肽为递送模拟物，通过荧光共聚焦以及流式细胞技术来考察修饰上烯硫醚动态共价基团对细胞穿透肽的进细胞效率的影响。并在此基础上进一步修正递送体系的设计。

4.2.2.1 烯硫醚动态共价递送体系设计思路

以芳基二氰基烯烃衍生物为母体，通过两种针对细胞膜表面巯基的不同反应类型、不同反应能力的功能基团修饰，考察该策略对细胞穿透肽 Tat 的跨膜效率的影响。其中细胞穿透肽 Tat 既作为被递送的模型分子，同时又在体系中起到将功能部件拉近细胞膜的协同作用。为了验证递送的效果，没有任何功能基团修饰的苯基模型用来与其他两种的递送体系做对照。通过荧光共聚焦成像技术对递送体系进行定性分析并对内化进程进行追踪监测。通过流式细胞技术来定量分析这种跨膜递送策略的效果。

4.2.2.2 烯硫醚动态共价递送体系合成路线

合成路线如图 4-10 所示。

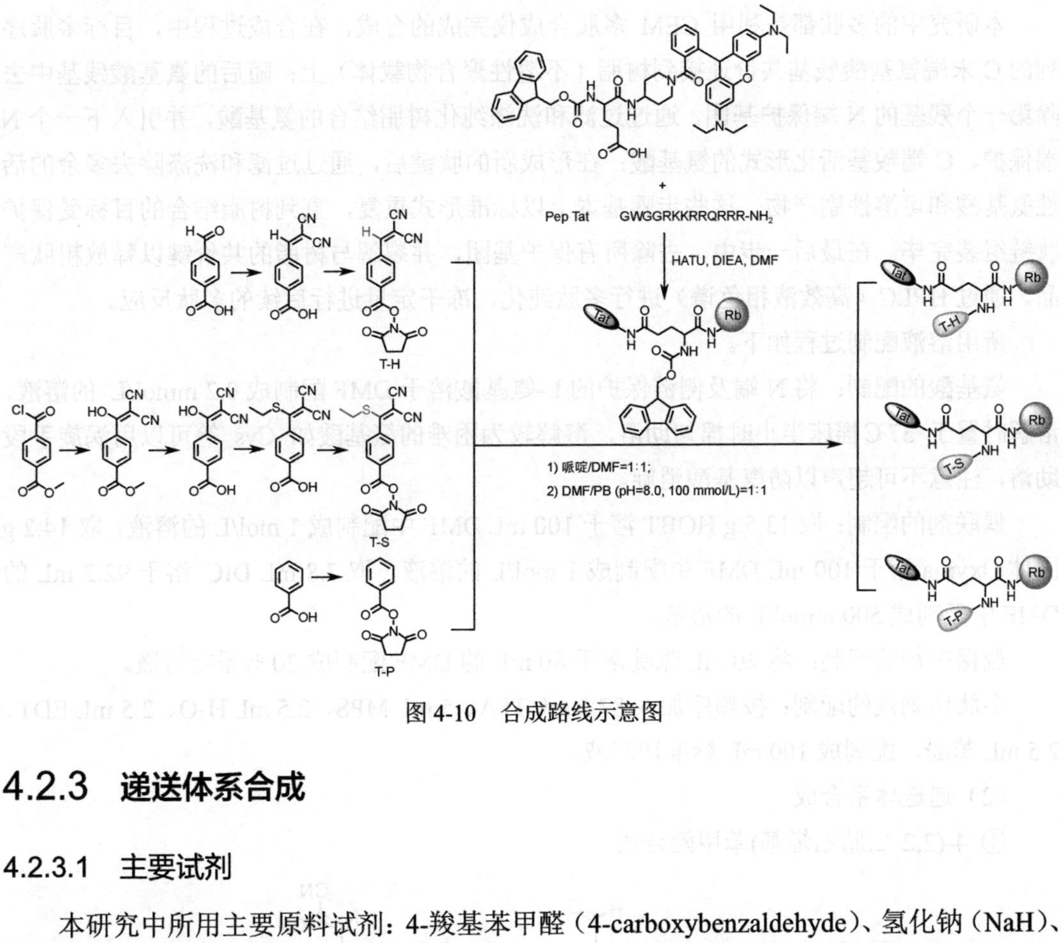

图 4-10 合成路线示意图

4.2.3 递送体系合成

4.2.3.1 主要试剂

本研究中所用主要原料试剂：4-羧基苯甲醛（4-carboxybenzaldehyde）、氢化钠（NaH）、4-氯甲酰基苯甲酸甲酯（4-chlorocarbonylbenzoate）、五氯化磷（phosphorus pentachloride）、4-二甲氨基吡啶（DMAP），购自于安耐吉公司；苯甲酸（benzoic acid）、丙二腈（malononitrile）、乙硫醇（ethanethiol），购自梯希爱公司（上海）。合成所用溶剂及常见原料药品均购自于国药集团化学试剂有限公司；分析测试试剂选用分析纯（AR），合成及分析实验如未特别注释，均在室温下进行；FMOC-Glu-Otbu 以及实验中合成多肽所用氨基酸均采购自吉尔生化公司，罗丹明 B（rhodamine B）、*N, N*-二甲基甲酰胺（DMF）溶剂购自百灵威公司（上海）。

4.2.3.2 主要仪器

Esquire 3000 plus 电喷雾离子阱质谱仪（布鲁克·道尔顿公司），Bruker Advance-500 型核磁仪（布鲁克·道尔顿公司），紫外-可见分光光度计（日立，Hitachi U-3900H），荧光光度计（日立，Hitachi F-7000H），GL-3250 型磁力搅拌器（厦门顺达设备有限公司），TECNAI F-30 透射电子显微镜（日立）。

4.2.3.3 烯硫醚动态共价键递送体系合成

（1）多肽合成

本研究中的多肽都是利用 CEM 多肽合成仪完成的合成。在合成过程中，目标多肽序列的 C 末端氨基酸残基共价连接到树脂（不溶性聚合物载体）上；随后的氨基酸残基中去除第一个残基的 N 端保护基团，通过过滤和洗涤纯化树脂结合的氨基酸，并引入下一个 N 端保护、C 端羧基活化形式的氨基酸；在形成新的肽键后，通过过滤和洗涤除去多余的活性氨基酸和可溶性副产物。这些步骤基本上以标准形式重复，直到树脂结合的目标受保护肽链组装完毕。在最后一步中，去除所有保护基团，并裂解与树脂的共价键以释放粗肽产品。通过 HPLC（高效液相色谱）进行多肽纯化，冻干定量进行后续的多肽反应。

所用溶液配制过程如下。

氨基酸的配制：将 N 端及侧链保护的 L-氨基酸溶于 DMF 配制成 0.2 mmol/L 的溶液，溶解时置于 37℃摇床半小时摇匀助溶，溶解较为困难的氨基酸如 Cys 等可以用涡旋手段助溶，注意不可超声以防氨基酸消旋。

偶联剂的配制：取 13.5 g HOBT 溶于 100 mL DMF 中配制成 1 mol/L 的溶液，取 14.2 g 固体 Oxyma 溶于 100 mL DMF 中配制成 1 mol/L 的溶液，取 7.8 mL DIC 溶于 92.2 mL 的 DMF 中配制成 500 mmol/L 的溶液。

脱保护剂的配制：将 20 mL 哌啶溶于 80 mL 的 DMF 配制成 20 %哌啶溶液。

多肽切割液的配制：按顺序加入 87.5 mL TFA、5 mL MPS、2.5 mL H_2O、2.5 mL EDT、2.5 mL 苯酚，配制成 100 mL 标准切割液。

（2）递送体系合成

① 4-(2,2-二腈乙烯基)苯甲酸合成

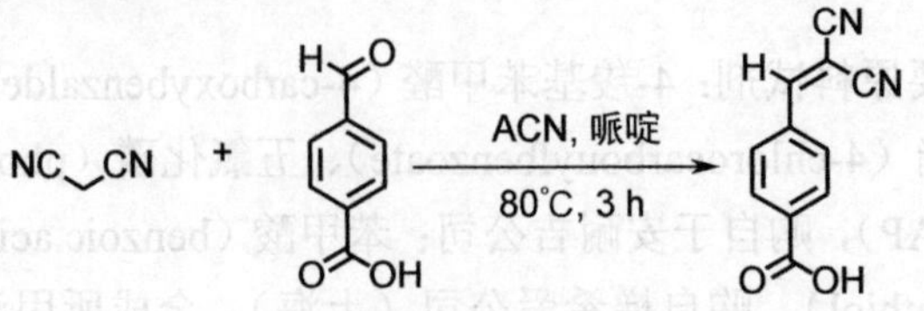

将丙二腈（316 mg, 4.8 mg）和对醛基苯甲酸（600 mg, 4 mmol）溶于 20 mL 乙腈，滴加三滴哌啶，N_2保护，80℃回流反应 3 h，恢复至室温，旋蒸除去大部分溶剂，冷却后加入乙醚析出沉淀，抽滤，用乙醚洗涤沉淀，得到白色固体粉末，无需进一步纯化直接用于下一步反应。

② 4-(2,2-二腈乙烯基)苯甲酸 NHS 酯（T-H-NHS）合成

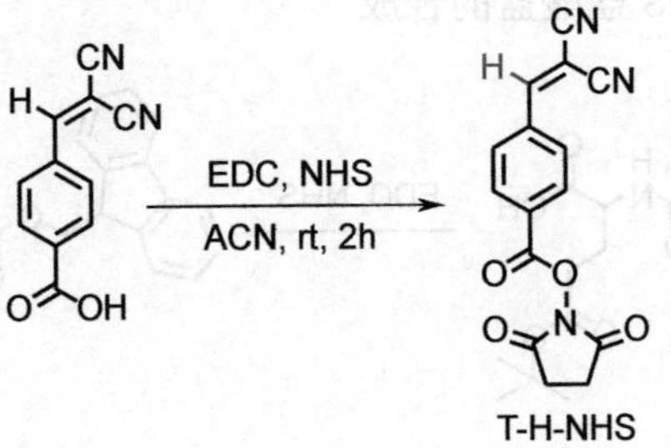

将上步所得产物 4-(2,2-二氰基-1-*H*-乙烯基)-苯甲酸（400mg，2 mmol）溶于 20 mL 乙腈，加入 1-(3-二甲氨基丙基)-3-乙基碳二亚胺盐酸盐（460 mg，2.4 mmol）和 *N*-羟基琥珀酰亚胺（345 mg，3 mmol），室温下搅拌反应 2 h，旋蒸除去溶剂，用 50 mL 乙酸乙酯溶解，分别用饱和碳酸氢钠、水和饱和氯化钠洗涤，无水硫酸钠干燥，旋蒸除去溶剂，真空干燥得到白色固体。

③ 苯甲酸 NHS 酯（T-P-NHS）合成

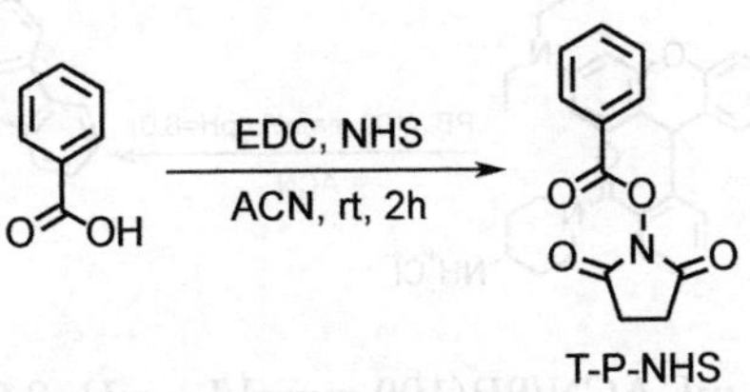

TP-NHS 的合成与 TH-NHS 相似，将苯甲酸（600 mg，5 mmol）溶于 20 mL 乙腈，加入 1-(3-二甲氨基丙基)-3-乙基碳二亚胺盐酸盐（1.2 g，6 mmol）和 *N*-羟基琥珀酰亚胺（863 mg，7.5 mmol），室温下搅拌反应 2 h，旋蒸除去溶剂，用 50 mL 乙酸乙酯溶解，分别用饱和碳酸氢钠、水和饱和氯化钠洗涤，无水硫酸钠干燥，旋蒸除去溶剂，真空干燥得到白色固体。

④ EtS-CN_2-NHS 的合成

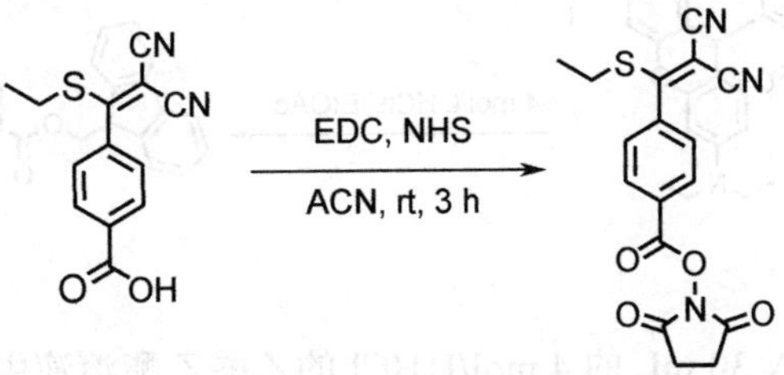

将 EtS-CN_2COOH（516 mg，2 mmol）溶于 20 mL 乙腈，加入 1-(3-二甲氨基丙基)-3-乙基碳二亚胺盐酸盐（460 mg，2.4 mmol）和 *N*-羟基琥珀酰亚胺（345 mg，3 mmol），室

温下搅拌反应 2 h，旋蒸除去溶剂，用 50 mL 乙酸乙酯溶解，分别用饱和碳酸氢钠、水和饱和氯化钠洗涤，无水硫酸钠干燥，旋蒸除去溶剂，真空干燥，加入 15 mL 乙腈-水（体积比 1∶1）混合溶剂，室温下搅拌约 0.5 h，析出未活化的羧基原料，抽滤，旋蒸除去乙腈溶剂，用乙酸乙酯萃取，饱和氯化钠洗涤有机相，无水硫酸钠干燥，旋蒸除去溶剂，真空干燥，得到淡黄色固体。

⑤ Fmoc-Glu(Otbu)-NHS 盐酸盐的合成

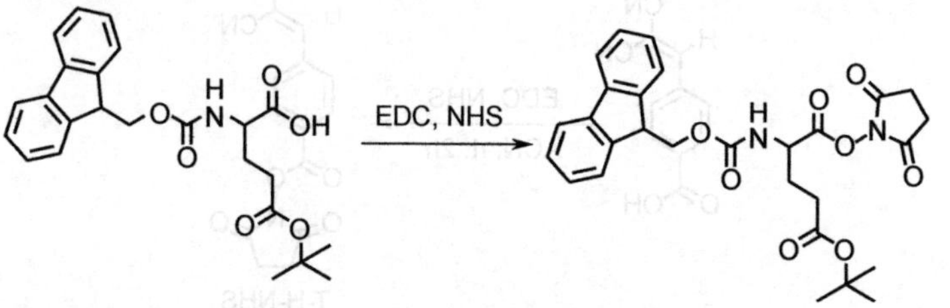

将 Fmoc-Glu(Otbu)-OH（850 mg，2 mmol）溶于 20 mL 乙腈，加入 1-(3-二甲氨基丙基)-3-乙基碳二亚胺盐酸盐（460 mg，2.4 mmol）和 *N*-羟基琥珀酰亚胺（345 mg，3 mmol），室温下搅拌反应 2 h，旋蒸除去溶剂，用 30 mL 乙酸乙酯溶解，分别用饱和碳酸氢钠、水和饱和氯化钠洗涤，无水硫酸钠干燥，旋蒸除去溶剂，真空干燥，得到白色固体。

⑥ Fmoc-Glu(Otbu)-RB 的合成

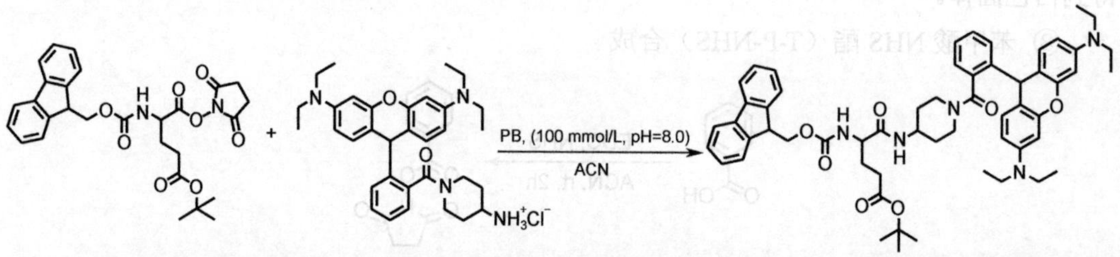

将上步所得产物溶于 20 mL ACN/PB(100 mmol/L，pH=8.0)=1/1（体积比）的混合溶剂中，加入 $RB\text{-}NH_2$ 盐酸盐（1.35 g，2.4 mmol），室温下搅拌反应 2 h，其间用超高效液相色谱仪监测反应进程，反应结束后旋蒸除去溶剂，产物用 100 mL 乙酸乙酯溶解，依次用饱和氯化铵、水、饱和碳酸氢钠、水以及饱和氯化钠洗涤有机相，无水硫酸钠干燥，减压蒸馏，残余物真空干燥得到紫黑色产物。

⑦ Fmoc-Glu-RB 的合成

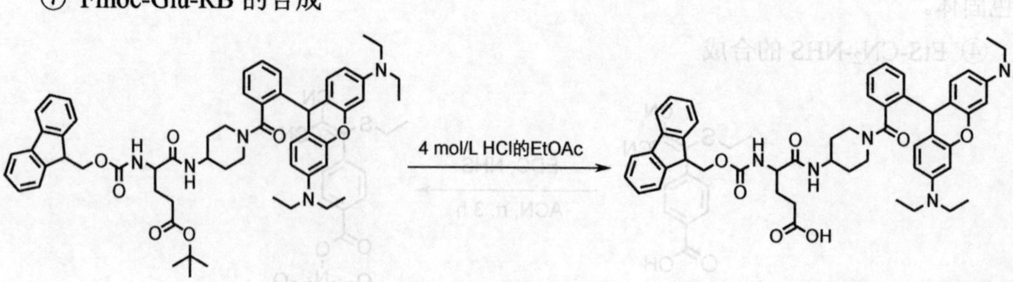

将上述所得产物加入 30 mL 的 4 mol/L HCl 的乙酸乙酯溶液中，室温搅拌 2 h。溶剂在减压下被除去。加入 10 mL 乙酸乙酯，浓缩后用共沸物去除 HCl。在真空条件下干燥，得到紫色粉末，直接使用。

⑧ Fmoc-Glu-Tat-RB 的合成

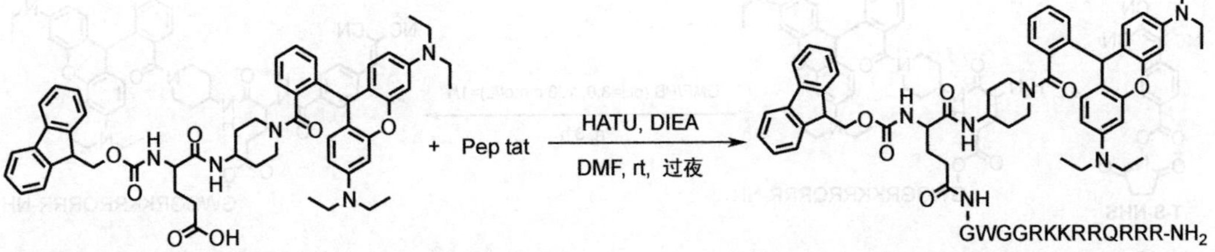

将上步所得 Fmoc-Glu(COOH)-RB 溶于 4 mL DMF，加入 200 mg 在树脂上加载的氮端未保护的 Pep Tat（GWGGRKKRRQRRR-NH_2），加入 HATU（19.5 mg，0.05 mmol）和 DIEA（13 μL），3 D 摇床振荡反应过夜，抽滤，用 DMF 洗涤除去未反应的 Fmoc-Glu(COOH)-RB，乙醚洗涤抽干得到玫红色固相加载的 Fmoc-Glu-Tat-RB 树脂。

⑨ NH_2-Glu-Tat-RB 的合成

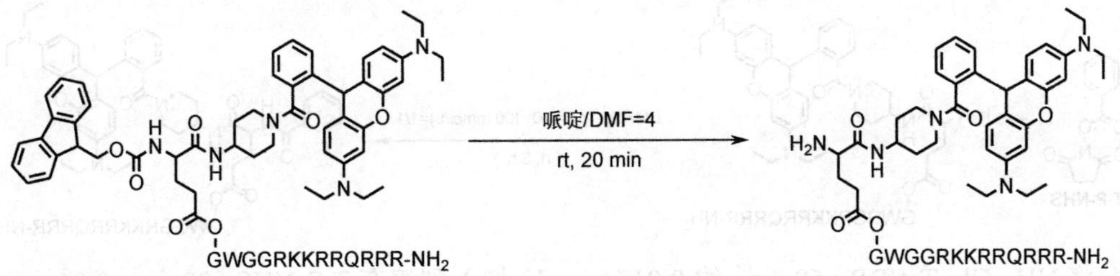

将上述加载有 Fmoc-Glu-Tat-RB 的树脂加入到含有 20%哌啶的 DMF 中，摇床振荡反应 20 min 脱去 FMOC 保护，此实验步骤操作两次确保 FMOC 完全脱除，在多肽合成管中用 DMF 鼓气洗涤三次除去哌啶和去保护的 FMOC 保护基，乙醚洗涤干燥，得到玫红色的树脂，将树脂分成三份分别用来合成三种不同功能部件的递送模型。

⑩ T-H-Glu-Tat-RB 的合成

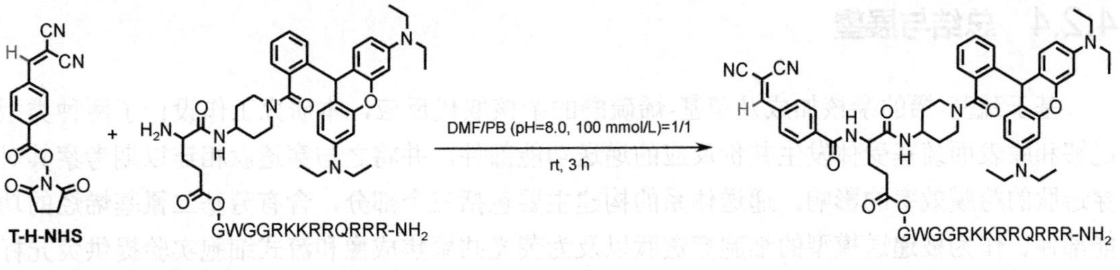

NH_2-Glu-Tat-RB（50 mg，约 0.015 mmol）加入到溶有 T-H-NHS（18 mg，0.06 mmol）的 DMF：PB(pH=8.0，100 mmol/L)=1：1 混合溶液中，室温下摇床振荡反应 3 h，抽滤，依次用水、DMF 和乙醚洗涤，干燥，加入 2 mL F 液，摇床振荡反应 2 h，用滤膜（0.22 μm）超滤，切割液用 40 mL 冰乙醚沉淀，−20℃冰箱静置，此处得到玫红色粗产物，离心，用乙醚洗涤沉淀三次，粗产物用半制备型高效液相色谱纯化，得到玫红色产物 TH-Glu-Tat-RB。

⑪ TH-Glu-Tat-RB 的合成

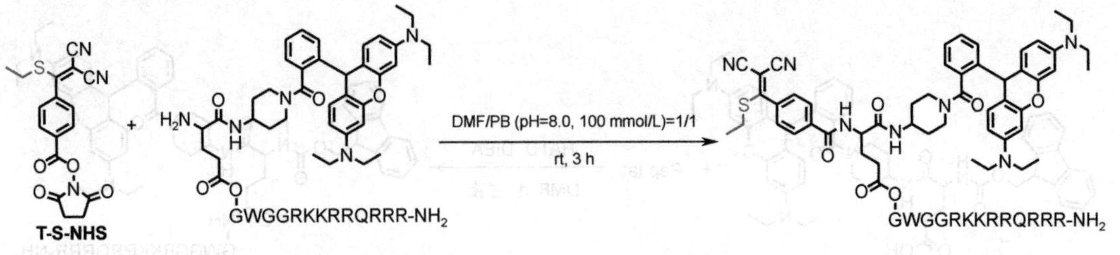

将 NH_2-Glu-Tat-RB（50 mg，约 0.015 mmol）加入到溶有 T-S-NHS（22 mg，0.06 mmol）的 DMF∶PB（pH=8.0, 100 mmol/L，体积比 1∶1）混合溶液中，室温下摇床振荡反应 3 h，抽滤，依次用水、DMF 和乙醚洗涤，干燥，加入 2 mL F 液，摇床振荡反应 2 h，用滤膜（0.22 μm）超滤，切割液用 40 mL 冰乙醚沉淀，−20℃冰箱静置，此处得到玫红色粗产物，离心，用乙醚洗涤沉淀三次，粗产物用半制备型高效液相色谱纯化，得到玫红色产物 TH-Glu-Tat-RB。

⑫ TH-Glu-Tat-RB 的合成

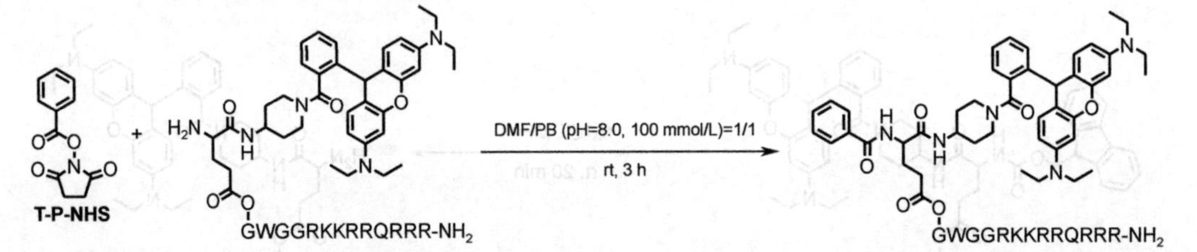

将 NH_2-Glu-Tat-RB（50 mg，约 0.015 mmol）加入到溶有 T-S-NHS（22 mg，0.06 mmol）的 DMF∶PB（pH=8.0, 100 mmol/L，体积比 1∶1）混合溶液中，室温下摇床振荡反应 3 h，抽滤，依次用水、DMF 和乙醚洗涤，干燥，加入 2 mL F 液，摇床振荡反应 2 h，用滤膜（0.22 μm）超滤，切割液用 40 mL 冰乙醚沉淀，−20℃冰箱静置，此处得到玫红色粗产物，离心，用乙醚洗涤沉淀三次，粗产物用半制备型高效液相色谱纯化，得到玫红色产物 TH-Glu-Tat-RB。

4.2.4 总结与展望

基于巯基-烯的亲核加成及巯基-烯硫醚的亲核取代反应，本研究工作设计了两种类型能够和膜表面巯基受体发生共价反应的递送功能部件，并将之与穿透肽相连以期考察其对穿透肽的跨膜效率的影响。递送体系的构建主要包括三个部分，含有芳基二氰基烯烃的功能部件、作为被递送模型的细胞穿透肽以及为荧光共聚焦成像和流式细胞实验提供荧光标记的罗丹明 B 衍生物。递送模型的功能部件分别为基于巯基-烯烃迈克尔加成反应设计的二腈基取代芳基烯烃，以及基于 S_N2 亲核取代反应的烯硫醚动态共价键体系。其中巯基-二氰基取代芳基烯烃的迈克尔加成反应具有可逆性质，其与细胞膜表面巯基的反应为一个加成和离去的动态平衡，在细胞穿透肽正电荷的牵引下，其能够附着于细胞膜附近并与细胞膜表面巯基相互作用，膜外少量的游离的巯基氨基酸与该功能部件的加成产物在该递送体系离开膜表面时，由于巯基含量的降低，亲水性的巯基氨基酸自发离去，重新释放出疏水性的烯基功能部件。而含有烯硫醚动态共价键的递送体系能够与膜上巯基发生快速的交换反应，这一反应的速率以及反应最佳条件与巯基-二硫键交换反应相似。由于分子内协同效应以及细胞膜表面蛋白酶上巯基较低的 pK_a，递送体系更倾向于与固定在膜上的蛋白质巯基发生交换反应。然而由于这一反应是指向 C 的 S_N2 取代反应，固定在膜上的蛋白质巯基可以以近乎百分之百的概率与递送体系的碳键相连并在交换过程中一直保持膜蛋白巯基的连接。因此，递送体系更倾向于富集在细胞膜表面进而使得递送效率提高。而没有任何功能基团的苯基化合物作为对照实验来衡量两种递送体系的递送效率。

基于细胞膜表面受体被证明是一种行之有效的递送方式，也有许多课题组针对不同膜表面受体，依据不同的反应方式构建了许多递送体系，这些体系也都表现出了一定的提高内化效率的能力。课题组也针对细胞膜表面巯基受体设计了一系列巯基修饰的递送体系来递送多肽以及迷你蛋白，具有 CXC 基序的递送体系表现出了最好的递送效率，具有单个硫醇及其间隔不同链长的硫醇递送体系表现出了不同的递送能力，这也就意味着，可能多种不同形式的膜配体在某种协同效应下可能表现出更好的递送效果。基于此，可以设计包含有两种能与细胞膜表面巯基作用的刚性骨架以及针对细胞膜表面不同受体蛋白（巯基蛋白和糖蛋白）的递送体系。

参考文献

[1] Nguyen J, Szoka F C. Nucleic acid delivery: the missing pieces of the puzzle?. Acc. Chem. Res., **2012**, 45: 1153–1162.

[2] Behr J-P. Synthetic gene transfer vectors Ⅱ: back to the future. Acc. Chem. Res., **2012**, 45: 980–984.

[3] Zhi D, Zhang S, Cui S, et al. The headgroup evolution of cationic lipids for gene delivery. Bioconjugate Chem., **2013**, 24: 487-519.

[4] Allen T M, Cullis P R. Liposomal drug delivery systems: from concept to clinical applications. Adv. Drug Delivery Rev., **2013**, 65: 36-48.

[5] Levine D H, Ghoroghchian P P, Freudenberg J, et al. Polymersomes: a new multi-functional tool for cancer diagnosis and therapy. Methods, **2008**, 46: 25-32.

[6] Tschiche A, Malhotra S, Haag R. Nonviral gene delivery with dendritic self-assembling architectures. Nanomedicine, **2014**, 9: 667–693.

[7] Loewenstein W R J P R. Junctional intercellular communication: the cell-to-cell membrane channel. Physiol Rev., **1981**, 61 (4): 829-913.

[8] Shi Y, Massagué J J C. Mechanisms of TGF-β signaling from cell membrane to the nucleus. Cell, **2003**, 113 (6): 685-700.

[9] Hediger M A, Romero M F, Peng J-B, et al. The ABCs of solute carriers: physiological, pathological and therapeutic implications of human membrane transport proteins. Pflugers Arch-Eur J Physiol, **2004**, 447 (5): 465-468.

[10] Schwenk R W, Holloway G P, Luiken J J, et al. Fatty acid transport across the cell membrane: regulation by fatty acid transporters. Prostaglandins, Leukotrienes and Essential Fatty Acids, **2010**, 82 (4-6): 149-154.

[11] Yang N J, Hinner M J. Getting across the cell membrane: an overview for small molecules, peptides, and proteins. Methods Mol Biol., **2015**, 1266: 29-53.

[12] Pack D W, Hoffman A S, Pun S, et al. Design and development of polymers for gene delivery. Nature Reviews Drug Discovery, **2005**, 4 (7): 581-593.

[13] Yin H, Kanasty R L, Eltoukhy A A, et al. Non-viral vectors for gene-based therapy. Nature Reviews Genetics, **2014**, 15 (8): 541-555.

[14] Peng S-F, Su C-J, Wei M-C, et al. Effects of the nanostructure of dendrimer/DNA complexes on their endocytosis and gene expression. Biomaterials, **2010**, 31 (21): 5660-5670.

[15] Wang X, Liu G, Hu J, et al. Concurrent block copolymer polymersome stabilization and bilayer permeabilization by stimuli-regulated "traceless" crosslinking. Angewandte Chemie International Edition, **2014**, 53 (12): 3138-3142.

[16] Hashemi M, Sahraie Fard H, Amel Farzad S, et al. Gene transfer enhancement by alkylcarboxylation of poly (propylenimine).

Nanomedicine Journal, **2013**, 1 (1): 55-62.

[17] Baigude H, Su J, McCarroll J, et al. In vivo delivery of RNAi by reducible interfering nanoparticles (iNOPs). ACS Med. Chem. Lett., **2013**, 4 (8): 720-723.

[18] Morales-Sanfrutos J, Megia-Fernandez A, Hernandez-Mateo F, et al. Alkyl sulfonyl derivatized PAMAM-G2 dendrimers as nonviral gene delivery vectors with improved transfection efficiencies. Org. Biomol. Chem., **2011**, 9 (3): 851-864.

[19] Sayed A, Futaki S, Harashima H. Delivery of macromolecules using arginine-rich cell-penetrating peptides: ways to overcome endosomal entrapment. AAPS J., **2009**, 11 (1): 13-22.

[20] Farkhani S M, Valizadeh A, Karami H, et al. Cell penetrating peptides: efficient vectors for delivery of nanoparticles, nano-carriers, therapeutic and diagnostic molecules. Peptides: An International Journal, **2014**, 57: 78-94.

[21] Díaz-Moscoso A, Guilloteau N, Bienvenu C, et al. Mannosyl-coated nanocomplexes from amphiphilic cyclodextrins and pDNA for site-specific gene delivery.Biomaterials, **2011**, 32 (29): 7263-7273.

[22] Xiong M H, Li Y J, Bao Y, et al. Bacteria-responsive multifunctional nanogel for targeted antibiotic delivery.Advanced Materials, **2012**, 24 (46): 6175-6180.

[23] Jones S W, Christison R, Bundell K, et al. Characterisation of cell-penetrating peptide-mediated peptide delivery. Journal of Pharmacology, **2005**, 145(8): 1093.

[24] Zhao R, Diop-Bove N, Visentin M, et al. Mechanisms of membrane transport of folates into cells and across epithelia. Annual Review of Nutrition, **2011**, 31: 177-201.

[25] Green M, Loewenstein P M. Autonomous functional domains of chemically synthesized human immunodeficiency virus tat trans-activator protein. Cell, **1988**, 55 (6): 1179-1188.

[26] Weeks B S, Desai K, Loewenstein P M, et al. Identification of a novel cell attachment domain in the HIV-1 Tat protein and its 90-kDa cell surface binding protein. J Biol Chem., **1993**, 268 (7): 5279-5284.

[27] Vivès E, Brodin P, Lebleu B. A truncated HIV-1 Tat protein basic domain rapidly translocates through the plasma membrane and accumulates in the cell nucleus. J Biol Chem., **1997**, 272 (25): 16010-16017.

[28] Crombez L, Aldrian-Herrada G, Konate K, et al. A new potent secondary amphipathic cell-penetrating peptide for siRNA delivery into mammalian cells. Molecular Therapy, **2009**, 17 (1): 95-103.

[29] Torchilin V P J P S. Cell penetrating peptide - modified pharmaceutical nanocarriers for intracellular drug and gene delivery. Peptide Science, **2008**, 90 (5): 604-610.

[30] Lindgren M, Rosenthal-Aizman K, Saar K, et al. Overcoming methotrexate resistance in breast cancer tumour cells by the use of a new cell-penetrating peptide. Biochemical Pharmacology, **2006**, 71 (4): 416-425.

[31] Ma D J N. Enhancing endosomal escape for nanoparticle mediated siRNA delivery. Nanoscale, **2014**, 6(12): 6415-6425.

[32] Fu J, Yu C, Li L, et al. Intracellular delivery of functional proteins and native drugs by cell-penetrating poly(disulfide)s. J Am Chem Soc., **2015**, 137 (37): 12153-12160.

[33] Yuan P, Zhang H, Qian L, et al. Intracellular delivery of functional native antibodies under hypoxic conditions by using a biodegradable silica nanoquencher. Angew Chem Int Ed Engl., **2017**, 56 (41): 12481-12485.

[34] Andersen K A, Smith T P, Lomax J E, et al. Boronic acid for the traceless delivery of proteins into cells. ACS Chem. Biol., **2016**, 9: 319-969.

[35] Ellis G A, Palte M J, Raines R T. Boronatemediated biologic delivery. J. Am. Chem. Soc., 2012, 134: 3631-3634.

[36] Ueda Y, Kitamoto A, Willmore L J, et al. Hippocampal gene expression profiling in a rat model of posttraumatic epilepsy reveals temporal upregulation of lipid metabolism-related genes. Neurochemical research, **2013**, 38 (7): 1399-1406.

[37] Torres A G, Gait M J. Exploiting cell surface thiols to enhance cellular uptake. Trends Biotechnol, **2012**, 30(4): 185-190.

[38] Brülisauer L, Gauthier M A, Leroux J C. Disulfide-containing parenteral delivery systems and their redox-biological fate. Journal of Controlled Release, **2014**, 195: 147-154.

[39] Aubry S, Burlina F, Dupont E, et al. Cell-surface thiols affect cell entry of disulfide-conjugated peptides. FASEB J., **2009**, 23 (9): 2956-2967.

[40] Gasparini G, Bang E K, Molinard G, et al. Cellular uptake of substrate-initiated cell-penetrating poly(disulfide)s. J. Am. Chem. Soc., **2014**, 136: 6069-6074.

[41] Gasparini G, Sargsyan G, Bang E K, et al. Ring tension applied to thiol-mediated cellular uptake. Angew. Chem. Int. Ed., **2015**,

54: 7328-7331.

[42] Zong L L, Bartolami E, Abegg D, et al. Epidithiodiketopiperazines: strain-promoted thiol-mediated cellular uptake at the highest tension. ACS Cent. Sci., **2017**, 3: 449−453.

[43] Li T, Gao W, Liang J J, et al. Biscysteine-bearing peptide probes to reveal extracellular thiol−disulfide exchange reactions promoting cellular uptake. Anal. Chem., **2017**, 89: 8501-8508.

[44] Meng X, Li T, Zhao Y, et al. CXC-mediated cellular uptake of miniproteins: forsaking “arginine magic”. ACS Chemical Biology, **2018**, 13 (11): 3078-3086.

第5章

烯硫醚动态共价键在多肽环化领域的应用探究

5.1 引言

5.1.1 蛋白质-蛋白质相互作用

蛋白质-蛋白质相互作用（PPI）代表了一类非常有前景的治疗开发的目标[1]。PPI 的大小被认为是生物复杂性的最佳指标。在人体中，大约含有 650000 种不同的 PPI[2]。加强对 PPI 的研究，有助于加深对系统生物学的了解，建立健康和疾病医学诊断的新方法。在癌症中，PPI 形成信号节点，沿着分子网络传递病理生理学信息以实现综合生物输出，从而促进肿瘤发生、发展、侵袭和转移。通过破坏对癌症至关重要的 PPI 来扰乱信号通路，为减少致癌信号的传播提供了一种新的有效策略。

然而，在寻找发现 PPI 调节物时有一些挑战，主要包括：大的 PPI 界面区域一般缺乏较深的结合口袋，存在不连续的结合位点，通常缺乏天然配体。许多蛋白质-蛋白质复合物的相互作用界面通常是疏水的且相对平坦的，并且通常缺乏深沟，研究者致力于去解决这方面的问题[1,3-4]。

数千种化合物已经被研究作为各种 PPI 的潜在抑制剂。titrobifan（一种糖蛋白Ⅱb/Ⅲa 抑制剂）和 maraviroc（一种 CCR5-gp120 相互作用的抑制剂）目前分别作为心血管和抗 HIV 药物在市场上销售。这些药物证明了治疗各种疾病时靶向 PPI 的可行性。此外，几种抗癌化合物已经进入临床试验，突出了靶向 PPI 方法在癌症治疗中的潜力[5]。其中，MDM2-p53 相互作用的抑制剂是 PPI 研究中的一个重大突破。p53 在细胞周期调节、DNA 修复、血管生成和细胞凋亡中起着关键作用[6]。p53 的激活增加了 MDM2 的表达，而后者又直接与 p53 结合并抑制其肿瘤抑制活性[7,8]。结构上，MDM2 N 端的结构域与 p53 的一条含有 15 个氨基酸的 α 螺旋短肽结合。p53 的三个疏水残基（Phe19、Trp23 和 Leu26）占据一个明确的 MDM2 疏水口袋。这些结构特征使得针对 MDM2-p53 的 PPI 设计药物分子成为可能。事实上，几种 MDM2-p53 的 PPI 抑制剂已经进入临床试验[8,9]。例如，Nutlins（一类顺式咪唑啉类似物）采用了与 MDM2 的结合口袋中 p53 的 Phe19、Trp23 和 Leu26 残基相同的结合模式。将 Nutlin-3 进一步化学优化得到 RG7112，它成为第一个进入晚期肿瘤患者临床试验的 MDM2 抑制剂。

5.1.2 多肽药物

如前所述，PPI 以两种蛋白质的互补表面之间的广泛联系为特征，参与许多关键的生物途径，它们已经成为治疗干预的有吸引力的分子靶标。其中小分子药物无疑是开发的热门。随着监管机构对治疗产品的安全标准提出了更高的要求[10]以及新的相关 PPI 治疗靶点的出现[11,12]，制药领域发生了巨大变化。“组学”技术和计算机辅助药物设计策略的进步[13-15]，以及重组蛋白表达的进步和更有效更经济的多肽合成的发展，都在改变当前的制药市场。多肽类药物领域近年来逐渐扩大，逐渐抢占小分子药物的市场份额[16-18]。

如图 5-1 所示为多肽参与 PPI 的示意图[19]，由于突变或低表达，蛋白质 1 会缺失。蛋白质 1 可以被衍生自它的激动肽取代，该多肽能够与蛋白质 2 相互作用，从而恢复 PPI 的

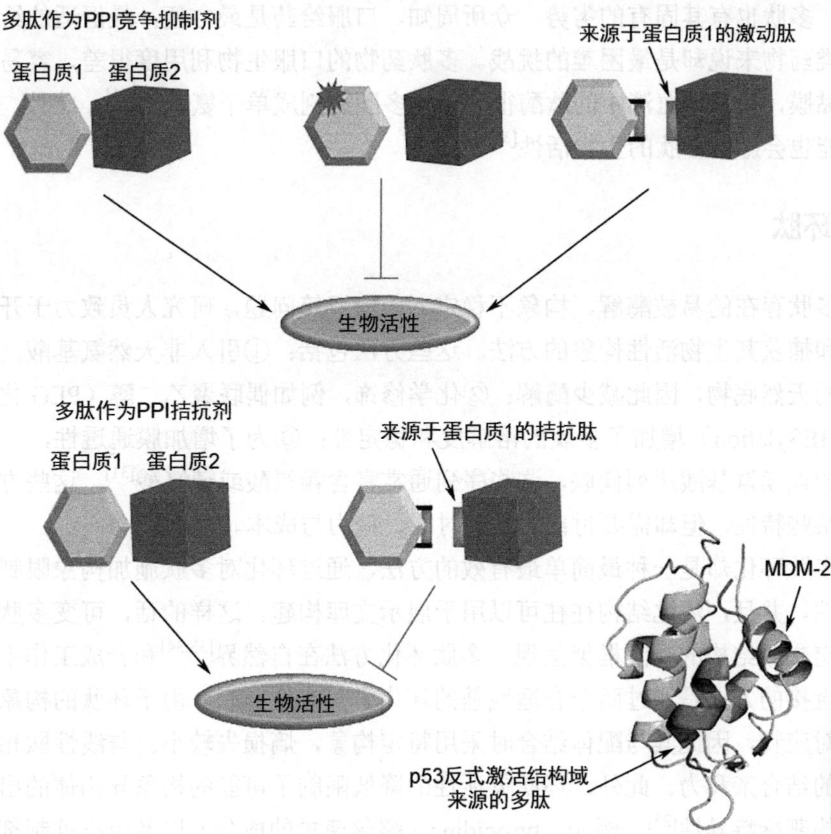

图 5-1 多肽参与 PPI 示意图[19]

原始生物活性。图片下半部分，若蛋白质 1 和蛋白质 2 参与了机体不需要的 PPI，则来自蛋白质 1 的拮抗肽可以竞争蛋白质 2 上的结合位点，阻止两个蛋白质的相互作用并抑制蛋白质的生物活性。图的右下方为 p53 反式激活结构域的拮抗肽，其可以抑制 p53-MDM2 相互作用[20]。

小分子药物只能处理一小部分与治疗相关的分子靶点，即所谓的可药用靶点[21,22]。尽管科学家为寻找调节 PPI 的小分子做出了许多努力，但这些传统药物普遍无法与 PPI 界面正确相互作用，导致这些潜在靶标长期以来被视为不可成药。PPI 特异性识别所需的界面区域通常很宽（大约 1500～3000 $Å^2$）[23],这表明需要比小分子药物尺寸更大的配体。多肽药物分子量更高，且能够与靶标的大表面积建立大量的非共价相互作用，其可能比小分子药物更适合选择性靶向 PPI[1,19]。另外，由于多肽药物对靶标具有更强的相互作用，其对靶标往往表现出更好的选择性，这就会导致极少的脱靶副作用。

生物制剂（>5000 Da）无疑是很大的，其由天然成分组成，毒性低，靶向选择性好，亲和力高。但是其也往往生物利用度低，膜通透性差，代谢不稳定，因此常常需要通过注射（皮下、静脉）给药。另外，大多数生物制剂都具有免疫原性[24,25]，这些生物制剂的生产通常需要投入更多的时间和资金成本。多肽分子大小在小分子药物和生物制剂之间，被认为是中间空间分子[26,27]，能很好地用于再生医学的组织工程[28]、疫苗、医学成像技术[29]、药物输送[30]等。

然而，多肽也有其固有的劣势。众所周知，口服给药是最方便，最舒适的给药方式，但对多肽类药物来说却是最困难的挑战。多肽药物的口服生物利用度很差，容易降解，难以透过肠黏膜，胃酸和血液中的肽酶很容易将多肽切割成单个氨基酸[31]。此外，不同的给药途径可能也会影响多肽的生物活性[32]。

5.1.3 环肽

针对多肽存在的易被酶解、构象不稳定、寿命短等问题，研究人员致力于开发提高多肽稳定性和捕获其生物活性构象的方法。这些方法包括：①引入非天然氨基酸，这些氨基酸不是酶的天然底物，因此减少酶解；②化学修饰，例如偶联聚乙二醇（PEG 化）或羟乙基淀粉（HESylation）增加了多肽的溶解度和稳定性；③为了增加膜通透性，多肽可以与相对较短的连续氨基酸序列偶联，这些序列通常富含赖氨酸或精氨酸[31]。这些方法虽然提高了多肽某些特性，但却需要付出极大的时间、精力与成本。

而将多肽环化却是一种最简单最有效的方法，通过环化对多肽施加构象限制，提高多肽的稳定性。并且，环化结构往往可以用于展示文库构建。这样的话，可变多肽序列将基于具有指定二级结构的受限框架呈现。多肽环化方法在自然界[33,34]和合成工作中都得到了发展，最直接的方法是通过两个合适残基的环化引入共价交联。由于环肽的构象熵通常低于其线性对应物，因此其与配体结合时采用特定构象，熵损失较小。与线性肽相比，这会产生更高的结合亲和力。此外，环肽灵活性的降低限制了可能的构象异构体的出现，从而导致更高的靶标特异性[35]。例如，tyrocidine（酪丝菌素的成分）以及免疫抑制剂环孢菌素 A 通过头对尾来环化[36]。

可以使用很多种类的化学键来获得环肽分子，常用的有酰胺、内酯、醚、硫醚或二硫键。在两个不同的半胱氨酸残基之间形成二硫键是一种突出的环化策略（图5-2）。由于二硫键的尺寸小和灵活性，其不太可能产生额外的结构约束，因此代表了用于药物工程的有吸引力的位点[35]。

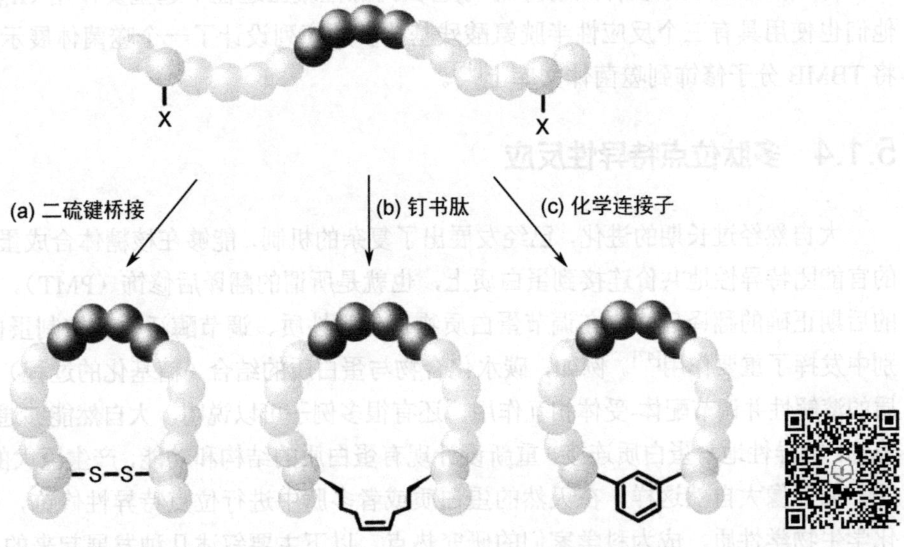

图5-2　环肽的一般形成策略，环状结构可以通过：（a）两个半胱氨酸残基的二硫键桥接；（b）合成支架；（c）化学接头来形成[35]

下面列举几个典型的环肽分子。向日葵胰蛋白酶抑制剂1(SFTI-1)，是由14个氨基组成的环肽，最初从向日葵种子中分离出来。它是几种丝氨酸蛋白酶的强效抑制剂，如糜蛋白酶、弹性蛋白酶和凝血酶[37]。SFTI-1的天然野生型是一种双环肽，与缺乏主链环化基序的单环衍生物相比，其抑制matriptase-1的活性略低（K_d值分别是1.1 μmol/L和0.7 μmol/L）[38]。通过优化一级结构可以进一步提高抑制活性，用Arg和His替换（Ile10）和（Phe12）导致对matriptase-1活性的抑制提高了一百倍（K_d=11 nmol/L）[39]。此外，Arg对（Ile10）的单个取代将导致对matriptase-1的抑制进一步增加（K_d=6.4 nmol/L）[40]。其他的修饰方法，例如用Lys替换N端二肽，会产生一种更有效的抑制剂，其K_d值为2.6 nmol/L[41]。

还有一类小的富含二硫键的环肽，是一类重要的用于药物工程的生物活性化合物。它们最初是从不同的植物物种中分离出来的，是已知的唯一一类结合了环状骨架和特殊节点结构的肽，由至少三个二硫键形成。它们都有一种叫做CCK（cyclic cystine knot）的结构[42,43]。由于它们的刚性结构和打结的拓扑结构，环肽对蛋白酶水解和化学降解具有高度稳定性。此外，它们具有很好的序列耐受性。Gould等人证明了在替换位于环中1到5位的所有残基后不同MCoTI-I突变体仍能有效折叠。由于环肽的蛋白酶水解稳定性，许多该类化合物是可以口服的，这使它们成为药物开发的有吸引力的先导结构[43]。Min-23在是其中的一个例子，Min-23在结构上来源于一种天然的环肽，并且仅包含23个氨基酸。与其亲本肽相比，Min-23包含两个二硫键而不是三个，但显示与亲本肽类似的折叠方式。Min-23对序列修饰具有高度耐受性，允许插入多达18个可变氨基酸，并能够保持正确折叠[44]。

二元环肽的形成大多通过使用化学接头来实现。这些多肽往往与噬菌体展示技术相关，例如，具有三个半胱氨酸残基的多肽在亲核取代反应中正好与三官能团化合物相连[45]。Angelini 等从噬菌体展示文库中得到一条多肽，使用三（溴甲基）苯（TBMB）进行环化，高效抑制了人尿激酶型纤溶酶原激活物（uPA），K_d 值为 53 nmol/L[46]。Heinis 等人报道了一种有效的人血浆激肽释放酶抑制剂,它在内源性凝血途径中起重要作用（K_d=1.5 nmol/L）。他们也使用具有三个反应性半胱氨酸残基的多肽序列设计了一个噬菌体展示多肽文库，并将 TBMB 分子修饰到噬菌体文库上[45]。

5.1.4 多肽位点特异性反应

大自然经过长期的进化，已经发展出了复杂的机制，能够在核糖体合成蛋白质后将不同的官能团特异性地共价连接到蛋白质上，也就是所谓的翻译后修饰（PMT）。在蛋白质合成的后期正确的翻译后修饰在调节蛋白质物理化学性质、调节酶活性、控制蛋白质-蛋白质识别中发挥了重要作用[47]。例如，碳水化合物与蛋白质的结合（糖基化的过程）可以提高蛋白质的溶解性并调节配体-受体相互作用。还有很多例子可以说明，大自然能够通过引入微小的修饰，特异性地与蛋白质连接，重新设计现有蛋白质的结构和功能，产生巨大的生物多样性。

如何像大自然这样，在天然的蛋白质或者多肽中进行位点特异性修饰，赋予其更好的化学生物学性质，成为科学家们的研究热点。以下主要叙述几种发展起来的多肽位点特异性反应。

5.1.4.1 酮/醛与胺的缩合

酮基或醛基是有机化学中常见的官能团，可以通过酶促反应引入到多肽中[48]。在酸性条件（pH=4～6）下，酮的羰基可以质子化，然后与胺反应生成席夫碱。当使用肼或烷氧基胺时，平衡会向有利于腙和肟产物的方向移动[49]。活细胞中醛与酰肼/羟胺反应的化学选择性最初在癌细胞中的原位药物组装中被报道，如图 5-3 所示，作者利用癸醛和 *N*-氨基-*N*-1-辛基胍的反应性（这两种化合物都是对细胞无害的），形成了能够裂解培养的红细胞的腙联洗涤剂[50]。

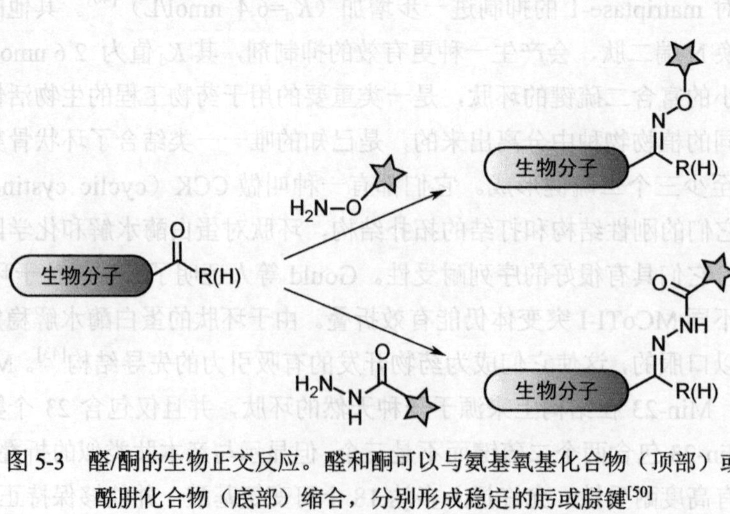

图 5-3 醛/酮的生物正交反应。醛和酮可以与氨基氧基化合物（顶部）或酰肼化合物（底部）缩合，分别形成稳定的肟或腙键[50]

利用酮进行位点特异性标记的早期例子聚焦于标记细胞膜表面聚糖。科学家们合成了一种 *N*-乙酰甘露糖胺的非天然衍生物，然后通过代谢转化为相应的唾液酸。该唾液酸可以结合到细胞膜表面暴露的寡糖中，使得细胞膜表面带有酮基。这些酮可以在生理条件下用酰肼探针进行标记[51]。最近的研究中，将酮代谢物结合到细菌细胞壁中的寡糖中，然后用基于酰肼的荧光团进行标记[52]。一般来说，酮/醛与亲核试剂的反应最适合体外或细胞膜表面标记。因为该反应通常需要酸性（pH=4～6）环境，这在大多数细胞内部很难获得。此外，酮/醛在活细胞内会与丙酮酸、草酰乙酸、糖和各种辅助因子等含羰基代谢物产生干扰。

为了克服酸性的限制条件以及酮/醛与肼/烷氧基胺缩合反应的缓慢动力学，苯胺被用于该类反应[53]。苯胺通过形成高度反应性的质子化的亲电试剂来显著加速与羰基的反应，然后迅速进行氨基转移形成腙或肟产物。Josep 等人使用一种两步法，首先将初级内源性铜绿假单胞菌群体感应信号的反应模拟物共价连接到其受体 LasR 上，然后苯胺催化修饰受体与荧光 Bodipy 衍生物之间反应形成肟。研究结果表明，LasR 并非均匀分布在整个细胞质膜上，而是集中在铜绿假单胞菌细胞的两极[53]。

总而言之，酮/醛的引入，是进行多肽位点特异性反应的流行方法。然而，它们的使用是有一定的局限的，只能在某些环境或特定的条件下，通常是非生理条件（酸性 pH 值）下使用。

5.1.4.2 叠氮化物与炔烃的反应

叠氮化物可以作为 1,3-偶极子参与和烯烃/炔烃的[3+2]环加成反应。这个反应很早就被提出来了。该反应需要高温高压，这与生命系统是不兼容的。由于叠氮化物与炔烃环加成反应形成芳香三唑产物的反应效率极高[54]，该反应一直以来都吸引着化学家们的兴趣。

Sharpless 等人发现一种逐步的 Huisgen 环加成过程：在铜的催化下叠氮化物与末端炔烃进行区域选择性化学连接。铜的存在可以高效地催化反应的进行[55]。这个反应现在被称为铜催化的叠氮化物-炔烃 1,3-偶极环加成（CuAAC）。铜（Ⅰ）催化的环加成反应比没有催化的环加成反应快大约 7 个数量级[54]，另外，铜（Ⅰ）的特定配体可以进一步加速该反应[55]。CuAAC 具有 Click 反应的所有性质（效率、简单性和选择性）。CuAAC 在有机合成、组合化学、高分子化学、材料化学和化学生物学中得到了广泛的应用。叠氮化物和末端炔烃之间的环加成反应也可以被钌（Ⅱ）催化得到 1,5-二取代 1,2,3-三唑产物[56]，但是这个反应的使用频率远低于 CuAAC。Finn 等人通过有机合成将叠氮化物/炔烃掺入生物分子中，以在生物分子中创造特异性的反应位点。通过将染料附着在豇豆花叶病毒上第一次证明了 CuAAC 可作为生物偶联的策略[57]。

然而，CuAAC 在生命系统中的应用一直受到铜（Ⅰ）毒性的阻碍。例如，用大肠杆菌表达蛋白质相关叠氮化物，用 100 μmol/L 的 CuBr 标记 16 h，其能够存活下来，但不能再分裂了[58]。同样，哺乳动物细胞可以在低浓度（小于 500 μmol/L）的铜（Ⅰ）中存活 1 h，当铜（Ⅰ）浓度达到 1 mmol/L 时，会导致大量细胞死亡。以此来看，CuAAC 在生命系统中生物分子的特异性反应方面应用是受限的。

为了改善叠氮化物-炔烃环加成反应的生物相容性，研究者们尝试通过金属催化以外的方法来激活炔烃。例如，Bertozzi 等人合成了环辛炔的生物素缀合物，证明了它能够在细胞膜表面聚糖内特异性地标记叠氮化物，且没有明显的细胞毒性作用[59]。这些环辛炔能够通过环张力促进的[3+2]环加成反应来特异性地标记生命系统中的叠氮化物，具有很好的生物相容性。

研究者们进一步合成了许多更具反应性的环辛炔化合物（图 5-4），包括 DIFO 衍生物[60]、DIBO[61]、BARAC[62]，它们能与叠氮化物更快地反应。这些分子已用于探测复杂生物系统（例如哺乳动物细胞、斑马鱼胚胎等）中的含叠氮化物的生物分子。虽然反应速率提高，但这类环辛炔分子合成比较困难。另外还有一些研究者开发了 TMTH 作为无铜 SPAAC 的新型试剂[63]。

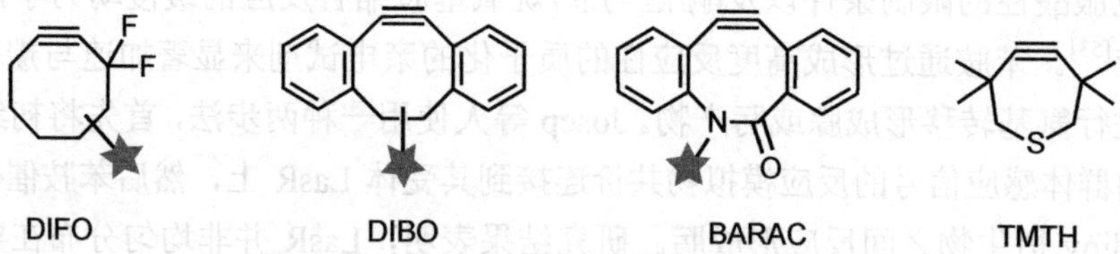

图 5-4　环辛炔化合物结构式[64]

5.1.4.3　1,2-氨基硫醇的反应

1,2-氨基硫醇是一种独特的双亲核试剂，天然半胱氨酸中就含有此官能团。它可以很容易地被引入到多肽或蛋白质中，其小的尺寸保证了较高的原子利用效率。研究者已经将 1,2-氨基硫醇的反应应用到位点特异性蛋白标记以及多肽环化的研究中[64,65]。

天然化学连接（NCL）依赖于多肽 N 末端 Cys 残基的 1,2-氨基硫醇基团。1994 年，Kent 等人报道了硫酯与 N 末端半胱氨酸残基连接生成酰胺键，这个反应现在称为天然化学连接（NCL）[66]。从机制上讲，这个转化涉及硫酯的快速平衡，该平衡被蛋白质 N 端伯胺的不可逆分子内反应中断，也称为 S-N 酰基转移，最终形成酰胺键（图 5-5）。S-N 酰基转移是由 Wieland 等人首先发现的，直到后来才被用于蛋白质/多肽位点特异性修饰[67]。

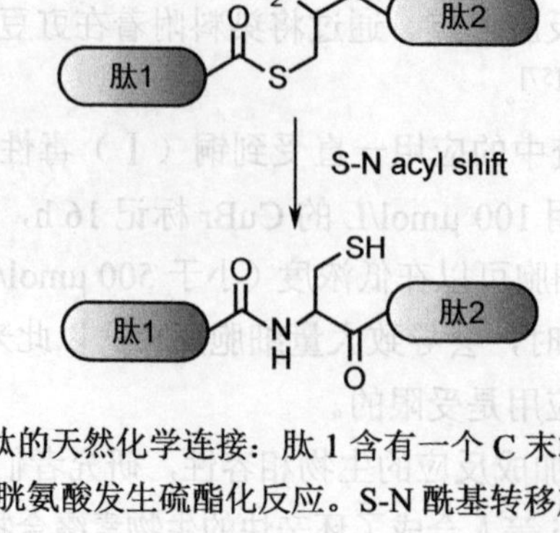

图 5-5　两种肽的天然化学连接：肽 1 含有一个 C 末端硫酯，它与肽 2 的 N 末端半胱氨酸发生硫酯化反应。S-N 酰基转移产生天然肽键[68]

NCL 可用于在生理条件下选择性连接两个高度功能化的分子，而无需使用保护基团。因此，NCL 已成为多肽/蛋白质修饰、合成和半合成的有力方法。此外，NCL 允许对部分蛋白质进行同位素标记以进行结构生物学研究[68]或用于选择性的翻译后修饰[69]。尽管已经证明 NCL 在多肽合成中是非常成功的，但该反应依赖于一个不稳定的硫酯基团，其在生物系统中是不稳定的。

多肽 N 端半胱氨酸残基可以与 2-氰基苯并噻唑（CBT）发生缩合反应（图 5-6）。Rao 等人将荧光团与 CBT 基序结合，通过 CBT 与 1,2-氨基硫醇的反应将荧光标记特异性地连接到蛋白质的 N 端半胱氨酸残基上[70]。对于反应的特异性研究，他们首先研究 CBT 是否能与 N 端半胱氨酸以外的基团反应。以含有 1,3-氨基硫醇官能团的同型半胱氨酸与 CBT 反应，可以生成一个具有六元环的稳定缩合产物。当巯基被羟基替换时，比如用 β-氨基醇或者丝氨酸，在相同的反应条件下没有产物的生成。接下来，他们研究了 CBT 以外的芳香氰基化合物是否可以类似地与游离半胱氨酸发生反应。结果显示，在相同反应条件下，苯甲腈和吡啶甲腈都不能产生目标的产物。作者也用多肽来研究 N 端半胱氨酸与 CBT 的特异性反应。他们合成了几条含有 N 端半胱氨酸的多肽，在室温下 pH 7.4 的缓冲液中与氨基-CBT 反应 30 min 后，通过色谱分析和质谱表征，发现其都能形成目标的产物分子，且产率超过了 90%。然而对于半胱氨酸位于序列中部的多肽，没有任何产物生成。这表明了 CBT 只会和多肽 N 端的半胱氨酸发生位点特异性反应。

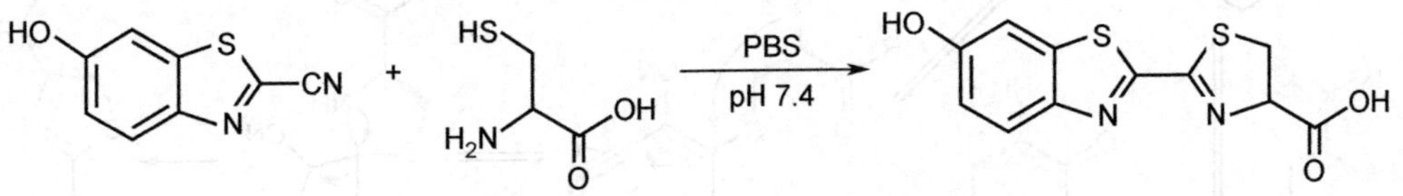

图 5-6　N 端半胱氨酸残基与 CBT 的缩合反应[70]

Chin 等也利用 1,2-氨基硫醇与 CBT 的特异性反应，再加上基因编码技术，研究发展了一种在两个不同的位点用不同的探针对蛋白质进行双重标记的策略[71]。Rao 等也研究了 1,2-氨基硫醇和 CBT 之间的缩合反应。他们将该反应在 pH、二硫化物还原以及酶促切割的控制下，在体外和活细胞中进行。在体外，缩合产物的尺寸和形状以及随后组装的纳米结构在每种情况下都是不同的，因此可以通过调整单体的结构来控制。在细胞中获得的产物的成像揭示了它们的位置——在高尔基体附近，这证明了在活细胞中进行可控的局部反应的可行性[72]。

Gois 等的研究表明甲酰基苯并硼酸（2FBBA）能够选择性地与 N 端半胱氨酸反应生成具有 B-N 键的硼化噻唑烷（图 5-7）。该反应在温和的水溶液（pH=7.4，23℃）中表现出非常快的反应速率，并且可以耐受与 N 端半胱氨酸相邻位置的不同的氨基酸的替换。理论计算揭示了这种连接反应的非对映选择性，并表明近端硼酸参与亚胺官能团的活化和通过螯合效应稳定了硼化噻唑烷。2FBBA 的修饰可以使模型肽功能化，并且生成的硼化噻唑烷具有很好的稳定性[73]。

Wu 课题组发展了 1,2-氨基硫醇与 2-[(烷硫基)(芳基)亚甲基]丙二腈的反应（图 5-8），该反应可以在生物相容的条件下，高效、特异性地迅速发生。该反应经历了硫醇-乙烯基硫醚交换、环化和二氰基甲烷离去的过程，最终形成了稳定的五元噻唑环。该反应的生物正交性已经通过对多肽和纯化的重组蛋白以及哺乳动物细胞、噬菌体上的蛋白质等进行位点特异性标记来证明[74]。

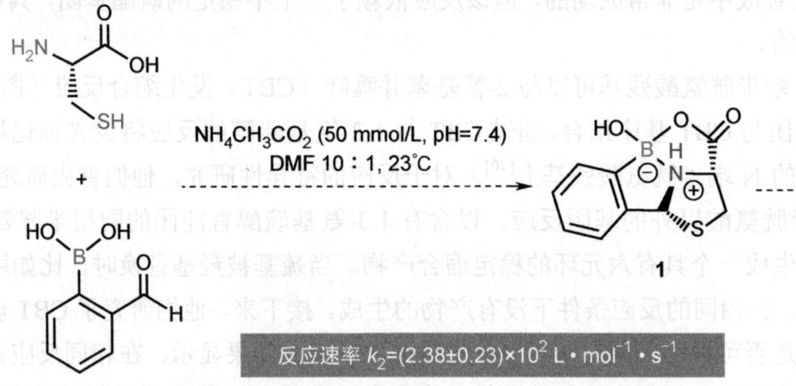

图 5-7　甲酰基苯并硼酸（2FBBA）与 1,2-氨基硫醇的反应[73]

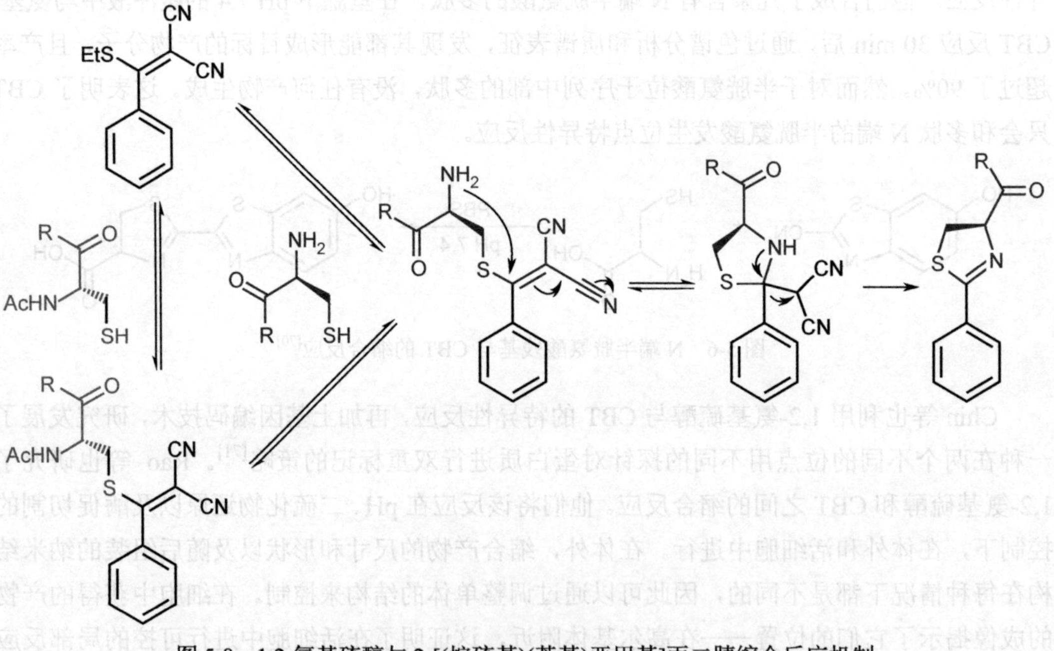

图 5-8　1,2-氨基硫醇与 2-[(烷硫基)(芳基)亚甲基]丙二腈缩合反应机制

5.1.4.4　噬菌体展示技术

噬菌体展示技术，即将多肽或者蛋白质展示于丝状噬菌体表面，是一种能够从大量多肽文库中提取出所需要多肽的体外筛选技术。从 1985 年 George Smith 开拓性地提出噬菌体展示这个概念以来，它作为一种快速、方便的方法得到了极大的改进并引起了人们的关注，该方法无需复杂设备就可以进行实验操作。噬菌体展示技术作为一种基础的研究工具，已成为药物发现和开发中极其强大的技术。

（1）噬菌体展示技术简介

丝状噬菌体是一个能够感染革兰阴性菌的细菌病毒大家族，直径约为 6 nm，长度约为

800～2000 nm（由其基因组的大小决定）。这种病毒的相对简单性以及其很容易进行基因操作，使得它们成为研究大分子结构和相互作用的有力工具。目前，最广泛使用的噬菌体展示系统是 M13 噬菌体展示系统（图 5-9），它由 5 个衣壳蛋白组成[75]。噬菌体中间的管状结构由衣壳蛋白 pⅧ组成。颗粒的钝末端包含有数个 pⅦ和 pⅨ，它们是两种现在已知的有核糖体翻译的最小蛋白质。pⅢ主要用于筛选，感兴趣的多肽基因可以被插入到 pⅢ基因中。它允许大片段的插入，能与单体展示相容，并有大量适用的载体。

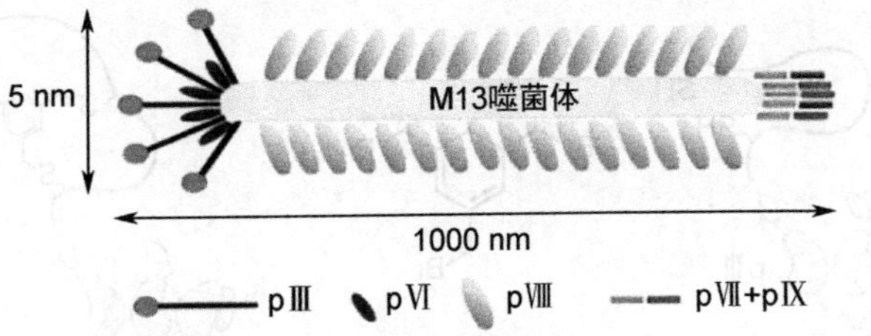

图 5-9　M13 噬菌体的结构示意图

1985 年，George Smith 将编码 57 个氨基酸的基因片段插入到丝状噬菌体 M13 的衣壳蛋白 pⅢ的基因中。他将这项技术命名为“噬菌体展示”[76]。1990 年，Winter 等人通过在噬菌体表面展示免疫球蛋白轻链和重链可变区基因的单链可变片段（scFV）来筛选蛋清溶菌酶。在接下来的研究中，Lerner 和 Winter 进一步使用噬菌体展示技术来展示人类抗体片段。继这些创新研究之后，阿达木单抗［一种人重组免疫球蛋白 G1 抗肿瘤坏死因子（TNF）单克隆抗体］成为 2002 年美国食品药品监督管理局批准用于治疗类风湿性关节炎的第一个噬菌体展示衍生单克隆抗体。在这些突破之后，Smith 和 Winter 因其对噬菌体展示技术开创性的研究和发现获得了 2018 年诺贝尔化学奖。

（2）翻译后化学修饰

如前所述，靶向抑制失调的蛋白质-蛋白质相互作用（PPI）一直是人类疾病药物发现和开发的一个非常有前途的研究领域。为了进行这方面的研究，噬菌体展示多肽文库已被设计用于对靶标蛋白的筛选，从而获得高特异性、高亲和力的靶标蛋白配体。线性的多肽配体由于其易被酶解、构象不稳定、寿命短等问题，难以成药。而环肽分子相较线性肽又具有独特的优势，所以构建噬菌体展示环肽文库来对靶标蛋白进行筛选，从而获得其高亲和力配体，对 PPI 相关疾病的研究更具意义。

研究者们通过不断地研究，发展出了噬菌体展示文库的修饰方法，主要可归类为以下三种。①天然修饰。天然修饰的想法主要来源于自然界经过长期的进化产生环肽分子。例如富含二硫键的多肽通过氧化形成二硫键，构建环肽文库。②共翻译修饰。它是通过基因工程技术，使噬菌体展示多肽库的基因被替换或突变，引入非天然氨基酸。由于非天然氨基酸残基具有丰富的反应位点，可通过相应的生物正交反应来进行修饰从而构建环肽文库。③翻译后化学修饰。以下着重论述这种修饰方法。

翻译后化学修饰是通过设计的有机小分子与噬菌体展示多肽文库反应，从而构建噬菌体展示环肽文库。这种方法最直观最简单，且得到的环肽分子特别稳定。通过有机小分子的引入，丰富噬菌体展示多肽文库的多样性，赋予其更多的结构与功能。

Winter 等设计了一个具有三个反应性半胱氨酸残基的噬菌体展示多肽文库，每个残基被几个随机氨基酸残基隔开。他们合成了三（溴甲基）苯分子，它可以与多肽上的三个半胱氨酸残基反应（图 5-10），得到稳定约束的二元环肽文库。经过多轮筛选，能够得到一种对人血浆激肽释放酶具有特异性结合的先导抑制剂（PK15，K_i=1.5 nmol/L），它有效地中断了体外测试的人血浆中的内在凝血途径。作者通过翻译后修饰的方法筛选得到了一种全新的双环配体，作为疾病诊疗的一个工具[45]。

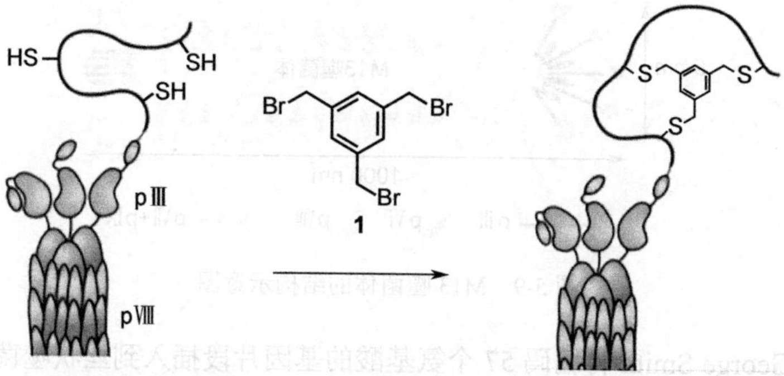

图 5-10　具有固定三个半胱氨酸残基的噬菌体展示多肽文库在亲核取代反应中与三官能化合物相连[45]

Heinis 等人开发了可口服给药的具有蛋白水解抗性的治疗肽[77]。他们报道了一种获得可以抵抗胃肠蛋白酶的具有靶向特异性的多肽（分子量不到 1600）的方法。通过使用抗蛋白酶 fb 噬菌体展示多肽文库，利用了 10 种小分子进行环化，构建二元环肽文库，筛选得到了一种具有纳摩尔级别亲和力的凝血因子 XIa 的环肽抑制剂。该抑制剂在口服给药后在小鼠胃肠道的所有区域都能够抵抗胃肠蛋白酶，其中 30%以上的环肽分子保持完整。他们还开发了一种针对白细胞介素 23 受体的胃肠蛋白酶抗性的环肽拮抗剂，23 受体在克罗恩病和溃疡性结肠炎的发病机制中起着重要作用。借助噬菌体展示技术这一有力工具，通过翻译后修饰，完成了在胃肠道中抵抗蛋白质水解的靶向环肽的从头生成，这有助于开发用于口服递送的多肽药物。

Heinis 等人在噬菌体展示多肽文库的翻译后化学修饰方面取得的成果显著，下面再列举其课题组的一个研究工作。他们开发了一种以化学方式设计稳定的 α-螺旋配体的方法。具体来说，首先构建在 *i* 和 *i*+4 位含有半胱氨酸的噬菌体展示多肽文库，然后用小分子化学修饰半胱氨酸以施加 α-螺旋构象，并通过亲和力筛选得到靶标的特异性配体（图 5-11）。他们应用该策略获得 β-连环蛋白的高亲和力的 α-螺旋环肽，K_d 值低至 5.2 nmol/L，亲和力提高了 200 倍。这个策略理论上适用于任何的亲和力筛选获得 α-螺旋肽。小分子与半胱氨酸巯基的反应容易发生，且无需非天然氨基酸的引入，环化反应高效，不会产生立体异构体[78]。

翻译后化学修饰中的小分子不仅可以作为连接中心，获得稳定构象的环肽分子，也可以将小分子作为功能模块引入到噬菌体展示多肽文库中。通过利用具有独特功能的小分子修饰，噬菌体文库的筛选往往变得很巧妙。光响应的配体分子是在高的空间和时间分辨率下控制生物过程的强大工具。然而，此类配体仅存在于少量的蛋白质中，通过合理设计开发新的光响应配体并非易事。Heinis 等人开发了一种体外进化策略，获得了针对所选靶标的光响应环肽配体（图 5-12）。他们首先构建了噬菌体展示多肽文库，然后用偶氮苯接头进行化学环化，通过暴露于紫外光下将偶氮苯转换为顺式构象。筛选得到的多肽具有保守序列，与靶标蛋白特异性结合。当与偶氮苯接头环化时，几种环肽配体的亲和力可以通过紫外光调节。他们这种策略理论上具有普适性，可以对任何靶标进行筛选获得光响应的环肽配体[79]。

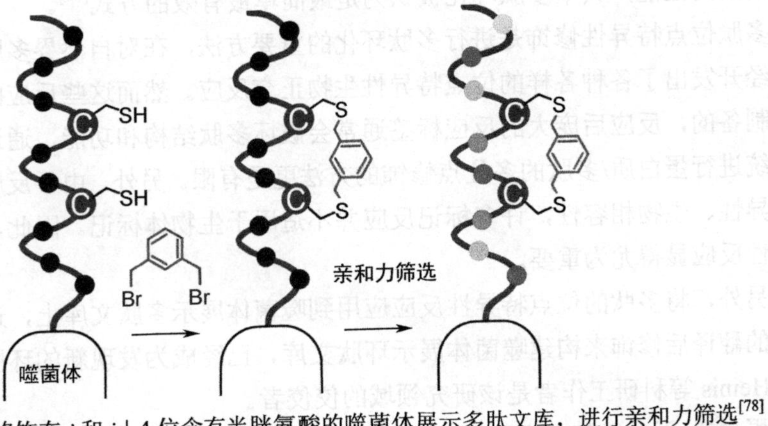

图 5-11　小分子修饰在 i 和 $i+4$ 位含有半胱氨酸的噬菌体展示多肽文库，进行亲和力筛选[78]

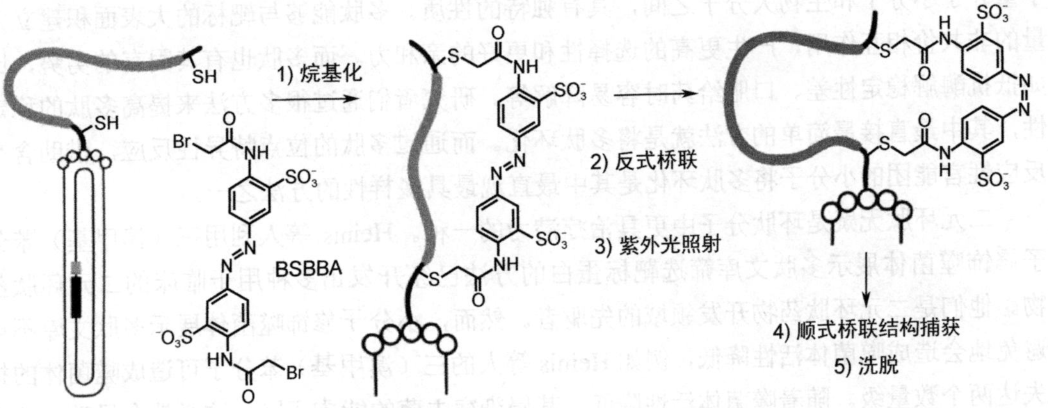

图 5-12　光响应环肽配体筛选策略示意图[79]

噬菌体展示多肽文库的翻译后化学修饰的最大问题是有机反应会影响噬菌体的活性，例如翻译后修饰往往需要调节 pH 或需要加入一定量的有机溶剂助溶，另外还有可能产生副反应，这些都会导致噬菌体活性降低。Heinis 课题组发展的三（溴甲基）苯分子通过化学反应引入到噬菌体多肽文库中，库容量损失可达两个数量级。这很有可能导致潜在的有价值的多肽序列丢失，不利于高亲和力多肽配体的发现，阻碍相关 PPI 的研究。因此，发展更高效的化学反应，温和无毒地修饰噬菌体文库，仍是噬菌体筛选中亟待发展的内容。

蛋白质-蛋白质相互作用（PPI）在所有生物过程中都发挥着核心作用[45]，靶向 PPI 界面进行外源性药物调控已经成为各种人体疾病治疗的有效策略。然而，许多蛋白质-蛋白质复合物的相互作用界面通常是疏水的且相对平坦的，并且通常缺乏深沟，这就会导致治疗分子不易与靶向的界面很好结合，阻碍PPI相关疗法的发展。

多肽分子是尺寸介于小分子与生物大分子之间的一类分子，在PPI相关靶向治疗中，其独特的尺寸大小赋予其独特的优势，例如很好的特异性、高亲和力、光学可修饰性等。然而，多肽类药物的发展也是一直受到限制的，主要原因在于多肽分子的不稳定性。其在胃或肠道内容易被蛋白酶水解，直接影响其药理性能。科学家们致力于通过各种方法改善多肽的成药性能，其中多肽环化被认为是最简单最有效的方式[80]。

多肽位点特异性修饰是进行多肽环化的重要方法，在对自然界多肽研究过程中，研究者已经开发出了各种各样的位点特异性生物正交反应。然而这些反应的原料往往是昂贵或难以制备的，反应后庞大的反应标签通常会破坏多肽结构和功能，通过使用相互正交的标记系统进行蛋白质/多肽的多位点修饰的方法更是有限。另外，由于反应动力学缓慢或者缺乏特异性、生物相容性，许多标记反应并不适用于生物体标记。因此，开发新的多肽位点特异性反应显得尤为重要。

另外，将多肽的位点特异性反应应用到噬菌体展示多肽文库上，进行噬菌体展示多肽文库的翻译后修饰来构建噬菌体展示环肽文库，已经成为发现新的环肽分子药物的重要工具。Heinis等科研工作者是该研究领域的佼佼者。

蛋白质-蛋白质相互作用（PPI）代表了一类非常有前景的治疗开发的目标[1]。多肽分子量介于小分子和生物大分子之间，具有独特的性质。多肽能够与靶标的大表面积建立大量的非共价相互作用，产生更高的选择性和更好的亲和力。而多肽也有其固有的劣势，比如抵抗酶解稳定性差、口服给药时容易降解等。研究者们通过很多方法来提高多肽的稳定性，其中最直接最简单的方法就是将多肽环化。而通过多肽的位点特异性反应，借助含有反应性官能团的小分子将多肽环化是其中最直观最具多样性的方法之一。

二元环肽无疑是环肽分子中更具治疗潜力的一种。Heinis 等人利用三（溴甲基）苯分子修饰噬菌体展示多肽文库筛选靶标蛋白的方法已经开发出多种用于临床的二元环肽药物。他们是二元环肽药物开发领域的先驱者。然而，小分子修饰噬菌体展示多肽文库不可避免地会造成噬菌体活性降低，例如Heinis等人的三（溴甲基）苯分子可造成噬菌体的损失达两个数量级。随着噬菌体活性降低，其侵染宿主菌的能力下降，这必然会导致一些富有治疗潜力的多肽序列丢失，不利于靶标蛋白的特异性配体发现。

基于以上问题，利用前期开发出来的1,2-氨基硫醇与2-[(烷硫基)(芳基)亚甲基]丙二腈的高效特异性反应，设计合成了2Cl-Ac分子，利用它与噬菌体展示多肽文库反应，构建噬菌体展示二元环肽文库。考察2Cl-Ac分子修饰噬菌体文库对噬菌体活性的影响，确定其温和、高效、无毒后，期望利用该噬菌体展示二元环肽文库对靶标蛋白mCNα进行筛选。

钙调神经磷酸酶（CN），是唯一已知的由钙和钙调蛋白（CaM）直接调节的蛋白质丝氨酸/苏氨酸磷酸酶。CN将Ca^{2+}信号与细胞反应关联，从而具有多种生物学功能，并在许多生理过程中发挥关键作用，包括免疫反应、细胞凋亡、肌肉分化、骨形成和神经元信号传导等。钙调神经磷酸酶最典型的底物是活化的T细胞（NFAT）转录因子家族。CN直接与细胞质中的NFAT转录因子结合，导致它们去磷酸化并随后易位到细胞核中。由于其在T细胞活化中的作用，CN已成为开发免疫抑制剂药物的主要目标。迄今为止发现的两种最成功的抑制剂是环孢菌素 A（CsA）和他克莫司（FK506），它们分别与胞内蛋白亲环蛋白A（CyPA）和 FKBP12 结合。生成的 CyPA-CsA 和 FKBP12-FK506 复合物抑制 NFAT 蛋白的去磷酸化，从而阻断它们的核输入。mCNα 是一种全长的钙调神经磷酸酶，是由催化亚基钙调磷酸酶 A（CNA）和调节亚基钙调磷酸酶 B（CNB）组成的一种异二聚体，命名为鼠源 CNα。

总之，通过设计 2Cl-Ac 分子，与噬菌体展示多肽文库高效反应，构建噬菌体展示二元环肽文库，从而丰富二元环肽文库构建的方法学。通过对靶标蛋白 mCNα 的筛选，得到其高亲和力二元环肽配体，推动对该蛋白质的相关研究。

5.2 研究思路及意义

环肽分子通过施加固定的约束来改善多肽的稳定性，提高其抵抗酶解能力，并且通过环化可进一步提高环肽分子与靶标的亲和力。多肽的位点特异性反应是环肽开发的重要研究内容。针对目前存在的多肽位点特异性反应的局限性，致力于开发新的位点特异性反应，来丰富环肽构建的方法学。在噬菌体展示技术的助力下，希望进一步地推进环肽分子在与人类生命活动密切相关的各种蛋白质-蛋白质相互作用中的应用研究。

借助前期研究的 1,2-氨基硫醇与 2-[(烷硫基)(芳基)亚甲基]丙二腈的反应，该反应具有位点选择性，特异性好，能在温和的条件（水中或者 PBS 缓冲液中即可）下发生的特点，反应产物为稳定的五元噻唑环，设计了两个功能分子。期望借助噬菌体展示技术这一强大工具，利用这两个分子与噬菌体展示多肽文库的高效反应，构建两个具有不同功能的噬菌体展示环肽文库，来对感兴趣的靶标蛋白展开研究。这将极大地丰富噬菌体展示环肽文库的构建方法，推动各种 PPI 控制的生命信号传输通路的研究，为相关疾病的诊疗奠定研究基础。因此，我们将研究工作主要可分为两部分：

（1）利用设计合成的 2Cl-Ac 分子构建噬菌体展示二元环肽文库来研究靶标蛋白。2Cl-Ac 分子含有三个活性官能团，分别是一个 2-[(烷硫基)(芳基)亚甲基]丙二腈官能团和两个氯原子。接下来考察其是否可以与序列骨架中含有三个半胱氨酸的噬菌体展示多肽文库高效反应，从而构建出噬菌体展示二元环肽文库。接着，利用该噬菌体文库对靶标蛋白进行筛选，期望获得其高亲和力的二元环肽配体，加强对相关热门靶点的研究。

（2）利用设计合成的 Rotor 分子构建噬菌体展示荧光环肽文库来筛选获得靶标蛋白的高质量荧光探针。设计合成了两端分别为 2-[(烷硫基)(芳基)亚甲基]丙二腈官能团和氯原子，中间为分子转子型荧光染料的一个分子，命名为 Rotor。将该分子修饰到噬菌体展示多肽文库上，由于荧光应答模块的引入，该噬菌体展示多肽文库将构建为荧光环肽文库。利用该噬菌体文库对靶标蛋白进行研究，以期获得靶标蛋白的高亲和力环肽配体探针，从而实时原位地探测蛋白质，推动蛋白质分析领域的发展。

5.3 二元环肽噬菌体文库构建及靶标筛选流程

5.3.1 实验材料及试剂

蛋白胨（typtone），购自北京索莱宝科技有限公司。酵母粉（YEAST EXTRACT），购自赛默飞世尔科技公司。氯化钠（sodium chloride），购自国药集团化学试剂有限公司。琼脂粉（agar），购自杭州创试生物科技有限公司。氨苄青霉素（ampicillin），购自武汉赛维尔生物科技有限公司。20×PBS、D-葡萄糖、甘氨酸（glycine）购自生工生物工程（上海）股份有限公司。PEG 8000，购自北京索莱宝科技有限公司。吐温 20，购自天津希恩思生化科技有限公司。牛血清蛋白（ALBUMINE BOVINE），购自 Sigma-Aldrich 化学试剂公司。丙三醇（glycerol）、二水合磷酸二氢钠、十二水合磷酸氢二钠、硫酸铵、盐酸、氢氧化钠、冰醋酸、无水乙醇、过硫酸铵、十二烷基硫酸钠（SDS）、丙烯酰胺（arcylamide）、*N*, *N'*-亚甲基双丙烯酰胺（bis）均购自国药集团化学试剂有限公司。硫酸卡那霉素（Kanamycin sulfate），购自武汉赛维尔生物科技有限公司。Tris-HCl 溶液，购自上海麦克林生化科技有限公司。三羟甲基氨基甲烷（Tris），购自卡迈舒（上海）生物科技有限公司。四甲基乙二胺（TEMED）、考马氏亮蓝 R250、二硫苏糖醇（DTT）、溴酚蓝、乙腈、*N*-乙酰-L-半胱氨酸（NAC）购自阿拉丁试剂（上海）有限公司。生物素（Sulfo-NHS-LC-Biotin），购自天津希恩思生化科技有限公司。链霉亲和素包被磁珠、活化甲基磺酰基包被磁珠、中性亲和素购自赛默飞世尔科技公司。三(2-羧基乙基)磷盐酸盐（TCEP），购自上海安耐吉化学有限公司。4×RB（分离胶缓冲液，pH=8.6、6.8）、Marker，购自生工生物工程（上海）股份有限公司。

上述购入试剂可直接使用，无需做进一步的提纯。

5.3.2 实验仪器

Esquire 3000 plus 电喷雾离子阱质谱仪（美国，布鲁克・道尔顿公司），Bruker Advance-500 型核磁仪（美国，布鲁克・道尔顿公司），紫外-可见分光光度计（日立，Hitachi U-3900H），荧光光度计（日立，Hitachi F-7000H），GL-3250 型磁力搅拌器（厦门顺达设备有限公司），TECNAI F-30 透射电子显微镜（日立），高效液相色谱仪（岛津仪器公司），旋转蒸发仪（上海亚荣生化仪器厂），半制备液相色谱（沃特世公司），台式冷冻干燥机（Labconco 公司），超低温冰箱（赛默飞世尔科技公司），超微量紫外分光光度计（NanoDrop 赛默飞世尔科技公司），恒温摇床（上海赫田科学仪器有限公司），超滤浓缩管（郑州莱浦生物科技有限公司），TGL-16 M 型台式高速冷冻离心机（山东博科再生医学有限公司），多肽合成仪（CEM Liberty Blue）。

5.3.3 溶液配制

PB 缓冲液（pH=8.0）：称取 3.12 g 的二水合磷酸二氢钠，加水定容至 100 mL，配制成溶液 1。称取 28.65 g 的十二水合磷酸氢二钠，加水定容至 400 mL，配制成溶液 2。取 5.3 mL 的溶液 1 加入到 94.7 mL 的溶液 2 中，混匀后即得。

5×PBS（pH=6.0）：将商品化的 20×PBS（pH=7.4）缓冲液用超纯水稀释，并用 1 mol/L 的盐酸调节 pH 值到 6.0。

TCEP 母液（200 mmol/L）：称取 12 mg 三(2-羧基乙基)磷盐酸盐，加超纯水定容至 200 μL，要现用现配。

NAC 母液（150 mmol/L）：称取 12.2 mg 的 *N*-乙酰-L-半胱氨酸，加超纯水定容至 500 μL，要现用现配。

（1）噬菌体筛选所需

2YT 液体培养基：称取 8.5 g 蛋白胨、5 g 酵母粉、2.5 g 氯化钠，溶于 500 mL 超纯水中。分装于 6 个 250 mL 锥形瓶中，每瓶中装 50 mL 培养基。剩余 200 mL 培养基装于一个 500 mL 锥形瓶中。用锡箔纸包紧瓶口，经高压灭菌锅灭菌后，冷却至室温备用。

2YT 固体培养基：称取 3.4 g 蛋白胨、2 g 酵母粉、1 g 氯化钠、3 g 琼脂粉于一 500 mL 锥形瓶中，加入超纯水定容至 200 mL。用锡箔纸包紧瓶口，经高压灭菌锅灭菌，待温度降至约 50℃时，取出 15 mL 培养基平均倒在两个小板子上。与此同时，向锥形瓶中加入 185 μL 的氨苄青霉素溶液，混匀后先倒在 3 个大板子上，剩余的培养基全部倒在小板子上，每个大板子约用培养基 15 mL，小板子约用培养基 7 mL，待凝固后，得到 2YT-Amp 固体培养基。用保鲜膜包住这些固体培养基平板放于 4℃冰箱备用。

1×PBS 缓冲液：将商品化的 20×PBS（pH=7.4）缓冲液用超纯水稀释而成。经高压灭菌锅灭菌后冷却至室温备用。

PEG/NaCl 溶液：称取 40 g 的 PEG 8000、29.3 g 的氯化钠，加水溶解定容至 200 mL，经高压灭菌锅灭菌后，冷却至室温备用。

洗涤缓冲液：用移液枪吸取 20 μL 的吐温 20，加入 20 mL 的 1×PBS 缓冲液中，混匀后过 0.22 μm 水相滤膜后备用。

封闭缓冲液：用移液枪吸取 60 μL 的吐温 20，加入 20 mL 的 1×PBS 缓冲液中，再称取 0.6 g 牛血清蛋白加入其中，充分溶解后过 0.22 μm 水相滤膜后备用。

60%甘油溶液：量取 120 mL 的丙三醇，再加入 80 mL 的超纯水，混匀后经高压灭菌锅灭菌，冷却至室温后备用。

缓冲液 A：称取 59.2 mg 的二水合磷酸二氢钠、0.5308 g 的十二水合磷酸氢二钠，加水定容至 30 mL，过 0.22 μm 水相滤膜后放于−20℃冰箱备用。

缓冲液 B：称取 3.964 g 的硫酸铵溶于缓冲液 A 中，用氢氧化钠调节 pH 至 7.4，定容至 10 mL，过 0.22 μm 水相滤膜后放于−20℃冰箱备用。

缓冲液 C：称取 50 mg 的牛血清蛋白，用 1×PBS 缓冲液定容至 10 mL，充分溶解后过 0.22 μm 水相滤膜，放于−20℃冰箱备用。

缓冲液 D：称取 10 mg 的牛血清蛋白，用 1×PBS 缓冲液定容至 10 mL，充分溶解后过 0.22 μm 水相滤膜，放于−20℃冰箱备用。

氨苄青霉素溶液（100 mg/mL）：称取 0.5 g 氨苄青霉素钠盐，加超纯水定容至 5 mL，充分溶解后过 0.22 μm 水相滤膜，放于−20℃冰箱备用。

卡那霉素溶液（50mg/mL）：称取 0.5 g 硫酸卡那霉素，加超纯水定容至 10 mL，充分溶解后过 0.22 μm 水相滤膜，放于−20℃冰箱备用。

洗脱缓冲液：称取 75 mg 甘氨酸溶于超纯水中，用 1 mol/L 的盐酸调节 pH 至 2.2，定容至 20 mL，过 0.22 μm 水相滤膜后放于−20℃冰箱备用。

中和缓冲液：使用商品化的 1 mol/L 的 Tris-HCl 溶液（pH=8.5），过 0.22 μm 水相滤膜后放于−20℃冰箱备用。

（2）SDS-PAGE 电泳所需

10% SDS：称取 20 g 的 SDS，加水定容至 200 mL，调节 pH 至 7.2。

30%丙烯酰胺胶母液：称取 29 g 的 arcylamide、1 g 的 bis，加水定容至 100 mL，避光存放于 4℃冰箱。

10×SDS-PAGE 缓冲液：称取 56.3 g 甘氨酸、12.114 g 的 Tris、5 g 的 SDS，加水定容至 500 mL。使用时需稀释 10 倍，即 1×跑胶缓冲液。

10%过硫酸铵（APS）：称取 1 g 的 APS，加水定容至 10 mL，存放于 4℃冰箱，尽量现配现用。

脱色液：量取无水乙醇 300 mL、冰醋酸 100 mL，加水定容至 1 L。

染色液：量取无水乙醇 500 mL、冰醋酸 100 mL，再称取 2 g 考马氏亮蓝 R250，加水定容至 1 L。

3×SDS 上样缓冲液：取 1 mol/L Tris-HCl 溶液（pH=6.8）2.25 mL，称取 0.9 g 的 SDS、45 mg 的溴酚蓝、0.6941 g 的 DTT，加入其中，再取 4.5 mL 的甘油加入其中，加水定容至 15 mL，分装在小管子中于−20℃保存。

除了特殊说明外，上述所有溶液均用超纯水配制。

5.3.4 实验方法

5.3.4.1 靶标蛋白 mCNα 的生物素化反应

从−80℃冰箱中取出蛋白母液，放于 4℃冰箱中化冻。化冻完毕后用 Nanodrop 定蛋白的量。按照物质的量之比为 1∶1 的比例，称取生物素 Sulfo-NHS-LC-Biotin（生物素要注意避光），溶于适量超纯水中。将生物素溶液与蛋白母液混合，避光条件下放于摇床上反应 1 h。反应完毕后，将反应液转移至超滤浓缩管中，加入 1×PBS 溶液进行超滤浓缩以除去体系中剩余的生物素。浓缩完毕后，定量 Biotin-mCNα 蛋白的量，分装至低吸附离心管中放于−80℃冰箱中备用。

5.3.4.2 制 SDS-PAGE 胶

首先检查制胶装置是否漏水。然后制备分离胶，取 3.4 mL 的超纯水加入到离心管中，再加入 2.5 mL 的 4×RB（pH=8.8）、4 mL 的 30%丙烯酰胺胶母液。接着加入 100 μL 的 10% APS（加入后立即涡旋，避免出现局部凝胶）、10 μL 的 TEMED。混匀后加入到制胶装置中，完毕后再在浓缩胶的上层加适量无水乙醇，静置约 30min，等胶凝固，凝固后倒出上层无水乙醇。接着制备浓缩胶，取超纯水 2.9 mL 加入到一离心管中，再依次加入 1.25 mL 的 4×RB（pH=6.8）、0.833 mL 的 30%丙烯酰胺胶母液。接着加入 50 μL 的 10% APS、5 μL 的 TEMED。混匀后加入到制胶装置中（分离胶上层），插入筛板，凝固后拔出筛板即可上样。

5.3.4.3 靶标蛋白生物素化后磁珠捕获实验

取 50 μL 链霉亲和素包被磁珠至一离心管（此过程所用离心管均是低吸附离心管）中，用 1 mL 的 1×PBS 洗涤三次，弃去上清液。取 2 μg 生物素化后的蛋白质加入离心管中，放于摇床上室温反应 30 min。反应完毕后，将离心管置于磁力架上 1 min，吸去上清液。用 1 mL 的 PBS 洗涤磁珠三次，弃去上清液。用 20 μL 的 1×PBS 重悬磁珠，向其中加入 10 μL 的 3×LB（上样缓冲液），混匀后放于金属浴中，90℃下放置 10 min，加热失活。将离心管置于磁力架上，吸取上清液。将上清液加入提前配制好的 SDS-PAGE 凝胶的泳道中，在另一泳道中加入 5 μL 的中分子量 Marker，加入完毕后，在 120 V 的恒定电压下跑胶。跑胶完毕后，经染色液染色、脱色液脱色可以看到跑胶的结果。看上清液泳道上是否有靶标蛋白条带，即可判断是否生物素化成功。

5.3.4.4 噬菌体展示多肽文库原始库的救援

从−80℃冰箱中取出冻存的噬菌体甘油菌原始库，放于 4℃冰箱化冻。在一个装有 200 mL 的 2YT 液体培养基的锥形瓶中加入 200 μL 的氨苄青霉素溶液。混匀后取出 5～6 mL 用于溶解 4 g 葡萄糖固体，溶解完全后，过 0.22 μm 的水相滤膜装回锥形瓶中。向锥形瓶中加入噬菌体甘油菌原始库至 OD_{600} 值为 0.1～0.2，放于 37℃摇床上，220 r/min 下培养 1～2 h，直到 OD_{600} 值达到 0.5。计算 TG1 细菌个数=$OD_{600}\times10^9\times$培养物体积（mL），加入数量为细菌个数 20 倍的辅助噬菌体。先放于 37℃恒温培养箱中静置 30 min，再放于 37℃摇床，220 r/min 下培养 30 min。完毕后，4℃、6000 r/min 下离心 10 min，弃去上清液。

5.3.4.5 噬菌体展示多肽文库的制备

将 200 μL 的氨苄青霉素溶液和 200 μL 的卡那霉素溶液加入到一个装有 200 mL 的 2YT 液体培养基的锥形瓶中，混匀。将 5.3.4.4 离心得到的细菌沉淀重悬加入该培养瓶中。置于 30℃摇床上，220 r/min 下培养 8h。

5.3.4.6 噬菌体展示多肽文库的纯化

将 5.3.4.5 得到的培养液离心，4℃、8000 r/min 下离心 10 min，将上清液转移至新的无菌离心管中，加入体积为上清液体积五分之一的 PEG/NaCl 溶液，混匀后将离心管插入冰中静置 4 h，以使噬菌体沉降出来（也可以过夜沉降）。完毕后，4℃、10050 r/min 下离心 25 min，弃去上清液。每管沉淀用 30 mL 的无菌 1×PBS 重悬，噬菌体完全溶解后，于 4℃、8000 r/min 下离心 10 min。将上清液转移至新的无菌离心管中，加入体积为上清液体积五分之一的 PEG/NaCl 溶液，混匀后进行二次沉降。此次沉降插入冰内静置 2 h。完毕后，4℃、10050 r/min 下离心 25 min，弃去上清液。噬菌体沉淀用尽量少的无菌 1×PBS 溶解，过 0.22 μm 的水相滤膜后转移至新的无菌离心管中，放于 4℃冰箱备用。

5.3.4.7 2Cl-Ac 分子与噬菌体展示多肽文库反应

按照前期探索的 2Cl-Ac 分子与一条活性多肽反应的条件来进行 2Cl-Ac 分子与噬菌体展示多肽文库的反应。取 200 μL 上述纯化好的噬菌体展示多肽文库，加入 40 μL 的 PEG/NaCl 溶液，混匀后将离心管插入冰中静置 30 min。完毕后，4℃、10050 r/min 下离心 10 min。弃去上清液，噬菌体沉淀用 350 μL 无菌的 5×PBS（pH=6.0）溶解，加入 TCEP 母液，使其终浓度为 1.5 mmol/L，混匀后置于 37℃摇床反应 30 min。然后依次加入 2Cl-Ac 分子的母液、NAC 母液，使其终浓度分别为 0.5 mmol/L、1.5 mmol/L，混匀后置于 37℃摇床反应 1 h。接着用 1 mol/L 的氢氧化钠溶液调节反应体系的 pH 至 7.4，继续置于 37℃摇床反应 3 h。完毕后，向体系中加入 80 μL 的 PEG/NaCl 溶液，混匀后插入冰中静置 30 min，4℃、10050 r/min 下离心 10 min。弃去上清液，噬菌体沉淀用 1 mL 的无菌 1×PBS 溶解，放于 4℃冰箱中过夜，第二天可用于筛选。留取 20 μL 用于噬菌体溶液的滴度测定。

5.3.4.8 对数生长期大肠杆菌的制备

从−80℃冰箱中取出冻存的 TG1 甘油菌，用无菌枪头蘸取一点菌液，在 2YT 固体培养基的小板子上画线，完毕后放于 37℃恒温培养箱培养过夜。挑取小板子上长出的一个单克隆菌落，接种到 5 mL 新鲜的 2YT 液体培养基中，于 37℃、220 r/min 摇床上培养 8 个小时，获得 TG1 浓菌（可在 4℃冰箱中存放 8 天左右，时间过长会导致菌活力太差，注意不要被杂菌污染）。取 4 mL 新鲜的 2YT 液体培养基，加入 150 μL 左右的 TG1 浓菌，于 37℃、220 r/min 摇床上培养 1～2 个小时可以得到对数生长期的大肠杆菌。

5.3.4.9 噬菌体溶液的滴度测定

取 20 μL 噬菌体溶液加入到 180 μL 的 2YT 液体培养基中，混匀后记为 1。从 1 中取 20 μL 噬菌体溶液加入到 180 μL 的 2YT 液体培养基中，混匀后记为 2。以此类推，将噬菌体溶液稀释到一定的浓度梯度（1，2…*n*）。分别取 20 μL 上述一系列浓度梯度的噬菌体溶液，加入到 180 μL 对数生长期的大肠杆菌中，混匀后放于 37℃恒温培养箱培养 20 min。分别取 10 μL 各个浓度梯度的培养物，滴加到 2YT-Amp 固体培养基小板子上，菌液平铺均匀，待完全吸收后，倒置放于 37℃恒温培养箱培养过夜。计算噬菌体溶液的滴度，计算方法为：若稀释到 n 浓度梯度对应的小板子上长出 N 个单克隆菌落，则原噬菌体溶液的滴度=$N\times10^{n+3}$（pfu/mL）。

5.3.4.10 噬菌体展示多肽文库对生物素化的靶标蛋白筛选

取 50 μL 链霉亲和素包被磁珠于一 1.5 mL 离心管中（筛选过程所用离心管均为低吸附离心管，第一、三轮筛选所用磁珠是链霉亲和素包被磁珠，每轮取 50 μL。第二轮筛选所用磁珠是中性亲和素包被磁珠，每次用 100 μL，第二轮筛选过程需全程避光），用 1 mL 的

1×PBS 洗涤三次，弃去上清液。

用 50 μL 的 1×PBS 重悬磁珠，均匀地平分到两个离心管中。向其中一管中加入生物素化的靶标蛋白溶液，此为实验组；另一管中加入等体积的 1×PBS，此为对照组。混匀后放于摇床上室温孵育 1 h。

将两离心管置于磁力架上，静置 1 min，弃去上清液。分别用 1 mL 的 1×PBS 洗涤两管中的磁珠三次，弃去上清液。向两管中分别加入 1 mL 的封闭缓冲液，混匀后放于摇床上封闭 2 h。在上步磁珠与靶标蛋白孵育的时候，将用于筛选的噬菌体展示多肽文库从 4℃冰箱中取出，将其全部加入到 10 mL 的无菌离心管中，再加入 2 mL 的封闭缓冲液，混匀后放于摇床上同样封闭 2 h。

将封闭好的噬菌体溶液平分到两个 10 mL 无菌离心管中，分别记为实验组和对照组。将实验组的磁珠加入到实验组的噬菌体溶液中，对照组的磁珠加入到对照组的噬菌体溶液中。混匀后放于摇床上结合 30 min。

将两个离心管置于磁力架上，静置 1 min，吸去上清液。分别用 1 mL 的洗涤缓冲液洗涤两管中的磁珠 9 次，弃去上清液，最后分别用 1 mL 的 1×PBS 洗涤两管中的磁珠两次，弃去上清液。注意整个洗涤过程中应至少更换 3 次离心管，以降低管子对磁珠的非特异性吸附。

洗涤完毕后，在两管中分别加入 150 μL 的洗脱缓冲液，混匀后放于摇床上洗脱 5 min。之后分别向两管中加入 25 μL 的中和缓冲液，混匀后将两管置于磁力架上，静置 1 min，将上清液分别转移至干净的无菌离心管中，即得到实验组和对照组洗脱下来的噬菌体溶液。重复洗脱操作一次，收集洗脱下来的噬菌体溶液。暂放于 4℃冰箱，用于滴度测定和涂大板操作。

5.3.4.11 将筛选后洗脱下来的噬菌体进行涂大板扩增

将实验组的噬菌体溶液留下 20 μL 用于滴度测定后，剩余的噬菌体全部投入 25 mL 对数生长期的大肠杆菌中，混匀后放于 37℃恒温培养箱培养 1.5 h。之后用离心机于 4℃、4000 r/min 下离心菌液 15 min，弃去上清液。细菌沉淀用尽量少的 2YT 液体培养基重悬，转移至 2YT-Amp 固体培养基的大板子上，用涂布器将菌液均匀涂开，待完全吸收后，倒置放于 37℃恒温培养箱培养过夜。第二天用涂布器蘸取 2YT 液体培养基将板子上长满的菌落全部刮下来，存放于 10 mL 无菌离心管中，向管子中加入 60%的甘油溶液使体系中甘油比例为 20%～30%，冻存于−20℃冰箱中用于下一轮扩增。

5.3.4.12 第二轮筛选所用中性亲和素包被磁珠的制备

由中性亲和素（需要全程避光）和活化甲基磺酰基包被磁珠反应制备而成中性亲和素包被磁珠。取 100 μL 活化甲基磺酰基包被磁珠于离心管，放于磁力架上静置 1 min，弃去上清液。用 1 mL 的缓冲液 A 洗涤磁珠两次，弃去上清液。称取 60 μg 中性亲和素溶于 25 μL 灭菌水中得到中性亲和素溶液。向装有磁珠的离心管中加入 25 μL 的中性亲和素溶液、50 μL 的缓冲液 A、50 μL 的缓冲液 B，重悬磁珠，放于 37℃摇床上，220 r/min 下反应 14 h。完毕后将离心管置于磁力架上 1 min，弃去上清液。加入 1 mL 的缓冲液 C，继续放摇床上反应 1 h。将离心管置于磁力架上 1 min，弃去上清液，用 1 mL 的缓冲液 D 洗涤磁珠两次，弃去上清液。用 100 μL 的缓冲液 D 重悬磁珠后放于 4℃冰箱备用或直接用于筛选操作。

5.3.4.13 单克隆测序样品的制备

在测滴度的固体培养基的小板子上，用枪头随机挑取 20 个单克隆菌落分别接种到 20 个装有 500 μL 的 2YT 液体培养基的离心管中，放于 37℃摇床上，220 r/min 下培养 6 h。随后委托上海生工生物工程股份有限公司进行测序。

5.3.4.14 高通量测序样品的制备

样品制备流程依次为菌液提质粒、质粒的 PCR 反应、跑琼脂糖胶、割胶回收。经过此流程拿到 DNA 样品后，后续工作委托北京诺禾致源科技股份有限公司进行。

菌液提质粒。所用质粒小提中量试剂盒（离心柱型）购自天根生化科技（北京）有限公司。具体操作步骤参照试剂盒的使用说明书。

质粒的 PCR 反应。反应体积一般定为 50 μL，首先向离心管中加入 100 ng 的质粒 DNA 溶液，然后依次加入 1 μL 的前置引物、1 μL 的后置引物、10 μL 的缓冲液、5 μL 的 dNTPS、1.5 μL 的酶，最后用灭菌水定容至 50 μL。涡旋混匀后放于 PCR 仪中，按照设定好的程序进行 PCR 反应。

跑琼脂糖胶。称取 1.8 g 琼脂糖于锥形瓶中，加 1×TAE 溶液定容至 60 mL，微波加热溶解，待冷却至约 45℃，加入 6 μL 的核酸染色液。混匀后倒入制胶槽中，凝固 1 h 后得到 3 g/cm^3 的琼脂糖凝胶。取 30 μL 反应后的质粒溶液，与 6 μL 的 6×LB 混匀，加入到泳道中，在另一泳道中加入 10 μL 的 DNA Marker，115 V 的恒定电压下，进行跑胶。

割胶回收。实验操作步骤参照商品化的胶回收试剂盒的说明书。

5.3.4.15 多肽的合成与环化

将基因测序得到的多肽序列通过多肽合成仪合成，固相合成法得到的多肽经切割，纯化后得到多肽固体粉末，本研究所用多肽的定量均采用称重的方式。多肽的环化反应所用溶剂为 5×PBS（pH=6.0），总反应体积为 500 μL。首先向反应体系中加入多肽母液（0.2 μmol）、TCEP 母液（0.6 μmol）。反应 30 min 后，向反应体系中加入 2Cl-Ac 分子母液（0.2 μmol）、NAC 母液（0.6 μmol）。反应 1 h 后，用 1 mol/L 的氢氧化钠调节体系的 pH 至 7.4，继续反应过夜。

5.3.4.16 环肽与靶标蛋白的亲和力测定

采用荧光偏振饱和实验测定环肽与靶标蛋白结合的亲和力。为了在多肽中引入荧光素 FITC，在多肽的 C 端依次偶联 A、G、K 三个氨基酸（A、G 两个氨基酸结构简单，没有多余的活性基团，起到间隔作用，侧链带有 Mtt 保护基的 K 提供与 FITC 偶联的反应位点）。首先合成线性多肽链，该多肽链 N 端为 Fmoc 保护，C 端 K 的侧链为 Mtt 保护。然后用 1% 的三氟乙酸脱除 Mtt 保护，使 K 的侧链氨基裸露，可进行 FITC 的偶联。接着进行 N 端脱除 Fmoc 保护和多肽的切割、纯化，可得到该多肽的还原型荧光肽。最后，将还原型荧光肽与小分子反应得到二元环肽荧光肽。

在荧光偏振饱和实验中，将二元环肽荧光肽用 10 mmol/L PBS 稀释至终浓度为 30 nmol/L，mCNα 蛋白逐级稀释至浓度为 50 nmol/L、100 nmol/L、200 nmol/L、400 nmol/L、600 nmol/L、800 nmol/L、1000 nmol/L。室温下二者共孵育 10 min 后将每个样品溶液分别加入 96 孔黑色酶标板中再进行数据读取。使用公式（5-1）以蛋白质浓度与各向异性的非线性回归分析解离常数。

$$y = A_1 + (A_2 - A_1) \times \frac{(x + c + K_D) - \sqrt{(x + c + K_D)^2 - 4xc}}{2c} \qquad (5\text{-}1)$$

其中，A_1 和 A_2 分别是拟合曲线上的最低点和最高点对应的各向异性值；c 为荧光肽的浓度；x 为蛋白质浓度；y 为测得的荧光各向异性平均值；K_D 为解离常数。

5.4 基于烯硫醚键的二元环肽配体筛选评价

5.4.1 靶标蛋白生物素化磁珠捕获实验

用 SDS-PAGE 表征靶标蛋白生物素化后磁珠捕获实验的结果（图 5-13）。

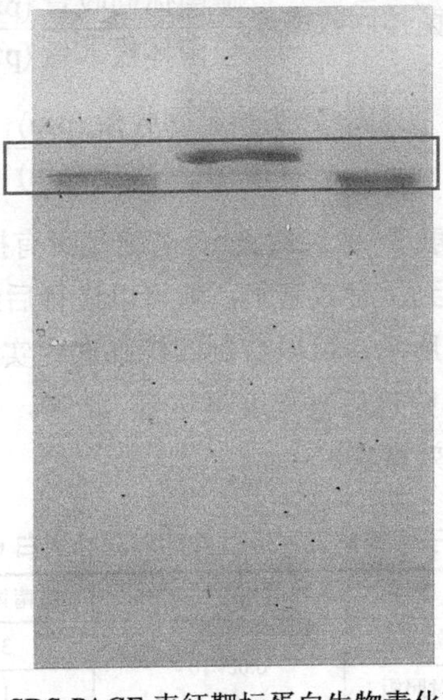

图 5-13　SDS-PAGE 表征靶标蛋白生物素化磁珠捕获

跑胶图中可以看到靶标蛋白已经成功生物素化。从左到右共三个泳道，中间泳道的上样是从磁珠上洗脱下来的溶液，其相比于左边泳道（上样为 Biotin-mCNα）和右边泳道（上样为 mCNα），具有同样位置的蛋白条带。蛋白质连上生物素后，方可与磁珠上的链霉亲和素形成共价结合，经多次洗涤后也始终保持结合，最后经过加热从磁珠上洗脱下来，跑胶后可看到蛋白条带。

5.4.2 噬菌体展示多肽文库滴度测定

分别测定 2Cl-Ac 分子与噬菌体展示多肽文库反应前后的噬菌体文库滴度。滴度结果显示反应前后噬菌体文库的量均在 10^{12} pfu 的数量级，反应前后噬菌体几乎无损失，证明了该小分子修饰反应对噬菌体的活性几乎无影响。这也保证了每轮筛选中，噬菌体展示多肽文库的投入量达到 10^{12} pfu，噬菌体文库包含巨大的序列空间。

5.4.3 噬菌体展示多肽文库对生物素化的靶标蛋白 Biotin-mCNα 筛选

利用 2Cl-Ac 分子修饰的噬菌体展示多肽文库共对靶标蛋白进行了四轮筛选。每轮的靶标蛋白投入量依次为 8 μg、5 μg、4 μg、4 μg，靶标蛋白的投入量不断减少是为了提高筛选的选择性。每轮筛选中，实验组和对照组的区别仅仅是实验组投入的是靶标蛋白，对照组投入的是等体积的 1×PBS，二者其余的实验操作均相同。第一、三轮所用磁珠为链霉亲和素包被磁珠，第二、四轮所用磁珠为中性亲和素包被磁珠，两种磁珠间隔使用是为了避免筛选过程中噬菌体对磁珠上包被的蛋白质产生富集。每轮筛选中噬菌体文库经扩增、纯化、小分子修饰后，经过滴度测定达到 10^{12} pfu 后再进行筛选操作。筛选完毕后洗脱下来的噬菌体经滴度测定后得到噬菌体的回收量。经过计算可以得到回收率和富集度，计算方法如下。

$$\text{噬菌体回收率} = \frac{\text{噬菌体回收量 (pfu)}}{\text{噬菌体投入量 (pfu)}}$$

$$\text{富集度} = \frac{\text{实验组回收量 (pfu)}}{\text{对照组回收量 (pfu)}}$$

随着筛选轮数的增加（一般 3～4 轮筛选），若富集度有提高（达到 2 及以上），可以认为与靶标蛋白结合的噬菌体得到了有效富集，就可以进行后续的测序工作。

四轮的筛选结果如表 5-1 所示，可以看到四轮筛选中实验组的回收量不断提高，每轮的富集度也不断提高，第四轮筛选后富集度可达到 12.90，可以认为第四轮后与靶标蛋白 mCNα 结合的噬菌体得到了有效富集。

表 5-1 2Cl-Ac 分子修饰的二元环肽文库对靶标蛋白 mCNα 的筛选结果

筛选轮数	mCNα 投入量/μg	项目	噬菌体投入量/pfu	噬菌体回收量/pfu	回收率	富集度
1	8	实验组	6.08×10^{12}	3.85×10^{5}	6.33×10^{-8}	0.33
		对照组		1.16×10^{6}	1.91×10^{-7}	
2	5	实验组	1.91×10^{13}	1.93×10^{7}	1.01×10^{-6}	1.84
		对照组		1.05×10^{7}	5.50×10^{-7}	
3	4	实验组	5.22×10^{12}	2.59×10^{7}	4.96×10^{-6}	3.70
		对照组		7.00×10^{6}	1.34×10^{-6}	
4	4	实验组	3.87×10^{12}	4.06×10^{8}	1.05×10^{-4}	12.90
		对照组		3.15×10^{7}	8.14×10^{-6}	

5.4.4 单克隆测序结果

直接从第四轮筛选后，实验组测滴度的板子上随机挑选 9 个单克隆菌落，经过活化后，送去生工生物工程（上海）股份有限公司进行基因测序。具体要求是：样品类型为菌样，抗性为 Amp，载体为 PCANTAB，片段长度为 800，单向测序，引物类型为通用，引物名称为 S1。每个单克隆样品的测序结果通过软件翻译得到的是多肽氨基酸序列，结果如图 5-14 所示。

序列：	丰度：
C I V L T A P N G R C E L L D C	7
C T G P H I I I T D C T H H E C	2

图 5-14 二元环肽文库对靶标蛋白 mCNα 筛选单克隆测序结果

可以明显看到，测序结果显示 9 个单克隆样品中有 7 个都富集在 NH_2-CIVLTAPNGRCELLDC-OH 这条多肽序列上，另外 2 个富集在 NH_2-CTGPHIIITDCTHHEC-OH 这条多肽序列上。结果表明这两条多肽与 2Cl-Ac 分子形成的二元环肽可能对靶标蛋白具有很好的亲和力。

5.4.5 高通量测序结果

高通量测序整个过程可大致分为样品制备、文库的构建、测序反应、数据分析。其中文库的构建和测序反应委托北京诺禾致源科技股份有限公司进行。通过每条序列上的标签，对序列结果进行归一化分类，高通量测序结果如图 5-15 所示。

序列：	丰度：
C I V L T A P N G R C E L L D C	84185
C T G P H I I I T D C T H H E C	10889
C I V L T A P N G R C E L R D C	391
C G V I I L I N G I C D E C H C	242
C I V L T A P N G R C E L L D C	196
C R S N Q E I P Q V C V N G L C	193
C A E D W R I P R I C V T G E C	151
C I V L T A P N G R C E L V D C	126
C I V L T A P T G R C E L L D C	125
C I V L T A P N G R C E L L D C	121
C N C L S Y Q D T N C Y E Y R C	120
C I V L T A P N G R C E L L E C	103

图 5-15 二元环肽文库对靶标蛋白 mCNα 筛选高通量测序结果

结果罗列的是出现频率在 100 次以上的多肽序列。可以明显看到，前两条多肽序列出现的频率远大于后面的多肽序列。序列 NH_2-CIVLTAPNGRCELLDC-OH 出现 84185 次，序列 NH_2-CTGPHIIITDCTHHEC-OH 出现 10889 次，这与单克隆测序结果显示出很好的一致性。这进一步表明这两条多肽序列与 2Cl-Ac 分子反应形成的二元环肽应该对靶标蛋白具有很好的亲和力。

5.4.6 多肽的合成与环化

2Cl-Ac 分子中 2-[(烷硫基)(芳基)亚甲基]丙二腈官能团能与多肽 N 端半胱氨酸发生特异性反应，且具有较高的反应活性。当二者发生共价结合后，剩余的两个活性基团 Cl 原子与多肽上剩余的两个半胱氨酸的巯基反应，从而生成了单一的二元环肽产物。选取测序结果中出现频率最高的多肽序列，NH_2-CIVLTAPNGRCELLDC-OH，将其与 2Cl-Ac 分子进行环化反应得到二元环肽产物。二元环肽示意图如图 5-16 所示。

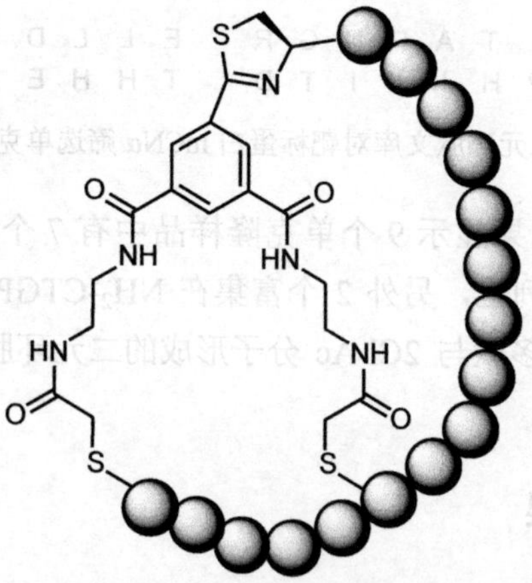

图 5-16 二元环肽示意图

5.4.7 活性测试

通过荧光偏振饱和实验测定了上述二元环肽分子与靶标蛋白的亲和力，通过公式拟合，得到实验结果如图 5-17 所示。

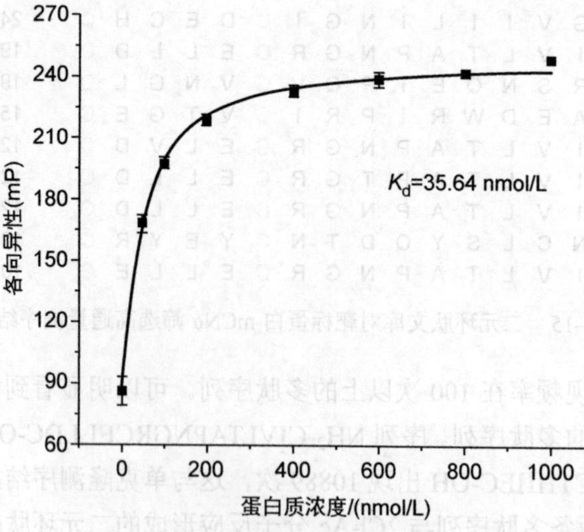

图 5-17 二元环肽与靶标蛋白的亲和力测试

实验结果显示，通过噬菌体展示二元环肽文库筛选得到的环肽配体与靶标蛋白 mCNα 的亲和力达到纳摩尔级（K_d=35.64 nmol/L）。这为发现靶标蛋白的新型二元环肽配体奠定了基础。

5.5 总结与展望

通过探索 2Cl-Ac 分子与噬菌体展示多肽文库（CX9CX4C）的反应条件，成功将 2Cl-Ac 分子修饰到噬菌体展示多肽文库上，构建了噬菌体展示二元环肽文库。对比修饰反应前后噬菌体滴度实验的结果，由此证明了 2Cl-Ac 分子与噬菌体展示多肽文库的反应是温和、高效的，修饰反应前后噬菌体的滴度几乎不变，噬菌体活性几乎不受影响。这极大地保留了噬菌体展示多肽文库的多样性，增加了发现新的二元环肽配体的概率，同时也丰富了构建噬菌体展示二元环肽文库的方法学，为后续研究者提供了借鉴。

接着利用得到的噬菌体展示二元环肽文库对靶标蛋白 mCNα 进行了四轮的筛选，四轮之后与靶标蛋白结合的噬菌体被保留了下来。对第四轮的噬菌体分别进行单克隆测序和高通量测序，两种测序结果显示出高度的一致性。通过四轮的筛选，保留下来的多肽序列是 NH_2-CIVLTAPNGRCELLDC-OH。将该多肽通过固相合成法合成，并与 2Cl-Ac 分子反应得到一个二元环肽分子。通过荧光偏振饱和实验测定得到二元环肽分子与靶标蛋白的亲和力达到 35.64 nmol/L。这证明了利用 2Cl-Ac 分子构建噬菌体展示二元环肽文库的可行性，发展了构建二元环肽文库的方法，对后续 mCNα 蛋白的研究具有重要意义。

参考文献

[1] Wells J A, McClendon C L. Reaching for high-hanging fruit in drug discovery at protein-protein interfaces. Nature, **2007**, 450 (7172): 1001-1009.

[2] Stumpf M P H, Thorne T, Silva E D, et al. Estimating the size of the human interactome. PNAS, **2008**, 105(19): 6959-6964.

[3] Buchwald P. Small-molecule protein-protein interaction inhibitors: therapeutic potential in light of molecular size, chemical space, and ligand binding efficiency considerations. IUBMB Life, **2010**, 62(10): 724-731.

[4] Moreira I S, Fernandes P A, Ramos M J. Hot spots-a review of the protein-protein interface determinant amino-acid residues. Proteins, **2007**, 68(4): 803-812.

[5] Ivanov A A, Khuri F R, Fu H. Targeting protein-protein interactions as an anticancer strategy[J]. Trends Pharmacol. Sci., **2013**, 34(7): 393-400.

[6] Wang X, Jiang X. Mdm2 and MdmX partner to regulate p53. FEBS Lett., **2012**, 586(10): 1390-1396.

[7] Vassilev L T, Vu, B T, Graves B, et al. In vivo activation of the p53 pathway by small-molecule antagonists of MDM2. Science, **2004**, 303(5659): 844-848.

[8] Millard M, Pathania D, Grande F, et al. Small-molecule inhibitors of p53-MDM2 interaction: the 2006-2010 update. Curr. Pharm. Des., **2011**, 17(6): 536-559.

[9] Popowicz G M, Domling A, Holak T A. The structure-based design of Mdm2/Mdmx-p53 inhibitors gets serious. Angew. Chem. Int. Ed., **2011**, 50(12): 2680-2688.

[10] Watkins P B. Drug safety sciences and the bottleneck in drug development. Clin. Pharmacol. Ther., **2011**, 89(6): 788-790.

[11] Drewry D H, Macarron R. Enhancements of screening collections to address areas of unmet medical need: an industry perspective. Curr. Opin. Chem. Biol., **2010**, 14(3): 289-298.

[12] Bunnage M E. Getting pharmaceutical R&D back on target. Nat. Chem. Biol., **2011**, 7(6): 335-339.

[13] Wu H J, Wang A H, Jennings M P. Discovery of virulence factors of pathogenic bacteria. Curr. Opin. Chem. Biol., **2008**, 12(1): 93-101.

[14] Schneider H C, Klabunde T. Understanding drugs and diseases by systems biology. Bioorg. Med. Chem. Lett., **2013**, 23(5): 1168-1176.

[15] Kapetanovic I M. Computer-aided drug discovery and development (CADDD): in silico-chemico-biological approach. Chem. Biol. Interact., **2008**, 171(2): 165-176.

[16] Craik D J, Fairlie D P, Liras S,et al. The future of peptide-based drugs. Chem. Biol. Drug Des., **2013**, 81(1): 136-147.

[17] Scannell J W, Blanckley A, Boldon H, et al. Diagnosing the decline in pharmaceutical R&D efficiency. Nat. Rev. Drug Discov., **2012**, 11(3): 191-200.

[18] Sun L. Modern Chemistry and Applications. Sun, Mod Chem appl., **2013**, 1:1.

[19] Friedler H B A. Using peptides to study protein-protein interactions. Future Med. Chem., **2010**, 2(6): 989-1003.

[20] Lu S G T W. Structural basis for high-affinity peptide inhibition of p53 interactions with MDM2 and MDMX. PNAS, **2009**, 106(12):4665-4670.

[21] Hopkins A L, Groom C R. The druggable genome. Nature Reviews Drug Discovery, **2002**, 727:2002.

[22] Russ A P, Lampel S. The druggable genome: an update. Drug Discov. Today, **2005**, 10(23-24): 1607-1610.

[23] Jubb H, Higueruelo A P, Winter A, et al. Structural biology and drug discovery for protein-protein interactions. Trends Pharmacol. Sci., **2012**, 33(5): 241-248.

[24] De Groot A S, Scott D W. Immunogenicity of protein therapeutics. Trends Immunol., **2007**, 28(11): 482-490.

[25] Sathish J G, Sethu S, Bielsky M C, et al. Challenges and approaches for the development of safer immunomodulatory biologics. Nat. Rev. Drug Discov., **2013**, 12(4): 306-324.

[26] Terrett N. Drugs in middle space. MedChemComm., **2013**, 4(3): 474-475.

[27] Andrew T, Bockus, Cayla M McEwen, Lokey R Scott. Form and function in cyclic peptide natural products: a pharmacokinetic perspective. Current Topics in Medicinal Chemistry, **2013**, 13: 821-836.

[28] Harrington D A, Cheng E Y, Guler M O, et al. Branched peptide-amphiphiles as self-assembling coatings for tissue engineering scaffolds. J. Biomed. Mater. Res. A., **2006**, 78(1): 157-167.

[29] Moore A J, Leung C L, Cochran J R. Knottins: disulfide-bonded therapeutic and diagnostic peptides. Drug Discov Today Technol., **2012**, 9(1): e1-e70.

[30] Vives E, Schmidt J, Pelegrin A. Cell-penetrating and cell-targeting peptides in drug delivery. Biochim. Biophys. Acta., **2008**, 1786(2): 126-138.

[31] Khafagy E S, Morishita M. Oral biodrug delivery using cell-penetrating peptide. Adv Drug Deliv Rev., **2012**, 64(6): 531-539.

[32] Leone-Bay M G A. Peptide therapeutics: it's all in the delivery. Therapeutic Delivery, **2012**, 3(8):981-996.

[33] Craik D J. Seamless proteins tie up their loose ends. Science, **2006**, 311(5767): 1563-1564.

[34] Daly N L, Rosengren K J, Craik D J. Discovery, structure and biological activities of cyclotides. Adv Drug Deliv Rev., **2009**, 61(11): 918-930.

[35] Chen S, Morales-Sanfrutos J, Angelini A, et al. Structurally diverse cyclisation linkers impose different backbone conformations in bicyclic peptides. ChemBioChem., **2012**, 13(7): 1032-1038.

[36] Joo S H. Cyclic peptides as therapeutic agents and biochemical tools. Biomol. Ther. (Seoul), **2012**, 20(1): 19-26.

[37] Boy R G, Mier W, Nothelfer E M, et al. Sunflower trypsin inhibitor 1 derivatives as molecular scaffolds for the development of novel peptidic radiopharmaceuticals. Mol. Imaging Biol., **2010**, 12(4): 377-385.

[38] Avrutina O, Fittler H, Glotzbach B, et al. Between two worlds: a comparative study on in vitro and in silico inhibition of trypsin and matriptase by redox-stable SFTI-1 variants at near physiological pH. Org. Biomol. Chem., **2012**, 10(38): 7753-7762.

[39] Fittler H, Avrutina O, Glotzbach B, et al. Combinatorial tuning of peptidic drug candidates: high-affinity matriptase inhibitors through incremental structure-guided optimization. Org. Biomol. Chem., **2013**, 11(11): 1848-1857.

[40] Gitlin A, Debowski D, Karna N, et al. Inhibitors of matriptase-2 based on the trypsin inhibitor SFTI-1. ChemBioChem., **2015**,

16(11): 1601-1607.

[41] Adam Lesner, Anna Legowska, Magdalena Wysocka, et al. Sunflower trypsin inhibitor 1 as a molecular scaffold for drug discovery. Current Pharmaceutical Design, **2011**, 17: 4308-4317.

[42] Craik D J, Swedberg J E, Mylne J S, et al. Cyclotides as a basis for drug design. Expert Opin. Drug Discov., **2012**, 7(3):179-194.

[43] Andrew Gould Y J, Teshome L Aboye, Julio A Camarero. Cyclotides, a novel ultrastable polypeptide scaffold for drug discovery. Current Pharmaceutical Design, **2011**, 17: 4294-4307.

[44] Souriau Christelle, Chiche Laurent, Irving Robert, et al. New binding specificities derived from Min-23, a small cystine-stabilized peptidic scaffold. Biochemistry, **2005**, 44: 7143-7155.

[45] Heinis C, Rutherford T, Freund S, et al. Phage-encoded combinatorial chemical libraries based on bicyclic peptides. Nat. Chem. Biol., **2009**, 5(7): 502-507.

[46] Angelini A, Cendron L, Chen S, et al. Bicyclic peptide inhibitor reveals large contact interface with a protease target. ACS Chem. Biol., **2012**, 7(5): 817-821.

[47] Walsh C T, Garneau-Tsodikova S, Gatto G J Jr. Protein posttranslational modifications: the chemistry of proteome diversifications. Angew. Chem. Int. Ed., **2005**, 44(45): 7342-7372.

[48] Lara K Mahal, Kevin J Yarema, Carolyn R Bertozzi. Engineering chemical reactivity on cell surfaces through oligosaccharide biosynthesis. Science, **1997**, 276(5315): 1125-1128.

[49] Gaertner H F, Rose K, Cotton R, et al. Construction of protein analogues by site-specific condensation of unprotected fragments. Bioconjug. Chem., **1992**, 3(3): 262-268.

[50] Rideout, D. Self-assembling cytotoxins. Science., **1986**, 233(4763): 561-563.

[51] Sadamoto R, Niikura K, Taichi U, et al. Control of bacteria adhesion by cell-wall engineering[J]. J. Am. Chem. Soc., **2004**, 126: 3755-3761.

[52] Dirksen A, Hackeng T M, Dawson P E. Nucleophilic catalysis of oxime ligation. Angew. Chem., **2006**, 118(45): 7743-7746.

[53] Rayo J, Amara N, Krief P, et al. Live cell labeling of native intracellular bacterial receptors using aniline-catalyzed oxime ligation. J. Am. Chem. Soc., **2011**, 133(19): 7469-7475.

[54] Vsevolod V Rostovtsev, Luke G Green, Valery V Fokin, et al. A stepwise huisgen cycloaddition process: copper(Ⅰ)-catalyzed regioselective TM ligation of azides and terminal alkynes. Angew. Chem. Int. Ed., **2002**, 41(14): 2596-2599.

[55] Timothy R Chan Robert Hilgraf, K Barry Sharpless, Valery V Fokin. Polytriazoles as copper(Ⅰ)-stabilizing ligands in catalysis. Org. Lett., **2004**, 6 (17): 2583-2585.

[56] Zhang L, Chen X, Xue P, et al. Ruthenium-catalyzed cycloaddition of alkynes and organic azides. J. Am. Chem. Soc., **2011**, 9(127): 15999.

[57] Qian Wang, Timothy R Chan, Robert Hilgraf, et al. Bioconjugation by copper(Ⅰ)-catalyzed azide-alkyne [3 + 2] cycloaddition. J. Am. Chem. Soc., **2003**, 9(125): 3193.

[58] A. James Link, Mandy K S Vink, David A Tirrell. Presentation and detection of azide functionality in bacterial cell surface proteins. J. Am. Chem. Soc., **2004**, 9(126): 10599.

[59] Sletten E M, Bertozzi C R. Bioorthogonal chemistry: fishing for selectivity in a sea of functionality. Angew. Chem. Int. Ed., **2009**, 48(38): 6974-6998.

[60] Codelli J A, Baskin J M, Agard N J, et al. Second-generation difluorinated cyclooctynes for copper-free click chemistry. J. Am. Chem. Soc., **2008**, 9(130): 11487.

[61] Ning X, Guo J, Wolfert M A, et al. Visualizing metabolically labeled glycoconjugates of living cells by copper-free and fast huisgen cycloadditions. Angew. Chem. Int. Ed., **2008**, 120(12): 2285-2287.

[62] Gordon C G, Mackey J L, Jewett J C, et al. Reactivity of biarylazacyclooctynones in copper-free click chemistry. J. Am. Chem. Soc., **2012**, 134(22): 9199-9208.

[63] Almeida G, Sletten E M, Nakamura H, et al. Thiacycloalkynes for copper-free click chemistry. Angew. Chem. Int. Ed., **2012**, 51(10): 2443-2447.

[64] Philip E Dawson, Stephen B H Kent. Synthesis of native proteins by chemical ligation. Annu. Rev. Biochem., **2000**, 69:923-960.

[65] Mo Z, Lin S, Chen W, et al. Protein ligation and labeling enabled by a C-terminal tetracysteine tag. Angew. Chem. Int. Ed., **2022**: e202115377.

[66] Dawson P E, Muir T W, Clark-Lewis I, et al. Synthesis of proteins by native chemical ligation. Science, **1994**, 266: 5186.

[67] Von Theodor Wieland, Ekkehart Bokelmann, Lieselotte Bauer, et al. Über peptidsynthesen. 8. mitteilung bildung von S-haltigen peptiden durch intramolekulare wanderung von aminoacylresten. European Journal of Organic Chemistry, **1953**, 683:129-149.

[68] Toshio Yamazaki T O, Natsuko Oda. Segmental isotope labeling for protein NMR using peptide splicing. J. Am. Chem. Soc., **1998**, 120:5591-5592.

[69] Schwarzer D, Cole P A. Protein semisynthesis and expressed protein ligation: chasing a protein's tail. Curr. Opin. Chem. Biol., **2005**, 9(6): 561-569.

[70] Ren H, Xiao F, Zhan K, et al. A biocompatible condensation reaction for the labeling of terminal cysteine residues on proteins. Angew. Chem. Int. Ed., **2009**, 48(51): 9658-9662.

[71] Nguyen D P, Elliott T, Holt M, et al. Genetically encoded 1,2-aminothiols facilitate rapid and site-specific protein labeling via a bio-orthogonal cyanobenzothiazole condensation. J. Am. Chem. Soc., **2011**, 133(30):11418-11421.

[72] Liang G, Ren H, Rao J. A biocompatible condensation reaction for controlled assembly of nanostructures in living cells. Nat. Chem., **2010**, 2(1): 54-60.

[73] Faustino H, Silva M, Veiros L F, et al. Iminoboronates are efficient intermediates for selective, rapid and reversible N-terminal cysteine functionalisation. Chem. Sci., **2016**, 7(8): 5052-5058.

[74] Zheng X, Li Z, Gao W, et al. Condensation of 2-[(alkylthio)(aryl)methylene]malononitrile with 1,2-aminothiol as a novel bioorthogonal reaction for site-specific protein modification and peptide cyclization. J. Am. Chem. Soc., **2020**, 142(11): 5097-5103.

[75] Marvin D. Filamentous phage structure, infection and assembly. Current Opinion in Structural Biology, **1998**, 8:150-158.

[76] Smith G P. Filamentous fusion phage: novel expression vectors that display cloned antigens on the virion surface. Science, New Series, **1985**, 228(4705): 1315-1317.

[77] Kong X D, Moriya J, Carle V, et al. De novo development of proteolytically resistant therapeutic peptides for oral administration. Nat Biomed Eng., **2020**, 4(5): 560-571.

[78] Diderich P, Bertoldo D, Dessen P, et al. Phage selection of chemically stabilized alpha-helical peptide ligands. ACS Chem. Biol., **2016**, 11(5): 1422-1427.

[79] Bellotto S, Chen S, Rentero Rebollo I, et al. Phage selection of photoswitchable peptide ligands. J. Am. Chem. Soc., **2014**, 136(16):5880-5883.

[80] Anastasia Loktev, Uwe Haberkorn, Walter Mier. Multicyclic peptides as scaffolds for the development of tumor targeting agents. Current Medicinal Chemistry, **2017**, 24: 2141-2155.